"MECÂNICA DOS MEIOS IRREGULARES: Aplicações ao Campo de Tensão Deformação e Velocidades"

Volume I

Lucas Máximo Alves & Lais de Queiroz Gomes

Ficha catalográfica preparada pela Secção de Tratamento da Informação do Serviço de Biblioteca - SIBI-UFPR

Alves, Lucas Máximo
"MECÂNICA DOS MEIOS IRREGULARES:
Aplicação a Campo de Tensão Deformação e Velocidades Volume I"
/Lucas Máximo Alves.--Curitiba, Lais de Queiroz Gomes 2019
370p.
Tese (Doutorado)-- Programa de Pós-Graduação em Métodos Numéricos em Engenharia - Universidade Federal do Paraná - Campus III – Centro Politécnico, 2011.

1. Mecânica da Fratura. 2. Fluidos. 3. Teoria fractal. I.Título

Agradecimentos

Agradeço a Deus pelo seu imenso amor e misericórdia revelado nas oportunidades que a vida me trouxe. Quero também agradecer:

Ao meu orientador o Prof. D.Sc. Luiz Alkimin de Lacerda, ao meu Co-Orientador o Prof. Dr. Luiz Antonio de Souza e ao Prof. D.Sc. José Antonio Marques Carrer, ao prof. Dr. Roberto Dalledone Machado, à Profª Dra. Mildred B. Hecke, à Profª Liliane Cumin e ao prof. D.Sc. Sergio Scheer pelo apoio nas horas difíceis, ao prof. Dr. Maurício Gobbi, ao Prof. Dr. Nelson Dias, ao Prof. Dr. Adriano Scremin, ao Prof. Dr. Vargas, à Maristela Bandil pela amizade, dedicação com que nos atende.

Agradeço aos meus pais e irmãos pelo apoio, moral emocional e financeiro nas horas difíceis. Agradeço à minha esposa Lair Gomes da Silva Máximo e nossa filha Lis Engedi Gomes Máximo, pelo apoio emocional e espiritual e pelo encorajamento para realizar este trabalho.

Agradeço à Rosane Vilarim pelas amostras de curva-*J*. Agradeço ao meu irmão Lauriberto pela ajuda com o software de simulação. Agradeço aos amigos Dr. Celso Ishida, Alexandre Santos, Fabio André, Fabiano Stange, Sandro, Luciana Barbosa, Maiko Buzzi, Josué, Luiz Antonio de Sousa, ao Rodrigo Neves, Rodrigo Dias, ao Raphael Scuciatto, Marco Argenta, Roberta Suero, ao colega Marcos Rebello, ao Engenheiro Roberto Wanzuit pelas sugestões gerais, agradeço também a turminha de Campo Mourão e toda a galera do CESEC e do PET Eng. Civil, e a todo mundo que pagou almoço para mim no RU.

Ao programa brasileiro de bolsas PICT/CAPES. Todos os autores agradecem a FAPESP e ao CNPq pelo suporte financeiro.

Agradeço ao Laboratório LIMAC – CIPE-UEPG, Prof. Dr. Vicente Campitelli (Laboratório of Eng. Civil), PIBIC/CNPq/UEPG, , CESEC-PPGMNE-UFPR.

SUMÁRIO

LISTA DE FIGURAS

NOMENCLATURA E LISTA DE SÍMBOLOS E SIGLAS

Letra Latinas:

a_o : Parâmetro de rede

a : Tamanho mínimo de Mishnaevsky para a fratura

A : Área fraturada (rugosa)

A_o : Área fraturada projetada (lisa)

A_c : Área critica de Griffith

A_u : Área unitária de resolução da escala de observação de um crescimento ou fragmentação

A_λ : Area de resolução da escala de observação de uma trinca em crescimento.

A1 e A2 grupo de soldas,

A_{pl} , area plástica definida pelo gráfico da tensão em função do deslocamento

B_N: espessura líquida do corpo de prova

b: Espessura do corpo de prova

C, curva de contorno, ou Comprimento total de uma trinca ramificada

c : Tamanho de uma caixa no método de contagem Box-Counting ou Sand-Box

c* : Tamanho crítico de Griffith para um monocristal

D: Dimensão fractal

d: dimensão euclidiana

DCT1, DCT2, Grupo de amostras,

dV, volume infinitesimal encapsulado pela curva de contorno, *C*,

dL_o, comprimento incremental do crescimento de uma trinca,

E, módulo elástico de Young ou módulo de Rigidez.

F: Trabalho realizado pelas forças externas

g : Tamanho médio do grão

G: Taxa de energia elástica liberada para um material frágil ou integral de Eshelby-Rice para um material frágil sobre a superfície rugosa

G_o: Taxa de energia elástica liberada para um material frágil ou integral de Eshelby-Rice para um material frágil sobre a superfície projetada

G_c: valor crítico da taxa de energia elástica liberada no início do crescimento de uma trinca

f, g, funções gerais,

H: dimensão fractal de Hurst

H_o: altura do corpo de prova

ΔH_o, amplitude vertical da trinca projetado em um plano vertical,

I : dimensão euclidiana de imersão de um fractal

J: Taxa de energia elástica liberada ou integral de Eshelby-Rice para a superfície rugosa de um material dúctil.

J_o: Taxa de energia elástica liberada ou integral de Eshelby-Rice para a superfície projetada de um material dúctil.

J_R: resistencia a extensão da trinca

J integral-*J* de Eshelby-Rice sobre o caminho rugoso da trinca,

J_o, taxa de enrgia elástica e plástica liberada, integral-*J* Eshelby-Rice sobre o caminho da trinca projetado em um plano,

J_C, valor crítico da curva *J-R*,

J_{IC}, al valor critico da curva *J-R* curve para o Modo – I de fratura,

k: Nivel de iteração ou de observação de um fractal

K: Fator de intensidade de tensão

$K_{I,II,III}$: Fator de intensidade de tensão para os modos de carregamento *I, II,* ou *III*

K_{IC}: Tenacidade a fratura quasestática

K_R: resistencia a extensão da trinca sobre o caminho rugoso da trinca

K_e, fator de intensidade elástico de tensão,

K_C, valor crítico da resistência a fratura sobre o caminho rugoso da trinca

K_{ICo} tenacidade a fractura no modelo clássico

L: Comprimento rugoso da trinca

L_o: Comprimento projetado da trinca sobre um plano,, tamanho inicial da trinca ou do entalhe de um corpo de prova

l_o: tamanho mínimo para a fratura ou comprimento mínimo de trinca, tamanho das células fractais

L_{oc}: Tamanho crítico de Griffith uma trinca,

L_{max} = Tamanho máximo da trinca projetada ou comprimento do corpo de prova

ΔL, comprimento rugoso da trinca a partir de um comprimento inicial prévio,

ΔL_o, distância entre dois pontos da trinca a partir de um comprimento inicial prévio (é o comprimento projetado da trinca),

ΔL_{oc}, comprimento crítico da trinca segundo o modelo clássico

M: Excesso de energia em relação a uma fratura lisa

m: expoente de encruamento, ou constante (fator de forma)

N: Número de elementos de estruturas ou de sementes de um fractal

$N_h = \Delta L_o/l_o$, número de unidades de comprimento de trinca, na direção a qual a trinca cresce

$N_v = \Delta H_o/h_o$, número de unidades de comprimento de trinca, na direção perpendicular a qual a trinca cresce,

O índice "*o*", denota as medidas tomadas sobre o plano projetado da trinca,

O: origem de um sistema de coordenadas

P: Potência dissipada na forma de superfície de fratura

p_f: Probabilidade local de fratura

P_f: Probabilidade de falha

PU1, PU2, Grupo de amostras poliméricas

Q: Rugosidade definida na Mecânica da Fratura

q: Índice de multifractalidade

r: raio vetor posição na frente de uma trinca

R_q: Rugosidade quadrática média

R: Resistência a fratura ou curva-R sobre a superfície rugosa de fratura

R_C: valor crítico de resistência a fratura no início do crescimento de uma trinca

R_0: Resistência a fratura para uma espessura unitária ou curva-R sobre a superfície projetada de fratura

S: separação dos apoios em um arranjo experimental de um ensaio de três pontos

s, distância ao longo do contorno *C*,

t : Tempo

T: Temperatura

T_o: Energia cinética de propagação da trinca

T, tensor das tensões,

u: unidade de medida geométrica linear; deslocamento do ponto de aplicação da força

U: Energia

U_i: energia inicial no corpo de prova

U_L: Energia de deformação da fratura rugosa

U_{Lo}: Energia de deformação da fratura projetada

U_{pl}: Energia de deformação plástica da fratura rugosa

U_{plo}: Energia de deformação plástica da fratura projetada

U_γ: Energia de superfície de fratura

U_T: Energia total armazenada no corpo de prova

U_{Lo},variação na energia elástica de deformação causada pela introdução de uma trinca de comprimento ΔL_o no corpo de prova,

U_{Lo}, contribuição elástica à energia de deformação no material,

U_V, integral da densidade de energia de deformação da trinca rugosa,

U_{Vo}, integral da densidade de energia de deformação da trinca projetada no plano,

U_γ, energia para criar duas novas superfícies de fratura, dada pelo produto da energia de superfície especifica elástica do material, γ_e, pela área superficial da trinca (duas superfícies de comprimento ΔL_o),

U_{pl}, contribuição plástica para a energia de deformação no material,

V, volume encapsulado pela curva de contorno, *C*,

x, coordenada-x horizontal fixa,

*x**, coordenada-x móvel sobre o caminho rugoso da trinca

X, forças externas ou carregamento,

y, coordenada-y vertical fixa,

y^*, coordenada-y móvel sobre o caminho rugoso da trinca

Y_o, função de forma definida pela forma geométrica do corpo de prova,

w: Largura do corpo de prova

W: Densidade volumétrica de energia de deformação

Letras Gregas:

α : Comprimento relativo do entalhe (L_o/W)

β: Coeficiente de instabilidade dinâmico

γ : Energia de fratura

γ_e , energia de superfície especifica elástica do material,

γ_p, energia de superfície especifica de deformação plástica do material,

Γ: Resistência dinâmica a fratura

∂: Derivada parcial

δ : Comprimento ou tamanho da régua de medida

ε : Resolução da escala de observação ou fator de redução ou fragmentação de um fractal

ε, escala (l_o/L_o) do escalonamento fractal

ε_h , ε_v , escala horizontal, vertical (l_o/L_o) do escalonamento fractal

ε_{ij} , campo de deformação ao redor da ponta da trinca,

ϕ : Fluxo de energia ou Função de Airy

Φ : Função Complexa de Airy

η : Parâmetro de eficiência ou fator de rendimento

λ: Resolução da escala de observação ou fator de ampliação ou crescimento de um fractal

μ : Microm ou unidade de energia mínima para uma microfratura

ν: Módulo de Poisson

Π, energia potencial da trinca rugosa,

Π_o, energia potencial da trinca projetada sobre o plano,

ψ: Potencia dissipada na forma de superfície de fratura ou função dissipação, Função Complexa de Airy-Kosolov,

θ : Angulo de inclinação polar ou ângulo de ramificação da trinca

ρ: Raio de curvatura da trinca

σ : Intensidade do campo de tensão mecânica ou densidade de energia mecânica

σ_f, tensão sob a qual o corpo fratura,

σ_{ij}, campo de tensão ao redor da ponta da trinca,

τ: tempo de retardo

ξ : Rugosidade infinitesimal local

∞: Limite infinito.

SIGLAS e Abreviaturas utilizadas:

CT: Corpo de prova em forma compacta para ensaio de tração

HSLA: High Strength and Low Alloy (alta resistência e baixa liga)

MDF: Método das Diferenças Finitas

MDFF: Método das Diferenças Finitas Fractal

MEC: Método dos Elementos de Contorno

MECF: Método dos Elementos de Contorno Fractal

MEF: Método dos Elementos Finitos

MEFF: Método dos Elementos Finitos Fractal

MFC: Mecânica da Fratura Clássica

MFF: Mecânica da Fratura Fractal

MFEL: Mecânica da Fratura Elástica Linear

MFEP: Mecânica da Fratura Elasto-Plástica

MFED: Mecânica da Fratura Elastodinâmica

MMI: Mecânica dos Meios Irregulares

PMDE: Principio da Máxima Dissipação de Energia

TC: Teoria do Caos

SE: Corpo de prova em forma de barra para ensaio de flexão

TF: Teoria Fractal

TFM: Teoria Fractal de Medida.

ABSTRACT

In this volume, we present an introduction to the problem of irregular continuous fields showing the need for a broader description that involves analytically in the field solution the concept of generalized potentials with and without the irregularities contained in the contour and in the domain of the problem. We also present the basic mathematical basis of the scalar field, vector and tensor in an irregular environment for a possible Irregular Means Mechanics as an evolution from the Mechanics of Classical Continuity modified to an irregular medium, that the Mechanics of Irregular Means is reduced to Mechanics of the Classical Continuous Field when the roughness and the porosities do not exist. Some mathematical theorems have been developed, as well as differential and integral equations for the field with irregularities. In this way, it is shown with these theorems how the classical continuous field is extended to describe a theory where the irregularities are basically present in the contour and in the domain (roughness and porosity, respectively). The analytical calculation of the equations of the fluxes in the volumes, in terms of the effective irregular volumetric fraction ([1]) in the geometric domain and the presence of the roughness (fractalities) in the surfaces and in the contours of the problem was developed. It proposes a scalar model for the effective irregular volumetric fraction and a scalar, vector and tensor model for roughness of irregular contours and fractals. The problems of heat, elasticity, and fracture will be addressed with a proposal to modify the constitutive equations of these phenomena for scalar and vector fields, respectively. In Chapter III we present a contextualization of the theoretical approach of this work was done within the perspective of a Mechanics of Irregular Means where the modeling of the thermal scalar field, vector of elastic deformation and speed of fluids with and without roughness was made to to understand the effect of this on the tensile field as a precursor of the fracture process and on the capillary imbibition process in porous medium, respectively. In Chapter IV, we present the numerical methodology and numerical method used to simulate elasticity and fracture problems in the regular and irregular case together with the alternatives for the direct solution (mesh refinement) and indirect problem. We also present the applications of the numerical methods and the results of the simulations obtained comparing them with the classical continuous modeling, in order to verify and discuss the validity of the analytical relations previously obtained by the mathematical development of the equations of the model proposed in the chapter. In Chapter V we present the conclusions of the solution of simulated irregular problems.

---

[1] or *deformed volumetric fraction*

RESUMO

Nesse volume, apresenta-se uma introdução ao problema de campos contínuos irregulares mostrando a necessidade de uma descrição mais ampla que envolva analiticamente na solução do campo o conceito de potenciais generalizados com e sem as irregularidades contidas no contorno e no domínio do problema. Apresenta-se, também, a fundamentação matemática básica da teoria do campo escalar, vetorial e tensorial em um meio irregular para uma possível Mecânica dos Meios Irregulares como uma evolução proveniente da Mecânica do Contínuo Clássica modificada agora para um meio irregular, de tal forma, que a Mecânica dos Meios Irregulares se reduz a Mecânica do Campo Contínuo Clássico quando as *rugosidade*s e as *porosidade*s inexistem. Alguns teoremas matemáticos foram desenvolvidos, assim como equações diferenciais e integrais para o campo com irregularidades. Desta forma, mostra-se com esses teoremas como o campo contínuo clássico é ampliado para se descrever uma teoria onde as irregularidades estão presentes, basicamente, no contorno e no domínio (*rugosidade* e *porosidade*, respectivamente). Desenvolveu-se o cálculo analítico das equações dos fluxos nos volumes, em termos da *fração volumétrica irregular* *efetiva*([2]) no domínio geométrico e com a presença da *rugosidade* (fractalidades) nas superfícies e nos contornos do problema. Propõe um modelo escalar para a *fração volumétrica irregular efetiva* e um modelo escalar, vetorial e tensorial para a *rugosidade* de contornos irregulares e fractais. Os problemas do calor, da elasticidade e da fratura serão colocados em pauta com uma proposta de modificação das equações constitutivas desses fenômenos para campos escalares e vetoriais, respectivamente. No capitulo III apresenta-se uma contextualização da abordagem teórica deste trabalho foi feita dentro da perspectiva de uma Mecânica dos Meios Irregulares onde a modelagem do campo escalar térmico, e vetorial de deformação elástico e de velocidade de fluidos com e sem rugosidade foi feita para se entender o efeito desta sobre o campo de tensão como precursor do processo de fratura e sobre o processo de embebição capilar em meio poroso, respectivamente. No capítulo IV Apresenta-se a metodologia e a sistemática numérica utilizada na simulação dos problemas de elasticidade e fratura no caso regular e irregular junto com as alternativas para a solução direta (refinamento da malha) e indireta do problema. Apresenta-se também as aplicações dos métodos numéricos, e os resultados das simulações obtidas comparando-as com o modelamento continuo clássico, com a finalidade de se verificar e discutir a validade das relações analíticas obtidas préviamente pelo desenvolvimento matemático das equações do modelo proposto no capítulo. No capitulo V apresenta-se as conclusões da solução de problemas irregulares simulados.

---

[2] ou *fração volumétrica deformada*

Capítulo – I

INTRODUÇÃO

Nessas tábuas escreverei as palavras que estavam nas primeiras tábuas, que quebraste, e as porás na arca (Dt 10,2).

1. 1 – Apresentação

Apresenta-se neste volume a monografia resultante de uma tese de doutorado que consiste no estudo da influência das irregularidades geométricas (*porosidade* e *rugosidade*) no campo contínuo clássico, aplicado aos problemas da mecânica da fratura com rugosidade. Esse trabalho científico também trata da aplicação da modelagem fractal da superfície de fratura, aplicada tanto no processo de crescimento de trinca estável como no processo instável de fratura em materiais elásticos frágeis e dúcteis.

1. 2 – Desenvolvimento do Trabalho de Pesquisa-Uma breve revisão histórica

A maioria dos casos de irregularidades geométricas presentes na microestrutura dos materiais pode ser modelada pela Teoria Fractal de Medida (TFM) (Hornbogen, 1989). Utilizando-se essa visão da modelagem das irregularidades da microestrutura propõe-se uma descrição matemática do continuo de tal forma a levar em consideração, diretamente, em suas equações essas irregularidades a fim de que a reformulação das equações básicas da Mecânica da Fratura Clássica (MFC) fosse conseqüente e naturalmente obtida. O motivo dessa reformulação tem por base o fato de que a MFC não leva em conta a descrição da *rugosidade* das superfícies de fratura e nem os defeitos geométricos (*porosidade*, por exemplo) no seu formalismo matemático. A abordagem descrita neste trabalho foi feita de forma a se obter uma visão mais autêntica, mais precisa e também mais abrangente do processo da fratura. A partir dessa abordagem moderna da Mecânica da Fratura (MF), tornou-se possível também entender diversos aspectos na MFC (os quais, só puderam ser explicados levando-se em conta a *rugosidade* das superfícies de fratura), tais como: (i) a influência da rugosidade na definição das grandezas energéticas da Mecânica da Fratura (ii) a influência da rugosidade de uma trinca no critério de fratura de Griffith-Irwin (iii) o crescimento da curva *J-R* (Ewalds & Wanhill 1986) e (iv) o processo de instabilidade estática na propagação de trincas lentas. Todos os detalhes desses (e de outros) resultados são exaustivamente abordados ao longo deste trabalho. Neste capítulo, descreve-se de uma forma qualitativa, as motivações fundamentais e as idéias básicas desse trabalho, bem como o seu objetivo central, enfatizando-se a importância de se introduzir uma teoria para os meios irregulares na Mecânica da Fratura. Apresenta-se também os objetivos gerais e específicos do projeto de pesquisa e o "problema proposto", o qual foi buscado uma solução pelo desenvolvimento do trabalho realizado.

1.2.1 – A Modificação de Teorias e Modelos utilizando-se a Geometria Fractal

Até algumas décadas atrás, várias teorias e modelos matemáticos foram desenvolvidos e estabelecidos, com base na geometria euclidiana. Considerou-se sempre formas euclidianas regulares para a descrição de padrões geométricos associados aos fenômenos físicos ou químicos que se apresentam na natureza. Embora isso tenha acontecido em diversas áreas das ciências exatas, foi somente a partir da redescoberta da teoria fractal feita por Mandelbrot, em 1977, que iniciou-se a revisão dos conceitos matemáticos para uma nova descrição fenomenológica dessas teorias. Na realidade, o que acontece é que as geometrias de algumas estruturas presentes na natureza e em padrões de dissipação de energia que se apresentam em diversos fenômenos são irregulares e não podem ser satisfatoriamente descritos pela geometria euclidiana. A geometria fractal trata exatamente da descrição matemática desses padrões e estruturas. Ou seja, por meio da *geometria fractal* e da *teoria fractal de medida* é possível, a princípio, quantificar e descrever matematicamente, e de uma forma geral, quaisquer estruturas desordenadas, aparentemente irregulares presentes em diversos fenômenos (como uma superfície rugosa, por exemplo) (Mandelbrot, 1982). Assim, a partir do surgimento da geometria fractal tornou-se necessário uma revisão dos conceitos matemáticos para uma nova descrição fenomenológica das teorias e modelos desenvolvidos com base na geometria euclidiana.

Assim que a teoria fractal chegou ao conhecimento dos cientistas e demais membros da comunidade científica, começaram a surgir tentativas matemáticas de se incorporar os conceitos e as ferramentas matemáticas da geometria fractal no escopo da formulação teórica de diferentes teorias e modelos matemáticos da física e da engenharia. Assim, desde que surgiu a Teoria Fractal, ela tem contribuído para a modificação de várias áreas das Ciências Exatas como uma geometria capaz de evidenciar fatos até então obscuros pela a utilização da simples geometria euclidiana. De lá para cá muitos cientistas têm procurado evidenciar quais são os efeitos que essa nova visão das ciências pode trazer a interpretação de fenômenos clássicos e novos. Portanto, faz bem pouco tempo que a caracterização fractal de estruturas formadas em fenômenos físicos de dissipação de energia passou a ser incluída na descrição fenomenológica dos mesmos. A finalidade é incluir analiticamente nas equações a descrição de padrões irregulares como volumes porosos, superfícies de fraturas ou contornos irregulares junto com as fenomenologias associadas. Isto porque as vantagens de unificação destas duas áreas indicam resultados promissores para uma descrição mais realista dos processos de dissipação de energia.

Embora alguns fenômenos cuja geometria irregular é extremamente evidente têm sido tratados, outros cujo potencial matemático da geometria fractal ainda não foi plenamente explorado têm sido deixados de lado. Por exemplo, alguns problemas acadêmicos de transmissão de calor e elasticidade são considerados em placas planas e regulares. Mesmo quando uma peça está sujeita a uma transmissão de calor, ou a um campo de tensão mais complicado, sempre se considera como base a geometria euclidiana para descrever a forma desse objeto. Contudo, tal descrição deixa a desejar quando os fenômenos envolvidos acontecem sob estruturas irregulares, onde relevantes *rugosidade*s superficiais ou múltiplos vazios volumétricos estão presentes no corpo do objeto. Apenas recentemente, um desenvolvimento aplicado a irregularidades em contornos de problemas escalares tem surgido [Blyth and Pozrikidis, 2003].

1.2.2 – Modelagem Fractal das Superfícies de Fratura

A modelagem fractal de superfícies rugosas teve seu início na mecânica da fratura. Mandelbrot, (1977), foi o primeiro a apontar que as trincas e superfícies de fratura poderiam ser descritas por modelos fractais. Em particular, comprovou-se experimentalmente que as trincas e as superfícies de fratura seguem um escalonamento fracionário como era esperado pela geometria fractal.

Embora já houvesse diferentes métodos capazes de quantificar a área verdadeira da fratura (Dos Santos, 1999), inicialmente, o seu equacionamento dentro da mecânica da fratura não foi considerado, porque os valores resultantes das medidas experimentais dependiam do "tamanho da régua" utilizada pelos diversos métodos. Nenhuma teoria matemática havia surgido até então, capaz de resolver o problema, até que há alguns anos surgiu a geometria fractal. Portanto, a modelagem fractal de uma superfície irregular se faz necessária, para se obter a correta quantificação da sua área verdadeira. Desta forma, a moderna geometria fractal pode contornar o problema da complicada descrição matemática da superfície de fratura, tornando-se útil na modelagem matemática da fratura. Com isto, é possível relacionar a caracterização geométrica fractal com as grandezas físicas que descrevem os fenômenos a ela associados, incluindo-se a área verdadeira da superfície irregular ao invés da superfície projetada. Pensando nessa idéia, foi que Mandelbrot *et al.* (1984), criaram o método de análise fractal das "*ilhas cortadas*". Por meio deste método, eles procuraram relacionar a dimensão fractal com as grandezas já conhecidas da mecânica da fratura, apenas de uma forma empírica. Desde então, diversos autores (Mu e Lung, 1988; Mecholsky et al, 1989; Heping-Xie, 1989; Chelidze, 1990; Lin e Lai, 1993; Nagahama, 1994; Lei, 1995; Tanaka, 1996, Borodich, 1997) têm feito considerações teóricas ou geométricas no sentido de tentar relacionar os parâmetros geométricos das superfícies de fratura, com as grandezas da mecânica da fratura, tais como: energia de fratura, energia de superfície, tenacidade à fratura, etc.

Por ocasião da elaboração da proposta de correção fractal da Mecânica da Fratura (Alves, 2005), surgiu uma questão básica, sobre qual a melhor definição de *rugosidade* de uma trinca ou superfície de fratura que seria aplicável para a correção das equações clássicas da Mecânica da Fratura. Em sua proposta inicial Alves (2005) sugeriu uma correção do tipo:

$$\xi \equiv \frac{dL}{dL_o} \qquad (1.1)$$

onde L_o e L são os comprimentos projetados e rugoso da trinca ou superfícies de fratura. Contudo essa proposta parece não funcionar para grandezas vetoriais e tensoriais, mas apenas para grandezas escalares. Desta forma, percebeu-se a necessidade de se realizar um estudo básico da influência das coordenadas, dos comprimentos, dos contornos, e dos volumes irregulares, em diferentes fenômenos de movimento, dissipação de energia e calor para que seja feita uma correta inclusão da geometria fractal nas fenomenologias associadas. Sugeriu-se, na época, que tais transformações, fossem primeiro validadas em fenomenologias de campos escalares, como a Teoria do Calor, para depois passar gradativamente para os campos vetoriais e tensoriais, tais como a Teoria da Elasticidade, Plasticidade e Mecânica da Fratura. Mas porque alguns desenvolvimentos matemático em Mecânica da Fratura já haviam sidos adiantados esse trabalho de tese se definiu na modificação da Mecânica da Fratura, embora a proposta de modificação fenomenológica feita neste trabalho seja ampla. Uma das propostas de revisão dos conceitos matemáticos para a Teoria do Calor pode ser verificada em Blyth e Pozrikidis (2003).

1.2.3 – A Teoria Fractal aplicada à Mecânica da Fratura

A Mecânica dos Meios Contínuos e toda a teoria clássica da Mecânica dos Sólidos (Teoria da Elasticidade) e a Mecânica dos Fluidos levam em conta apenas as formas euclidianas regulares. Mas, segundo Panin (1992) devido ao desenvolvimento desseas áreas da ciência ao longo dos anos, elas passaram a exibir casos onde a geometria fractal poderia ser facilmente identificada e utilizada na descrição dos seus fenômenos. Neste contexto a teoria da elasticidade vem sendo reescrita (Carpinteri, 2004), utilizando-se a geometria fractal, através da proposta pioneira de Panagiotopoulos (1992), consequentemente, com a Mecânica da Fratura (MF) isto não tem sido diferente. Embora ela seja uma área relativamente nova da ciência, e tem recebido diferentes formulações ao longo das décadas (Kanninen e Popelar, 1985), especialmente sob o ponto de vista analítico, ela também está incluída no contexto acima entre as teorias matemáticas que precisam ser revisadas. Isto, basicamente, por causa da superfície de fratura que é tomada como sendo a superfície projetada ao invés da superfície rugosa. Portanto, é necessário uma revisão das equações para que a descrição matemática dos fenômenos se torne mais autêntica e, possivelmente, mais precisa.

Uma das modificações pioneiras na formulação analítica da mecânica da fratura foi feita por Mosolov (1993), o qual inseriu a geometria fractal com o intuito de descrever o processo de fratura, levando em conta a formação da *rugosidade* das superfícies de fratura durante o processo de crescimento da trinca, coisa que não era possível utilizando-se apenas a geometria euclidiana .

Hoje em dia sabe se que, por causa da introdução da Teoria Fractal nas diversas descrições fenomenológicas, os expoentes característicos desses modelos podem possuir valores não inteiros devido a fracionalidade da dimensão fractal. Por exemplo, na Mecânica da Fratura o campo elástico de Hutchinson-Rosengren e Rice – (HRR) (Anderson, 1995) passou ser descrito por expoentes não-inteiros que se relacionam com a dimensão fractal. Um exemplo destes foi fornecido pela reformulação do campo de tensão feita por Mosolov (1993), Borodich (1997). Seguindo o mesmo raciocínio Yavari (2002), tomou por base as equações de Irwin (1957) e Westergaard (1939) e propôs toda uma nova visão da Mecânica da Fratura, sugerindo, por exemplo, a existências de mais três novos modos de fratura, além dos três classicamente, conhecidos como tração, cisalhamento e rasgamento. Essa proposta segue em frente até ao ponto de afetar o conceito que define a integral-J de Eshelby-Rice (1968).

Novos modos de fratura surgiram devido à consideração da *rugosidade* no processo. Um dos principais responsáveis por essa nova formulação é certamente Yavari (2000, 2002) que tem fornecido fortes contribuições matemáticas para estas duas áreas. Na tentativa de acompanhar este rápido desenvolvimento matemático Alves *et al.* (2001) e Alves, (2005) procuraram abordar o tema sob o ponto de vista termodinâmico, reformulando as equações de Griffith (1920) e Irwin (1957) para obter um resultado satisfatório tanto do ponto de vista teórico como experimental.

O crescimento estável de trinca é caracterizado pela curva *J-R* (Ewalds e Wanhill 1986, Kraff *et al.* 1962) e observa-se que essa curva cresce com o aumento no comprimento da fratura. Este crescimento tem sido analisado por argumentos qualitativos (Ewalds e Wanhill 1986, Kraff *et al.* 1962, Swanson *et al.* 1987; Hübner e Jillek 1977) mas nenhuma explicação definitiva e satisfatória em termos da MFEP tem sido apresentada.

Neste trabalho introduziu-se a geometria fractal no formalismo da MFEP para descrever os efeitos da *rugosidade* nas propriedades mecânicas. Para isso foi corrigida a expressão clássica da taxa de energia elasto-plástica liberada introduzindo a fractalidade (*rugosidade*) da superfície trincada. Este procedimento tornou a expressão clássica, linear com o comprimento da fratura, obtida pela MFEP, em uma equação não-linear, que reproduz precisamente o processo de propagação quase-estático de trincas nos materiais frágeis e dúcteis. Mostrou-se, portanto de forma inambígua como diferentes morfologias (*rugosidade*s) são correlacionadas com o crescimento da curva *J-R*. Ou seja, devido a equivalência energética de Irwin para o caminho projetado da fratura, a curva *J-R* apresenta um crescimento proveniente da influência da *rugosidade* que não era computado anteriormente pelas equações clássicas da MFEP baseada na geometria euclidiana.

Diferentes formulações de equações fenomenológicas têm sido propostas na literatura. Particularmente, Alves *et al.* (2001, 2005, 2010) também propôs para a Mecânica da Fratura, uma metodologia para a transformação das equações descritas em termos da geometria euclidiana para a geometria fractal para uma descrição do processo de Fratura e do Processo de Dissipação de Energia.

1.2.4 – Surgimento de Métodos Numéricos Fractais

A nova formulação da Mecânica da Fratura fornece a suas equações uma nova roupagem que precisa ser transferida para a formulação numérica. Alternativamente, ao que se apresenta como proposta nesse trabalho tem surgido na literatura, propostas de formulação numérica de problemas do campo clássico com irregularidades, como no caso da fratura. Entre essas propostas está o Método dos Elementos Finitos Fractais desenvolvido por Leung e Su (1995). A proposta de Leung e Su (1995) se resume em um aumento no nível de refinamento das malha baseado na auto-similaridade fractal, obtendo dessa forma uma equação de recorrência para a equação de força e deslocamento e para a matriz de rigidez que depende do nivez de escalonamento do refinamento da malha.

Outros autores tem usado essa alternativa para solução de problemas de contato com *rugosidade* (Hyun *et al.* 2004; Sahoo 2007; Kral e Komvopoulos, 1993; Willner, 2008). Ainda, outros têm usado métodos matemáticos e numéricos a solução de problemas de múltipla escala em concreto (Achdou, 2004).

1. 3 – Motivação do Trabalho de Pesquisa

1.3.1 – Justificativa, Importância Científica, Tecnológica e Aplicações

A importância tecnológica do estudo da fratura pode ser melhor compreendida do ponto de vista das drásticas consequências das falhas nos materiais em serviço (Kanninen e POPELAR, 1985). Particularmente, tanto a fratura estável como a fratura dinâmica visa compreender o comportamento dos materiais em condições de carga lentas, cíclicas e de extrema solicitação, tais como: impactos (Benson *et al.*, 1997), colisões

(Åström e Jussi, 1997; Hornig *et al.* 1996), choques térmicos (Salvini *et al.*, 1996).

A vasta aplicação de novos materiais na indústria, empresta ao estudo da fratura uma importância singular. Do ponto de vista da pesquisa, o estudo da fratura se divide em três segmentos básicos: o estudo da fratura estável (solicitação quase-estática), o estudo da fadiga (solicitações cíclicas) e o estudo da fratura instável (solicitações dinâmicas ou catastróficas).

O estudo de geometrias irregulares, que podem ser tratadas sob o ponto de vista da modelagem fractal, tem despertado o incessante interesse dos cientistas das áreas afins. Desta forma vários fenômenos físicos têm sido revisados atualmente, sob a ótica da nova visão fractal. A introdução da Geometria Fractal nas fenomenologias de várias áreas da ciência física e engenharia como a Transmissão de Calor, Teoria da Elasticidade e na Mecânica da Fratura é algo que já vem sendo feito ao longo desta última década e existe a possibilidade de se proporcionar contribuições importantes na formulação matemática dessa nova ciência.

A motivação desse trabalho tem por base a evidente presença da geometria fractal na natureza e a necessidade de melhor compreensão dos fenômenos de dissipação que geram padrões irregulares como trincas, fraturas, descargas elétricas, entre outros. Outra idéia que motiva tal estudo são os fenômenos de dissipação e instabilidade em processos dinâmicos que introduzem naturalmente *rugosidade*s e oscilações no campo de velocidades, como na fratura de trincas rápidas observadas por Fineberg *et al.* (1991, 1992).

Os resultados deste trabalho fornecerão resultados importantes na concepção, na análise, inspeção e projetos de materiais com propriedades termomecânicas modificadas.

1.3.2 – Perspectiva de Formulação e Desenvolvimento de uma Mecânica do Contínuo Irregular

A primeira problemática levantada durante este trabalho de pesquisa foi a modelagem fractal de uma superfície de fratura para que na seqüência fosse feita a modificação das equações básicas da Mecânica da Fratura utilizando um conceito de *rugosidade* para correção dessas equações com a finalidade de retratar o efeito da interação da trinca com a microestrutura do material e descrever, entre outros, o efeito do crescimento da curva J-R (Su *et al.* , 2000; Weiss, 2001; Rupnowski, 2001; Alves *et al.* 2001, Alves *et al.* 2010). Para isso modelou-se o comprimento rugoso de uma trinca por meio da geometria fractal (Alves, 2005; Alves *et al.*, 2010).

Em termos práticos, percebeu-se ao longo dessa pesquisa que modificações matemáticas importantes que foram feitas na teoria da fratura, possuíam seus antecedentes matemáticos na teoria dos campos escalares e vetoriais como o calor e a elasticidade, respectivamente. Neste sentido, retrocedeu-se aos estudos de campos mais simples como o campo térmico de forma a se elaborar uma intuição e uma conceituação mais abrangente, necessária a campos mais complexos como o campo elástico de tensão e deformação e o campo de crescimento de uma trinca.

Ao se introduzir irregularidades (poros e *rugosidades* superficiais) nas formulações dos problemas do Campo Contínuo Clássico, observou-se o aparecimento de um novo conceito de *rugosidade* e de *porosidade*, associado ao que já era conhecido, mas agora visto dentro do contexto das equações do continuo dando origem a uma possível *Mecânica dos Meios Irregulares*. Propostas semelhantes têm surgido na literatura ao longos das últimas décadas (Trovalusci 1998, Dyskin 2005, Tarasov 2005, Carpinteri 2009, Engelbrecht 2009).

A proposta deste trabalho partiu da problemática de um campo escalar térmico com contorno irregular e depois foi aplicada aos campos elásticos de deformação e de fratura. O que se propôs inicialmente foi inserir *rugosidade*s (geradas matematicamente por simulação) em problemas de campos escalares (transmissão de calor) e campos vetoriais (elasticidade e fratura). A idéia básica era ver como se comporta a descrição matemática dessas *rugosidade*s no problema analítico, para compreender qual é sua parcela de influência nos fenômenos citados acima. Essas *rugosidade*s poderiam possuir caráter fractal ou não.

Contudo, optou-se por apresentar um trabalho de tese diretamente aplicado à fratura por já se contar com vários resultados em mecânica da fratura, que concordaram muito bem com os experimentos.

1. 4 - O Problema Proposto

O problema proposto consiste na validação de um Modelo de Potenciais (Escalares e/ou Vetoriais) com Contornos Rugosos por métodos experimentais e numéricos. A proposta desse trabalho é envolver a geometria fractal na descrição do fenômeno elástico e plástico de fratura, como uma forma de descrever esses fenômenos em situações onde a *rugosidade* presente no contorno de superfícies é relevante.

Unir a potencialidade da geometria fractal em descrever sistemas que apresentam padrões geométricos desordenados ou rugosos com a praticidade de cálculo de métodos numéricos torna-se uma tarefa atraente, interessante e necessária para uma proposta moderna de simulação do fenômeno da fratura em materiais. Isto porque muitas das respostas sobre a influência da *rugosidade* no processo de dissipação de energia na fratura podem ser obtidas, de forma a validar os resultados analíticos recentes, que têm sido alcançados utilizando-se a geometria fractal (Yavari 2000, 2002; Wnuk e YAVARI 2005, Alves *et al.* 2010).

A proposta de utilização de métodos numéricos para simular uma análise do processo de fratura onde está presente a *rugosidade* da superfície de fratura é outro aspecto inovador deste trabalho. Basicamente foram simulados problemas simples e fundamentais de corpos sob o ponto de vista da elasticidade e fratura, como o problema de uma placa plana, de Fratura Estável, como o problema de Griffith. Esses problemas foram simulados utilizando-se essa nova proposta. Isto é, a utilização dos elementos de métodos numéricos com a inclusão da *rugosidade* por meio da geometria fractal em sua formulação numérica.

1. 5 – Metas, Objetivos e Metodologia do Trabalho de Pesquisa

1.5.1 – Objetivos Gerais

De acordo com o problema proposto neste trabalho, o presente projeto de doutorado teve as seguintes metas intermediárias e objetivos gerais de trabalho a serem atingidos:

(i) Modelar analítica e numericamente o processo de fratura inserindo a Geometria Fractal. √

(ii) Propor correções ou novos modelos de fratura com a descrição analítica da *rugosidade*. √

(iii) Entender o efeito ou a influência da *rugosidade* em problemas de contorno e bordas rugosas em modelos de campo escalar, vetorial e tensorial, a fim de extrair informações úteis sobre o efeito ou a influência da *rugosidade* em fenômenos da Mecânica do Contínuo, da Mecânica dos Sólidos, da Mecânica da Fratura e do Dano, etc., de tal forma que seja possível incluir analiticamente na descrição matemática desses campos a descrição fractal da *rugosidade* desses contornos.

(iv) Construir um modelo fenomenológico que contenha uma descrição matemática consistente dos fenômenos que exibem a influência de tornos irregulares presentes ou formado durante os processos de dissipação de energia como a fratura, por exemplo.

(v) Desenvolver uma teoria do contínuo que envolva a *rugosidade* da superfície de contorno e a *fração volumétrica irregular efetiva* ou *fração volumétrica deformada* do interior do volume do corpo.

(vi) propor modelos para a propagação de trinca, em regime estável, usando-se a geometria fractal e a descrição elasto-plástica dos fenômenos existentes na fratura quase-estática;

(vii) conferir, reformular, adequar e/ou aperfeiçoar os modelos propostos com base nos experimentos realizados, para em seguida

(viii) verificar, experimentalmente, e reformular os modelos para a fratura, já existentes na literatura, desenvolvidos com base na teoria fractal;

(ix) conhecer e explicar o comportamento das propriedades dos materiais em função da microestrutura com a finalidade de

(x) gerar contribuições científicas, no sentido de se compreender melhor alguns dos mecanismos e processos estruturais e microestruturais envolvidos na dissipação da energia da fratura, tais como: defeitos, inclusões, contornos de grãos e fenômenos elasto-plásticos, estendendo os resultados para materiais policristalinos, etc;

1.5.2 – Objetivos Específicos

De acordo com o problema proposto anteriormente, o presente projeto de doutorado teve as seguintes metas intermediárias e objetivos específicos de trabalho a serem atingidos:

(i) Fundamentar os conceitos geométricos, extraídos da teoria fractal, e aplicá-los à fratura, visando-se;

(ii) Construir uma "linguagem" precisa, para a descrição matemática da MFC, dentro da nova visão da teoria fractal.

(iii) Explicar o crescimento da curva *J-R* nos materiais através da descrição matemática fractal da *rugosidade*,

(iv) Caracterizar a geometria descrita pela trinca, sob o aspecto fractal.

com a finalidade de:

(v) Relacionar a caracterização fractográfica e fractal da superfície de fratura com o processo quase-estático de dissipação de energia e instabilidade da trinca. Para isso, mediu-se a dimensão fractal e procurou-se relacioná-la com o comprimento da trinca (ou com a área da superficie de fratura) e com a taxa de liberação da energia elástica, G, ou J.

1.5.3 – Metodologia para Desenvolvimento e Estrutura do Trabalho

Os modelos foram desenvolvidos generalizando-se o formalismo matemático da MFC, com base na geometria fractal. Essa generalização foi feita basicamente através da relação entre a área projetada e a área rugosa, que corresponde a área verdadeira do processo. Neste sentido, todas as equações clássicas contidas neste trabalho foram corrigidas pela geometria fractal.

Para comprovação dos modelos, utilizou-se resultados de ensaios experimentais já realizados pela até então estudante de doutorado, Rosana Vilarim da Silva, no Laboratório de Ensaios Mecânicos da EESC, tais como: ensaio de flexibilidade e de múltiplos corpos de prova, utilizando o conceito de curva *J-R* em amostras de cerâmica, metal e polímero (PMMA) e poliuretano (extraído do óleo da mamona).

Durante o ensaio de fratura, a taxa de energia elástica liberada, *G*, ou *J*, pôde ser obtida indiretamente via software pelo sistema de aquisição de dados, acoplado à máquina de ensaios, através da curva *Carga x Deslocamento* da trinca. Após o ensaio, foram feitas as devidas caracterizações geométricas das superfícies de fratura, através da análise fractográfica por Microscopia Eletrônica de Varredura (MEV).

As análises fractais das superfícies de fratura foi feita por meio de um método desenvolvido ao longo dessa pesquisa, o qual foi chamado de "análise das ilhas de contraste". Este método é análogo ao método das ilhas cortadas de Mandelbrot (Mandelbrot *et al.* 1984; Mecholsky *et al.* 1989).

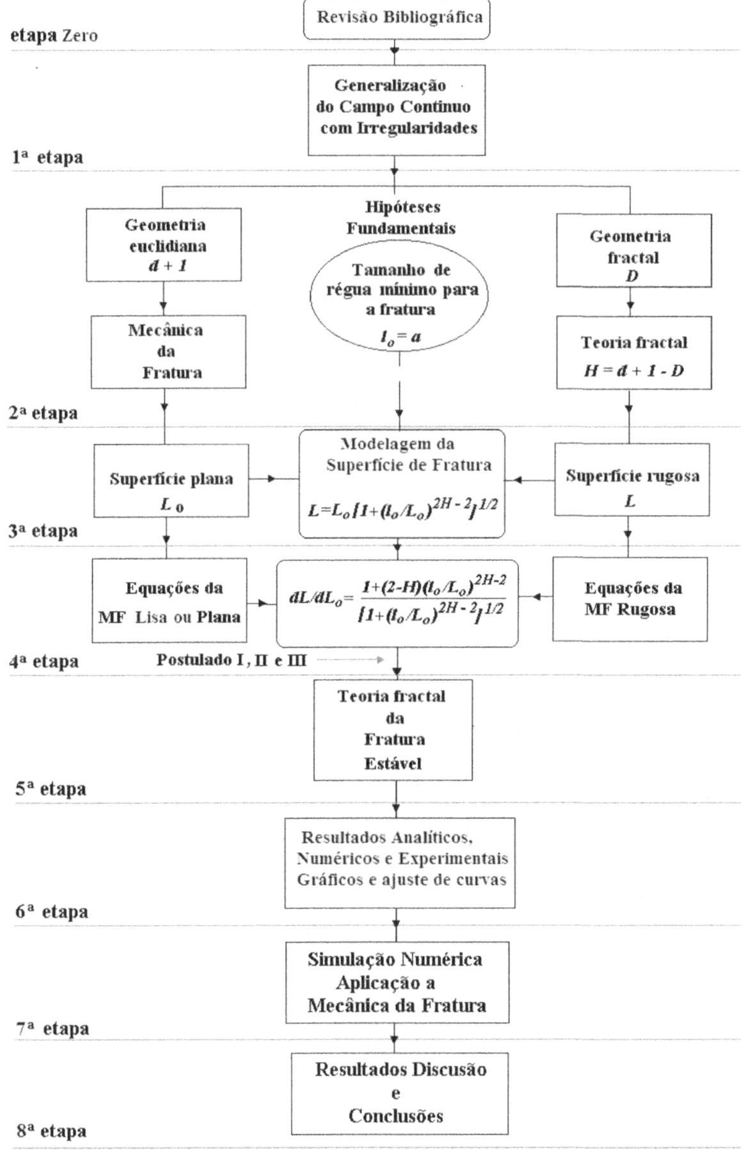

Figura - 1. 1. Arcabouço geral do desenvolvimento do trabalho de pesquisa realizado.

Capítulo – II

MECÂNICA DO CAMPO CONTÍNUO DE POTENCIAIS GENERALIZADOS COM IRREGULARIDADES

...mas, tendo sido semeado, cresce e faz-se a maior de todas as hortaliças e cria grandes ramos, de tal modo que as aves do céu podem aninhar-se à sua sombra (Mc 4,32).

RESUMO

Neste capítulo será visto a fundamentação matemática básica da teoria do campo escalar, vetorial e tensorial em um meio irregular, onde desenvolveremos o cálculo analítico das equações dos fluxos nos volumes, nas superfícies e nos contornos, em termos da *fração volumétrica irregular efetiva*([3]) e da *rugosidade* (fractalidades), com a presença da *rugosidade* no contorno e da *fração volumétrica irregular efetiva* no domínio geométrico do problema. Será proposto um modelo escalar para a *fração volumétrica irregular efetiva* e um modelo escalar, vetorial e tensorial para a *rugosidade* de contornos irregulares e fractais. Os problemas do calor, da elasticidade e da fratura serão colocados em pauta com uma proposta de

---

[3] ou *fração volumétrica deformada*

modificação das equações constitutivas desses fenômenos para campos escalares e vetoriais, respectivamente.

2. 1 – Objetivos do Capítulo

i) Apresentar a transição da *Mecânica do Contínuo Clássica (Regular)* para uma *Mecânica dos Meios Irregulares.*

ii) Estabelecer a conexão entre o *Meio Contínuo Regular* e o *Meio Irregular.*

iii) Estabelecer as transformações das equações do *Meio Regular* para o Irregular

iv) Descrever uma *Mecânica dos Meios Irregulares* apresentando os conceitos e os Teoremas Fundamentais, as principais equações diferenciais e integrais básicas de potencial, fluxo e continuidade.

v) Fundamentar os resultados desta teoria ampliandos os conceitos utilizados neste capítulo com a presença de *porosidade* do volume e *rugosidade* das superfícies.

2. 2 – Introdução aos Fenômenos de Natureza Dinâmica

Fenomenologias, como a Mecânica do Calor, a Mecânica dos Sólidos, a Mecânica dos Fluidos, etc., são análogas e podem ser descritas de forma geral pela chamada Mecânica e Termodinâmica do Contínuo, cujos conceitos de densidades e fluxos generalizados podem ser definidos a partir das equações de conservação da massa, do momento, e da energia provenientes das leis de Newton da Mecânica das Partículas Discretas e das Leis da Termodinâmica Clássica transformadas no formalismo do contínuo. Ou seja, a descrição de fenômenos físicos que nos dão a idéia de movimento, como o fluxo de calor, o movimento de uma partícula, a deformação de um corpo, o escoar de um fluido, o crescimento de uma trinca, etc. podem ser unificados em um formalismo matemático cuja estrutura e conceitos gerais são análogos. Todos esses fenômenos podem ser estudados de forma comparativa para se obter um entendimento completo dos processos simultâneos complexos que podem ocorrer na natureza e em sistemas projetados pelo homem.

Quando a descrição de um dado fenômeno parte do conceito de posição, velocidade, quantidade de movimento, etc., diz-se que essa é uma descrição mecânica. E, quando a descrição de um dado fenômeno parte do estudo dos seus potenciais, diz-se que essa é uma descrição termodinâmica. Uma teoria geral de campo procura unificar os aspectos elementares e reducionistas da mecânica, com os aspectos gerais da termodinâmica.

Esses potenciais contidos em partículas ou ao redor de corpos na forma de campos, como o campo elétrico, magnético, o campo gravitacional, o campo de temperatura, o campo de velocidades, etc, todos eles, produzem movimentos. Neste sentido sabe-se que todo "movimento" parte da diferença de algum tipo de "potencial" entre dois pontos. Essa grandeza pode ser chamada de "potencial generalizado", por exemplo. No caso do fluxo de calor a diferença de potencial corresponde à diferença de temperatura entre dois pontos. No caso do movimento de uma partícula a diferença de potencial mecânica, elétrica ou magnética pode ser atribuída à aplicação de uma força, e assim por diante. Todos esses potenciais e forças estão presentes, na lista dos fenômenos que podem ser unificados pela teoria dos campos escalares e vetoriais e tensoriais.

2.2.1 - Campo Uniforme ao Redor de Superfícies Regulares

No caso de campo eletrostático ao redor de uma partícula carregada, ou de um corpo com forma regular esférica uniformemente carregada, o campo externo em questão, apresentará linhas de mesmo potencial (linhas equipotenciais circuncêntricas) que acompanharão as linhas de contorno do corpo, cujo centro corresponde ao centro geométrico desse corpo (Figura - 2. 1a), e as linhas de campo elétrico estarão dirigidas para fora, (Figura - 2. 1b). O campo elétrico ao redor deste corpo será dado pelo gradiente do seu potencial entre dois pontos, cujo vetor estará apontado na direção normal às linhas de mesmo potencial, ou seja, apontam na direção radial do corpo esférico, conforme mostra a Figura - 2. 1b.

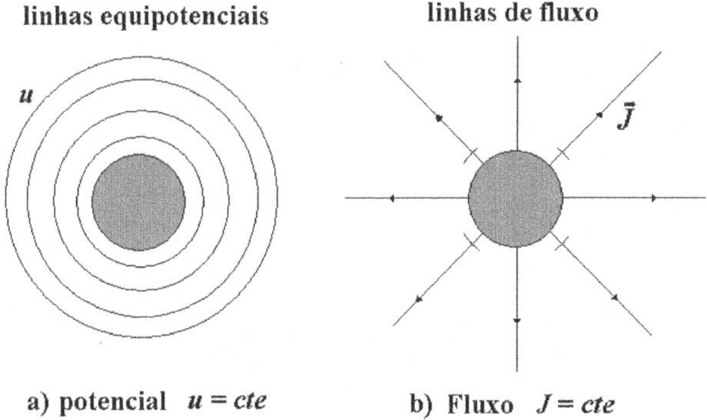

Figura - 2. 1. Esquema de um campo em torno de um corpo esférico regular uniformemente carregado sujeito a um potencial eletrostático escalar $\vec{u} = cte$, a) Linhas equipotenciais; b) Linhas de fluxo constante.

Esse exemplo, também, nos dá uma idéia de como pode ser o campo de temperatura ao redor de um corpo, também de forma esférica, cujo calor se distribui uniformemente em toda a sua extensão. De forma análoga ao caso anterior, as linhas equipotenciais (no caso linhas isotérmicas circuncêntricas) acompanharão as linhas de contorno do corpo, cujo centro corresponde ao centro geométrico desse corpo. E, o fluxo de calor se dará na direção perpendicular às linhas isotérmicas, de forma análoga ao campo elétrico, cujo valor será proporcional ao gradiente do campo térmico. Outro exemplo pode ser dado a partir do campo gravitacional ao redor de uma massa de forma esférica, cujas linhas equipotenciais acompanham de certa forma o contorno da superfície do corpo, etc. Todos eles são exemplos de campos de potenciais escalares.

Quando os campos envolvidos são campos dinâmicos cuja descrição envolve diretamente o conceito de velocidade e de movimento de uma partícula, como no caso de deformações elásticas e/ou plásticas de um sólido, ou taxas de deformações de um fluido, novamente, surge a idéia de campo potencial associado a diferenças de potenciais, as quais são responsáveis pela formação de gradientes de potencial e por sua vez responsáveis pelo movimento das partículas imersas nesses campos. Nesses casos os campos são de potenciais vetoriais ou tensoriais. Mesmo assim, para todas as situações descritas até agora, é possível generalizar o conceito de posição, velocidade, quantidade de movimento, força, potencial, diferença de potencial, etc. com a finalidade de descrever matematicamente o campo clássico de uma forma unificada

2.2.2 - Campo Uniforme ao Redor de Superfícies Irregulares

Por outro lado, de forma análoga à situação de geometria regular, quando se trata de corpos com formas irregulares e se considera que o seu campo interno é uniforme, as linhas equipotenciais externas nos três tipos de fenômenos exemplificados acima acompanharão as formas irregulares do seu contorno, conforme mostra Figura - 2. 2. Até este ponto a complicação da irregularidade dos contornos pode ser trabalhada por soluções numéricas e as correções que surgem em relação ao caso regular são apenas geométricas.

Neste sentido pode-se sempre adotar que o fluxo deriva do potencial a partir do seu gradiente da seguinte forma:

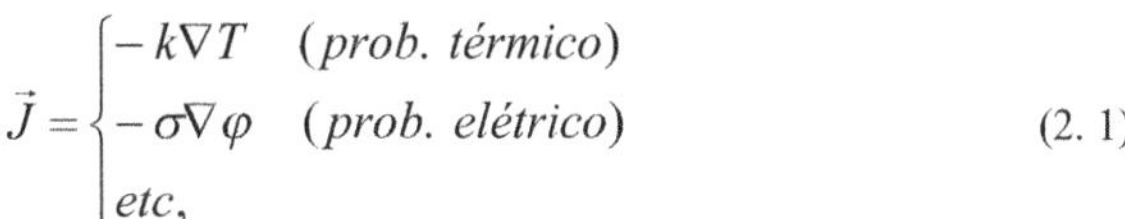

$$\vec{J} = \begin{cases} -k\nabla T & (prob.\ térmico) \\ -\sigma\nabla\varphi & (prob.\ elétrico) \\ etc, \end{cases} \qquad (2.1)$$

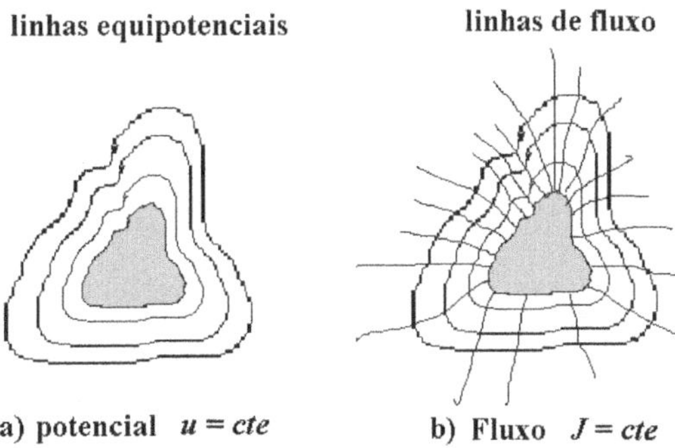

Figura - 2. 2. Esquema de um campo em torno de um corpo esférico irregular uniformemente carregado sujeito a um potencial eletrostático escalar $\vec{u} = cte$, a) Linhas equipotenciais; b) Linhas de fluxo constante.

onde k, e σ são as condutividades térmicas e elétricas e T e φ são os potenciais térmicos (temperatura) e elétrico, respectivamente. Ou seja, as linhas de fluxos são perpendiculares às linhas equipotenciais, sejam elas de potencial elétrico, térmico ou de outra natureza qualquer dentro dessa mesma classe de fenomenologia.

Contudo, quando as irregularidades de campo envolvem também a parte física do campo, no sentido de haver campos não uniformes, fontes de campo aleatoriamente dispersas no meio, volumes porosos, efeitos não lineares geométricos e físicos, etc., a solução das equações de campo pode se tornar muito trabalhosa ou analiticamente impraticável. Neste ponto, é preciso recorrer a algum tipo de geometria que possa tratar das descontinuidades geométricas e seus efeitos sobre o valor dos campos dos potenciais. Além do que, é necessário generalizar tanto a descrição geométrica da forma dos objetos e do contorno de suas superfícies, como a descrição geométrica dos campos envolvidos, junto com seus efeitos dinâmicos. Porque, além de uma generalização geométrica e fenomenológica, é preciso também fazer a inserção destas nos modelos praticáveis por uma teoria de campo generalizada. Portanto, um dos objetivos deste trabalho de tese é propor uma formulação da teoria do contínuo que leve em conta a *rugosidade* da superfície de contorno e a *fração volumétrica irregular efetiva* do interior do volume do corpo ou do meio em estudo. De forma mais direta, as conseqüências dessa nova proposta de formulação teórica serão utilizadas no estudo da Mecânica da Fratura com rugosidade das trincas e superfícies de fratura.

2.3 –Revisão Bibliográfica

A teoria do campo contínuo clássica utiliza a geometria euclidiana na descrição dos fenômenos de transferência de calor, massa, momentum, etc. Com essa geometria é possível descrever apenas os fenômenos que acontecem em formas regulares sem considerar os efeitos da *rugosidade* das superfícies, ou *da porosidade* do interior dos volumes. Mesmo quando as formas são cheia de detalhes geométricos, utilizam-se modelos numéricos e cálculos aproximados (Blyth 2003; Xie 2003; Hyun et al 2004). Na fratura, por exemplo, esta quase nunca acontece sem o surgimento de superfícies rugosas. Os casos de fratura com superfícies lisas aparecem normalmente em processos de clivagem de monocristais e no interior de alguns grãos do material. No caso de fratura de materiais policristalinos com considerável *rugosidade* (cuja ponta da trinca rugosa interage no processo de fratura) o uso da geometria euclidiana deixa a desejar. Pois os resultados não são completos e os cálculos não são exatos, e ainda não se consegue explicar diversos fenômenos da fratura quase-estática e dinâmica em que a *rugosidade* é presente (Fineberg et al 1991, 1992; Xie, 1995; Boudet, 1995, 1996; Alves, 2005; Alves *et al.*, 2010). A descrição matemática do crescimento da curva J-R de resistência a fratura, por exemplo, só pode ser explicado se for levado em conta o aparecimento da *rugosidade* durante o processo de propagação ou crescimento de uma trinca (Carpinteri, 1996; Rupnowski 2001; Alves *et al.*, 2001, Alves *et al.*, 2010). Isto significa que o modelo geométrico da *rugosidade* precisa ser incluído no cálculo analítico da integral-J de Eshelby-Rice (Su et al , 2000; Weiss, 2001; Rupnowski, 2001; Alves *et al.*, 2001, Alves *et al.*, 2010). Outro fenômeno na fratura que envolve o surgimento de *rugosidade* é a propagação de trincas rápidas, onde surgem instabilidades com ramificação de trincas e oscilações na velocidade de crescimento da trinca, a partir de uma velocidade crítica (Fineberg *et al.*, 1991, 1992; Boudet, 1996).

2.3.1. O surgimento de teorias do campo contínuo com a inclusão de irregularidades

A presença de irregularidades de forma e de microestrutura na superfície e no interior de materiais sujeitos a fenomenologias é uma realidade na natureza e também nos materiais desenvolvidos pelo homem. Não é recente a necessidade de se estudar as irregularidades e os defeitos presentes em um material. Para isso têm surgido, ao longo dos anos, tópicos específicos das ciências exatas que tratam de irregularidades geométricas e microestruturais nas superfícies e no interior dos materiais (Bammann, 1982; Forest, 1998; Trovalusci, 1998; Duda, 2007;

Engelbrecht, 2009). Desde que surgiu a teoria fractal, grande tem sido os esforços em descrever as formas irregulares da natureza como também o seu efeito sobre os fenômenos físicos e químicos nos materiais (Hornbogen 1989; Panin, 1992; Lazarev, 1993). Hornbogen (1989) enumerou diferentes aspectos da microestrutura de materiais que podem ser tratados pela geometria fractal. Panagiotopoulos (1992) propôs a utilização da geometria fractal na descrição da estrutura dos sólidos irregulares, Panin (1992) descreveu os fundamentos da meso-mecânica de um meio com estruturas. Tarasov (2005) descreveu uma mecânica do contínuo para meios fractais utilizando o calculo fracional e Yavari (2006) descreveu as leis de equilíbrio covariantes espaciais e materiais na elasticidade. Outras abordagens estão sendo elaboradas por diversos cientistas e publicadas na literatura especializada, e dizem respeito a uma teoria especificamente fractal envolvendo o cálculo fracional em múltipla escala (Dyskin, 2005; Carpinteri *et. al.*, 2009). Dyskin (2005) tem publicado vários trabalhos no sentido de utilizar a teoria fractal e o cálculo fracional para descrever uma mecânica de múltipla escala. Carpinteri et *al.* (2009) utilizaram o cálculo fracional como uma forma de incluir a teoria fractal na descrição de fenômenos de elasticidade e fratura envolvendo a *rugosidade* e o efeito de escala. Todas estas são propostas de uma mecânica que possa tratar inclusivamente a irregularidade de forma e de microestrutura no seu contexto matemático.

Durante a evolução da proposta deste trabalho observou-se a necessidade de haver uma teoria matemática do contínuo com irregularidades (poros, *rugosidade*, etc.) que seguisse um método de solução do problema irregular diretamente a partir das equações diferenciais governantes do campo clássico com irregularidades. Desta forma, uma transição do meio contínuo regular clássico para o meio irregular se faz necessária, a qual será vista nesse capítulo.

Observa-se, então, que é necessário modificar a teoria do campo contínuo desde a teoria dos campos escalares até os campos tensoriais passando pela teoria do calor, teoria da elasticidade, fratura, por exemplo, para envolver na sua descrição matemática o efeito da *rugosidade* descrevendo-a e explicando o seu surgimento com seus efeitos e conseqüências. Portanto, agora neste capítulo é proposto as modificações desejadas na teoria do campo contínuo de forma a incluir a *rugosidade* das superfícies e a *fração volumétrica irregular efetiva* dos volumes, onde esses meios materiais serão designados com o nome de *Meios Irregulares*([4]).

Neste capitulo propõe-se uma modificação espacial e material das leis da mecânica do continuo através de volumes porosos e superfícies rugosas, considerando que essas irregularidades geométricas introduzem uma "transformação covariante" na mecânica do contínuo clássica que pode ser fractal ou não. Neste sentido a transformação é introduzida por um tensor $\xi \rightarrow "\mathbf{F}"$([5]) de *rugosidade* responsável por um certo tipo de "estiramento" ou variação da superfície rugosa em relação a superfície média aparente projetada no espaço euclidiano, onde:

$$\xi \equiv \frac{d\vec{A}}{d\vec{A}_o} = \frac{dA}{dA_o}(\hat{n} \otimes \hat{n}_o). \tag{2. 2}$$

A presente proposta não se limita a uma irregularidade fractal, podendo ser esta apenas um dos modelos a serem utilizados.

---

[4] Existem na literatura diversas propostas, cada uma com nomes diferentes, tais como: meios microestruturados, meios de multipla escala, etc., este nome foi escolhido por ser o que melhor se adapta para a nossa proposta

2.3.2. Importância da inclusão da rugosidade na teoria do campo contínuo clássica

Análises geométricas de superfícies rugosas de fratura em materiais específicos, como madeira, vidro, cimento, argila, demonstram que as *rugosidade*s nesses materiais são características de cada tipo de material (Morel 1998, Ponson 2006, Alves 2004). Os aspectos geométricos de superfícies rugosas de fratura em argamassa de cimento, por exemplo, apresentam semelhança entre si. Assim como as superfícies rugosas de fratura obtidas em argilas ou tijolos de argilas também possuem aspectos semelhantes entre si, diferindo, contudo, dos aspectos geométricos das superfícies de fratura do cimento. Ou seja, cada tipo de material define uma classe de superfícies de fratura, cujos aspectos geométricos são semelhantes para as superfícies de fratura da mesma classe de material. Isto nos ajuda a pensar que a *rugosidade* deve depender do tipo de material e deve ser incluída na equação constitutiva do mesmo para o estudo dos fenômenos do contínuo (calor, elasticidade, fratura, etc).

Portanto, foram feitas algumas modificações na equação de movimento e nas equações constitutivas básicas começando com a teoria do campo escalar (calor, eletrostática) depois passando para a teoria do campo vetorial (elasticidade, eletrodinâmica, fluidos, etc.) até a fratura de materiais frágeis elasticamente lineares. A idéia de se fazer estas modificações de forma evolutiva, em grau de complexidade do fenômeno (campos escalares primeiro e depois campos vetoriais) é para poder se aprender com os resultados que cada modificação pode fornecer. Isto permitiu obter a melhor consistência possível na descrição matemática dos

---

[5] o tensor de estiramento na mecânica do contínuo é comumente denotado pela letra **F** em negrito

fenômenos do contínuo, que envolve a participação da *rugosidade* no processo, tanto de transferência de calor como nos processos mecânicos de elasticidade e fratura.

2.4 - Fundamentação Teórica – Mecânica dos Meios Irregulares

Atualmente várias formulações matemáticas feitas com base em geometrias regulares como a geometria euclidiana, estão sendo revisitadas, na tentativa de se incluir analiticamente as irregularidades de padrões geométricos de volumes e de superfícies contidos ou formados durante o fenômeno. Normalmente, utiliza-se a geometria fractal para essa modelagem, como uma forma de descrever mais autenticamente tais fenômenos. Baseados nessa idéia é que será descrito a partir de agora uma proposta de desenvolvimento de um modelo de aproximação onde um fenômeno de transporte acontece em um corpo cujo contorno é uma linha ou uma superfície rugosa que pode ser modelado pela geometria fractal. Mas antes disso aborda-se o problema de forma clássica usando a geometria euclidiana e descreve-se o problema para as superfícies irregulares utilizando o problema clássico corrigido por uma função de aproximação (fractal ou não) para o problema rugoso.

2.4.1- Consideração sobre a Continuidade das Funções

A partir de agora, e nas secções que se seguirão, considera-se que as funções vetoriais e escalares que definem as superfícies $\vec{A}=\vec{A}(x,y)$ e os volumes $V=V(x,y,z)$ irregulares, respectivamente, são funções descritas por algum modelo (como o modelo fractal, por exemplo) capaz de fornecer funções analíticas e diferenciáveis nas vizinhanças dos pontos genéricos de coordenadas $P = P(x, y, z)$, a fim de que seja possível calcular a grandeza que se propõe, tais como, *rugosidade* e *porosidade*.

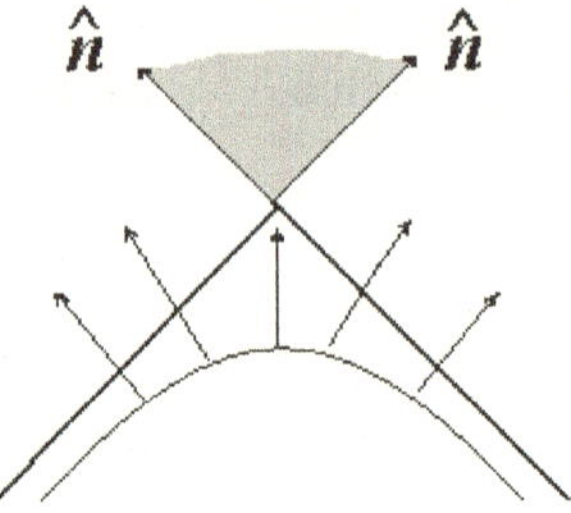

Figura - 2. 3. Vetores normais à uma quina suave e a um "bico" ou quina brusca.

Ao contrário de utilização das funções fractais não-diferenciáveis onde se utiliza o cálculo fracional e a teoria da renormalização para contornar o problema da não diferenciabilidade, nosso intento é evitar a não-diferenciabilidade dessas funções. Considera-se que sempre é possível definir um vetor normal em "bicos" e quinas e que as cúspides são consideradas inexistentes na escala natural dos fenômenos, conforme mostra a Figura - 2. 3. Do contrário uma teoria que envolve sub-diferenciais para definir uma família de vetores normais em "bicos" e "quinas" torna-se necessária. Mas esta proposta é mais complexa e sai fora da proposta desse modelo.

2.4.2 – A Problemática da Modelagem da Rugosidade

A teoria fractal surgiu no cenário da ciência exata como uma ferramenta capaz de descrever padrões irregulares (na natureza) que apresentam alguma similaridade em diferentes escalas de ampliação (auto-similaridade ou auto-afinidade). Essa possibilidade tem motivado vários cientistas a descrever os fenômenos físicos levando-se em conta os aspectos irregulares ou a *rugosidade* das estruturas. Uma metodologia de transcrição dos fenômenos descritos na geometria euclidiana para a geometria fractal também torna-se necessária. Neste trabalho, houve a motivação para se escrever problemas de valor de contorno em termos da *rugosidade* fractal das estruturas aqui estudadas. A idéia básica consiste em trocar os comprimentos, áreas e volumes projetados, isto é, lisos (denotado neste trabalho pelo subscrito "0") pelos comprimentos, áreas e volumes que apresentam *rugosidades* reais. Matematicamente, isto significa passar, simplesmente, o contorno liso ou projetado $d\Gamma_o$ para o contorno rugoso, $d\Gamma$, da seguinte forma:

$$d\Gamma(x,y) = \frac{d\Gamma}{d\Gamma_o} d\Gamma_o, \qquad (2.\ 3)$$

conforme mostra a Figura - 2. 4, usando apenas umas simples transformação de coordenadas pela regra da cadeia.

Figura - 2. 4. Mudança do contorno rugoso Γ para o contorno projetado Γo

Essa simples transformação matemática é a causa de grandes mudanças no paradigma das superfícies rugosas, introduzindo uma nova visão para os fenômenos da mecânica da fratura, como será visto posteriormente no Capítulo - VII.

2.4.3 - Problema proposto

A solução encontrada por alguns cientistas (Irwin 1948, Muskhelisvili 1954, Barenblatt 1962, Rice 1968) para se descrever alguns fenômenos que estão associados a geometrias irregulares (comprimentos, superfícies e volumes) foi utilizar uma relação energética entre a superfície irregular e a superfície de projeção euclidiana de tal forma que esta é escrita como:

$$\frac{dU}{d\vec{A}_o} = \frac{dU}{d\vec{A}}, \tag{2. 4}$$

Onde U é a energia envolvida na superfície de área rugosa $\vec{A}$, e na superfície projetada de geometria euclidiana de área $\vec{A}_o$. Relações deste tipo pressupõem que a superfície irregular não influencia no fenômeno. Isto pode ser visto se a equação acima for expressa da seguinte forma:

$$\frac{dU}{d\vec{A}_o} = \frac{dU}{d\vec{A}}\frac{d\vec{A}}{d\vec{A}_o}, \tag{2. 5}$$

Comparando-se a expressão (2. 4) com a (2. 5) observa-se que a relação entre a área rugosa ou irregular $\vec{A}$ e a área de projeção $\vec{A}_o$ é igual unidade para o caso em que a equivalência energética é considerada. Contudo, quando a relação $d\vec{A}/d\vec{A}_o$ é diferente da unidade, a equivalência energética (2. 4) não é válida. Nesta situação há duas alternativas; (i) ou, se reescreve as relações diretamente em termos da geometria irregular $\vec{A}$ construindo-se uma nova fenomenologia, (ii) ou, se mantém a equivalência energética na forma da relação (2. 5) com o termo $d\vec{A}/d\vec{A}_o \neq 1$. Dependendo da fenomenologia e de sua larga aplicabilidade, uma ou outra, alternativa é necessária. Neste trabalho, optou-se por fazer as correções necessárias da teoria fenomenológica com base na geometria euclidiana, acrescentando-se nas derivadas o termo de correção $d\vec{A}/d\vec{A}_o \neq 1$ em todas as equações. Neste sentido, desenvolveu-se os cálculos que serão úteis na descrição dos fenômenos que envolvem potenciais escalares e vetoriais para problemas de contorno rugoso, os quais serão descritos pela geometria fractal.

2.4.4 – A Teoria Mecânica dos Meios Irregulares em outras áreas

A fundamentação teórica das transformações matemáticas das equações de diversos fenômenos descritos em termos da geometria euclidiana, para uma geometria irregular (fractal ou não), passa por uma abordagem do entendimento das densidades e dos fluxos generalizados em termos dessa nova geometria. Com isso é preciso estabelecer quais transformações matemáticas são necessárias em termos das coordenadas, dos comprimentos, das áreas das superfícies e dos volumes irregulares. È importante elaborar um tratamento matemático da Transmissão de Calor, Distribuição de Temperatura, Elasticidade e Fratura em objetos com superfícies rugosas ou com múltiplos vazios no seu volume para aplicação em problemas de contato térmico, convecção, *porosidade*, deformações mecânicas e fratura.

Blyth e Pozrikidis (2003) estudaram os efeitos de uma superfície irregular na distribuição do fluxo de calor para um meio semi-infinito e a transmissão de calor através de uma superfície irregular. No resumo de seu trabalho eles descrevem: *"The effect of irregularities on the rate of heat conduction from a two-dimensional isothermal surface into a semi-infinite medium is considered. The effect of protrusions, depressions, and surface roughness is quantified in terms of the displacement of the linear temperature profile prevailing far from the surface... Families of polygonal wall shapes composed of segments in regular, irregular, and random arrangement are considered, and pre-fractal geometries consisting of large numbers of vertices are analyzed. The results illustrate the effect of wall geometry on the flux distribution and on the overall enhancement in the rate of transport for regular and complex wall shapes"*

Na elasticidade, P. D. Panagiotopoulos (1992) percebeu a necessidade de reformular a Mecânica dos Sólidos com base na teoria fractal. Paralelamente na Mecânica da Fratura, Arash Yavari (2000, 2002, 2006) reformulou o campo elástico ao redor de uma trinca usando o escalonamento fractal e descobriu novos modos de fratura e uma equação para a curva J-R fractal. Todos estes esforços vêm corroborar a idéia da existência de um novo campo a ser pesquisado e desenvolvido na ciência que unirá em um único ramo os problemas do campo contínuo com as irregularidades físicas e geométricas.

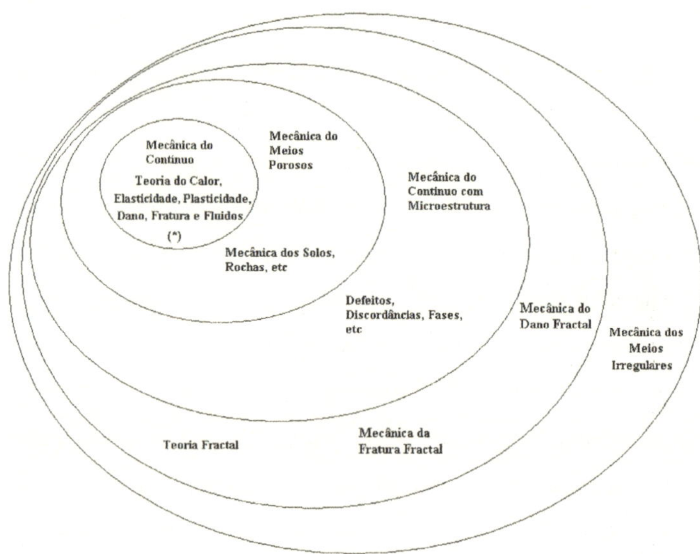

Figura - 2. 5. Áreas abrangentes e interdisciplinares que podem envolver a Mecânica dos Meios Irregulares

Por outro lado, a Teoria Fractal se inseriu no contexto da Matemática dentro do que é chamado de Cálculo Fracional. Na área da Física ela está inserida no Campo dos Meios Desordenados, que inclui estruturas ramificadas, agregados, clusters de partículas, etc. (Meakin

1988, 1989). Dentro do contexto desse trabalho observou-se que todas as correções feitas ao campo clássico (escalar, vetorial ou tensorial), quer em problemas de fluxo de calor, de elasticidade e de fratura poderiam ser incluídas em um único contexto de uma Mecânica do Contínuo de Meios Irregulares.

Sendo assim diferentes áreas das ciências exatas podem ser incluídas dentro de uma estrutura matemática abrangente que considere as mais variadas formas de irregularidades em um meio material, conforme ilustra a Figura - 2. 5.

2.4.5 – A microestrutura e as irregularidades de um meio

Entende-se por irregularidades quaisquer acréscimos físicos ou geométricos feitos ao meio contínuo tais como: poros, *rugosidade*s superficiais, inclusão de partículas, zonas plásticas, zonas fundidas, trincas internas, etc. Nessa nova roupagem a Mecânica dos Meios Irregulares se reduz à Mecânica do Contínuo quando as irregularidades não existem. Por outro lado a teoria fractal se insere neste contexto quando a opção pela modelagem das irregularidades for utilizando modelos fractais por causa da invariância por transformação de escalas dessas irregularidades. A Mecânica dos Meios Irregulares poderá neste sentido incluir a Mecânica dos Meios Desordenados quando as equações do contínuo irregular forem transformadas em equações discretas com irregularidades.

2.4.6 – Características básicas das estruturas irregulares

Na microestrutura de um material sólido, por exemplo, encontra-se diferentes tipos de defeitos, entre eles estão, as inclusões, os precipitados, as discordâncias, microtrincas, fraturas, etc. conforme mostra a Figura - 2. 6.

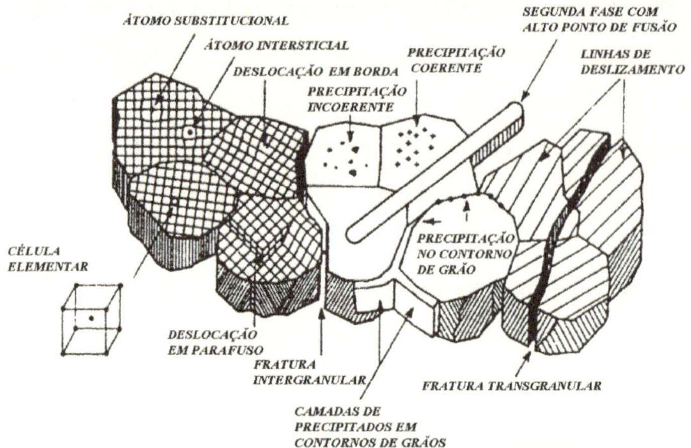

Figura - 2. 6. Campo de Irregularidades de diferentes tipos de defeitos e irregularidades presentes num material que agem como concentradores de tensão e influenciam na formação da superfície de fratura (extraído do livro Ewalds, pág. 226, 1993).

Todas essas irregularidades básicas e/ou geométricas podem ser devidamente incluídas na teoria do campo contínuo clássico, na forma de defeitos pontuais, lineares, superficiais e volumétricos, desde que uma representação matemática apropriada seja elaborada de forma a descrever a cinética ou a dinâmica destes defeitos. Para isso inicia-se a nossa proposta incluindo na Mecânica do Contínuo apenas a influência geométrica dos defeitos.

2.5 – Densidades e Potenciais Generalizadas em termos de geometrias irregulares (rugosas ou porosas)

Como conseqüência da hipótese do contínuo, deve-se transformar as grandezas da Mecânica Clássica e da Mecânica dos Sólidos em densidades generalizadas, fazendo as grandezas originais se tornarem em grandezas por unidade de volume. Desta forma, uma grandeza **X** qualquer, que pode ser massa, M, momento linear, $\vec{p}$, Força, $\vec{F}$, Energia,

U, etc., deverá ser transformada na sua respectiva densidade da seguinte forma:

$$\rho_X \equiv \lim_{\delta V \to 0} \frac{\delta X}{\delta V}. \tag{2. 6}$$

onde δV é o elemento de volume de controle e $X = m, \vec{p}, \vec{F}, U, etc$ (massa, momento, força, energia, etc) que podem ser grandezas escalares, vetoriais, tensoriais, etc; ou seja qualquer coisa pode ser utilizada para definir uma densidade generalizada. Logo,

$$\rho_X \equiv \frac{dX}{dV} = \frac{dX}{dm}\frac{dm}{dV} \to \rho_X = \rho \frac{dX}{dM}. \tag{2. 7}$$

Esta equação define a relação entre uma densidade generalizada e a densidade de massa.

2.5.1 – O Conceito escalar da fração volumétrica irregular efetiva

Considere o seguinte volume irregular encapsulado, ou inscrito, dentro de um volume euclidiano regular aparente, conforme mostra a Figura - 2. 7.

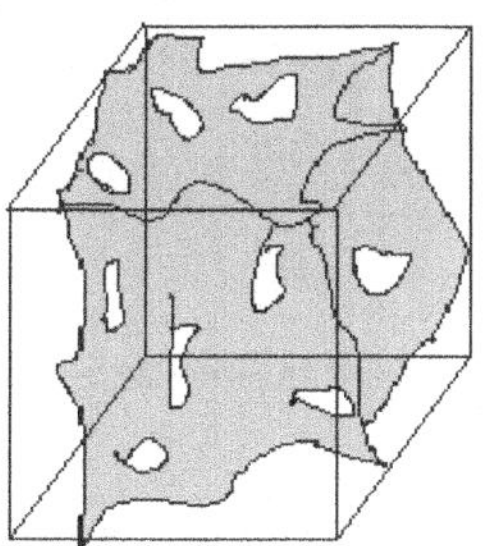

Figura - 2. 7. Volume irregular V encapsulado, ou inscrito, dentro de um volume euclidiano regular aparente Vo

Este volume aparente pode ser qualquer sólido ou forma regular que apresente um volume definido.

2.5.2 – O Conceito escalar da fração volumétrica irregular efetiva

Definindo as densidades generalizadas ρ e ρ_o em termos da geometria euclidiana e irregular (que pode ser fractal, ou não), respectivamente, tem-se:

$$\rho_{Xo} = \frac{dX}{dV_o}. \qquad (2.\ 8)$$

e a densidade dentro do volume irregular (rugoso ou poroso) é dada por:

$$\rho_X = \frac{dX}{dV}. \qquad (2.\ 9)$$

mas pela regra da cadeia pode-se escrever:

$$\rho_{Xo} = \frac{dX}{dV}\left(\frac{dV}{dV_o}\right). \qquad (2.\ 10)$$

Logo, a expressão da densidade euclidiana em termos da densidade no volume irregular (rugoso ou poroso) pode ser expressa como:

$$\rho_{Xo} = \rho_X \frac{dV}{dV_o}. \qquad (2.\ 11)$$

observe que o seguinte termo é válido para a conservação da massa, quando a grandeza $X \equiv m$ é dada por esta:

$$\rho_o dV_o = \rho dV = dm. \qquad (2.\ 12)$$

A *porosidade* global de um meio é definida como:

$$p_g = \frac{V_0 - V}{V_o} \qquad (2.\ 13)$$

e a *porosidade* local é analogamente definida como:

$$p_l = \frac{d(V_0 - V)}{dV_o}. \qquad (2.\ 14)$$

Chamando de *fração volumétrica irregular efetiva* ς ao seguinte termo:

$$\varsigma = \frac{dV}{dV_o} \tag{2. 15}$$

tem-se que:

$$\rho_{Xo} = \rho_X \varsigma \tag{2. 16}$$

e as densidades reais e a aparente estão relacionadas uma com a outra pela *fração volumétrica irregular efetiva* local.

Este última equação será utilizada dentro de outras equações que se seguem para se fazer as correções necessárias para os termos de *rugosidade* de superfícies e volumes.

Observe que globalmente tem-se:

$$p_g = 1 - \varsigma_g = 1 - \frac{V}{V_o}. \tag{2. 17}$$

e localmente

$$p_l = 1 - \varsigma_l = 1 - \frac{dV}{dV_o}. \tag{2. 18}$$

ou seja, de forma geral a relação da *porosidade* com seu complementar é dado por:

$$p = 1 - \varsigma. \tag{2. 19}$$

Esta é a relação entre a *porosidade* definida classicamente com a sua complementar definida como pela *fração volumétrica irregular efetiva* para os propósitos deste trabalho.

2.6 – A rugosidade geométrica de uma Linha ou Superfície Rugosa

2.6.1 – O Modelo Escalar da Rugosidade

Considere a Figura - 2. 8, a qual mostra uma linha rugosa, Nesta figura vê-se o detalhe de um contorno rugoso em comparação com o mesmo problema de campo escalar em um contorno liso. A partir dos pontos do contorno rugoso, em detalhe a direita da Figura - 2. 8, pode-se definir a rugosidade escalar.

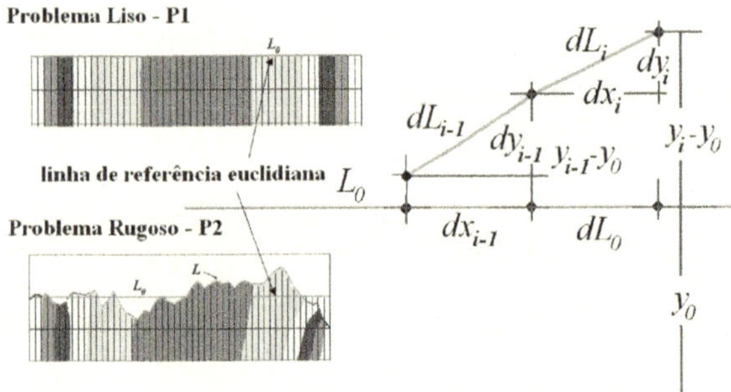

Figura - 2. 8. Modelo de *rugosidade* Escalar

Uma proposta de medida de *rugosidade* é dada pela razão entre os diferenciais dL e dL_0, onde define-se

$$\frac{dL}{dL_o} = \frac{\sqrt{dx^2 + dy^2}}{\sqrt{dx_o{}^2 + dy_o{}^2}} . \tag{2. 20}$$

Para um contorno discretizado em segmentos a equação (2. 20) pode ser reescrita como:

$$\frac{dL_i}{dL_{o_i}} = \frac{\sqrt{(x_i - x_{i-1})^2 + (y_i - y_{i-1})^2}}{\sqrt{(x_{oi} - x_{oi-1})^2 + (y_{oi} - y_{oi-1})^2}} . \tag{2. 21}$$

Este modelo escalar da *rugosidade* não aparece diretamente nas propostas futuras, mas em alguns casos particulares a equação (2. 21) pode ser equivalente aos cossenos dos ângulos formados entre os segmentos sobre a superfície rugosa e sua projeção sobre uma linha lisa de referência euclidiana.

Considerando o caso particular onde $dx_o = dx_i$, tem-se as diferentes definições para a rugosidade escalar dadas por:

$$\frac{dL_i}{dL_{o_i}} = \frac{\sqrt{1+\left(\frac{y_i - y_{i-1}}{x_i - x_{i-1}}\right)^2}}{\sqrt{1+\left(\frac{y_{oi} - y_{oi-1}}{x_{oi} - x_{oi-1}}\right)^2}} . \qquad (2.\ 22)$$

ou

$$\frac{dL_i}{dL_{oi}} = \frac{\sqrt{dx_i^2 + dy_i^2}}{dx_{oi}}$$

$$\frac{dL_i}{dL_{oi}} = \frac{\sqrt{(x_i - x_{i-1})^2 + (y_i - y_{i-1})^2}}{(x_{oi} - x_{oi-1})} \qquad (2.\ 23)$$

$$\frac{dL_i}{dL_{oi}} = \sqrt{1+\left(\frac{y_i - y_{i-1}}{x_{oi} - x_{oi-1}}\right)^2}$$

Nos capítulos Capítulos VI e VII será visto a utilização dessa definição de *rugosidade* em um modelo de superfície de fratura e nas curvas G-R e J-R da Mecânica da Fratura Fractal.

2.6.2 – O Modelo Vetorial da Rugosidade

Por outro lado, de acordo com a Figura - 2. 9 onde se observa o vetor posição e o vetor normal sobre os pontos de um contorno rugoso. De acordo com a necessidade do problema do campo em estudo se este é vetorial, a partir dessa Figura - 2. 9, pode-se definir um coeficiente de *rugosidade* vetorial da seguinte forma:

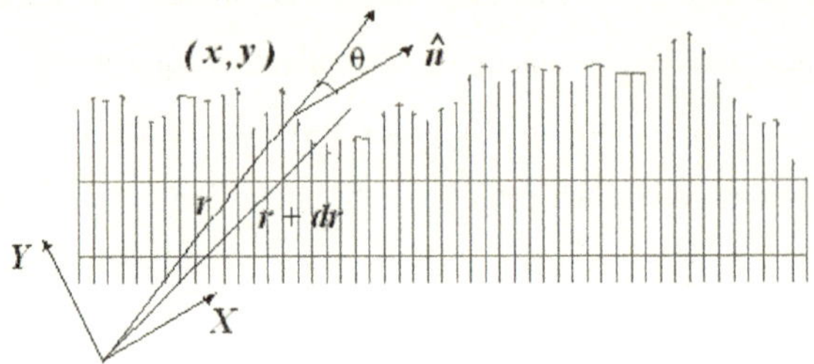

Figura - 2. 9. Modelo de *rugosidade* vetorial $\hat{r} \neq \hat{r}_o \neq \hat{n}_o$

$$\nabla_o \vec{r} = \begin{bmatrix} \dfrac{\partial x}{\partial x_o} \hat{i}\hat{i} & \dfrac{\partial x}{\partial y_o} \hat{i}\hat{j} \\ \dfrac{\partial y}{\partial x_o} \hat{j}\hat{i} & \dfrac{\partial y}{\partial y_o} \hat{j}\hat{j} \end{bmatrix} . \tag{2. 24}$$

considerando que a matriz é diagonal, ou seja $\partial x / \partial y_o = 0$ e $\partial y / \partial x_o = 0$, tem-se

$$\nabla_o \vec{r} = \begin{bmatrix} \dfrac{\partial x}{\partial x_o} \hat{i}\hat{i} & 0 \\ 0 & \dfrac{\partial y}{\partial y_o} \hat{j}\hat{j} \end{bmatrix} . \tag{2. 25}$$

cujo o módulo é dado por:

$$\left\| \nabla_o r \right\| = \sqrt{\left(\frac{\partial x}{\partial x_o} \right)^2 + \left(\frac{\partial y}{\partial y_o} \right)^2} . \tag{2. 26}$$

e

$$\frac{dr}{dn_o} = \left\| \nabla_o r \right\| . \left(\vec{r} . \hat{n}_o \right) . \tag{2. 27}$$

Para um contorno discretizado em segmentos pode-se tomar o diferencial das das coordenadas sobre os elementos do contorno de uma placa rugosa de forma análoga a formulação anterior e obter:

$$\nabla_o r_i = \frac{\partial x_i}{\partial x_{oi}} \hat{i} + \frac{\partial y_i}{\partial y_{oi}} \hat{j} . \tag{2. 28}$$

De acordo com as equações (2. 26) e (2. 27) este modelo representa a variação relativa das projeções de cada segmento da linha rugosa sobre uma linha lisa de referência euclidiana.

Portanto, para um contorno discretizado em segmentos tem-se:

$$\nabla_o \vec{r}_i = \begin{bmatrix} \frac{(x_i - x_{i-1})}{(x_{oi} - x_{oi-1})}\hat{i}\hat{i} & 0 \\ 0 & \frac{(y_i - y_{i-1})}{(y_{oi} - y_{oi-1})}\hat{j}\hat{j} \end{bmatrix}. \quad (2.29)$$

Para a rugosidade vetorial tem-se:

$$\begin{aligned} \frac{dr_i}{dr_{oi}} &= \frac{dx_i}{dx_{oi}}\hat{i} + \frac{dy_i}{dy_{oi}}\hat{j} \\ \frac{dr_i}{dr_{oi}} &= \frac{x_i - x_{i-1}}{x_{oi} - x_{oi-1}}\hat{i} + \frac{y_i - y_{i-1}}{y_{oi} - y_{oi-1}}\hat{j} \\ \frac{dr_i}{dr_{oi}} &= 1\hat{i} + \frac{y_i - y_{i-1}}{y_{oi} - y_{oi-1}}\hat{j} \end{aligned} \quad (2.30)$$

Observe que o módulo em (2. 21) é dado de forma análoga ao modelo escalar de *rugosidade*, ou seja:

$$\left\|\nabla_o r_i\right\| = \sqrt{\left(\frac{x_i - x_{i-1}}{x_{oi} - x_{oi-1}}\right)^2 + \left(\frac{y_i - y_{i-1}}{y_{oi} - y_{oi-1}}\right)^2}. \quad (2.31)$$

Considerando o caso particular onde $dx_o = dx_i$, tem-se:

$$\left\|\nabla_o r_i\right\| = \sqrt{1 + \left(\frac{y_i - y_{i-1}}{y_{oi} - y_{oi-1}}\right)^2}. \quad (2.32)$$

Esta é a forma vetorial da *rugosidade* que poderá ser útil em problemas de campos vetoriais.

2.6.3 – Conceito Tensorial de Rugosidade

O conceito de *rugosidade* descrito a seguir, permite o desenvolvimento de uma teoria de campo contínuo contendo irregularidades onde os teoremas fundamentais (Teorema da Divergência e

Teorema de Gauss, etc) podem ser inseridos de forma análoga a teoria de campo contínuo clássico regular (escalar, vetorial ou tensorial).

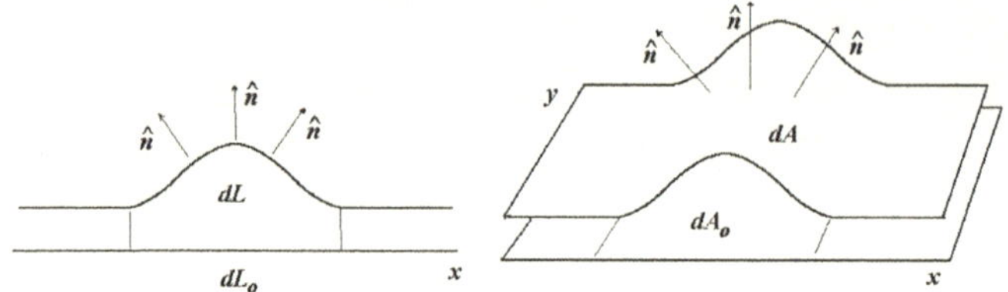

Figura - 2. 10. *Rugosidade* de uma linha ou de uma superfície em relação a uma projeção média lisa de referência.

Considere uma linha ou superfície rugosa que apresenta um desvio ou "deformação" relativo a uma reta ou a um plano médio de projeção dito liso, conforme mostra a Figura - 2. 10.

Observe que a *rugosidade* pode ser localizada ou distribuída. Quando essa "*rugosidade*" for do tipo volumétrica, isto é, estiver no interior de um volume qualquer, ela será chamada de "*fração volumétrica irregular efetiva*". Pois em termos de uma generalização dimensional essa idéia é consistente com a teoria fractal, por exemplo.

É necessário obter uma expressão matemática que defina a *rugosidade* de forma local, ou seja, dependente das coordenadas. Neste sentido, pode-ses definir e equacionar a *rugosidade* de uma superfície irregular da seguinte forma:

$$[\xi]=\frac{d\vec{A}}{d\vec{A}_o}=\frac{dA}{dA_o}(\hat{n}\otimes\hat{n}_o)\,. \qquad (2.33)$$

O símbolo "⊗" denota o produto tensorial entre dois vetores, ou seja, $\vec{a}\otimes\vec{b}=\left[a_i b_j\right]\equiv A_{ij}$ que é uma matriz correspondendo a um tensor de ordem 2, onde $d\vec{A}$ é o elemento de área sobre a superfície rugosa e $d\vec{A}_o$ é o elemento de área sobre a superfície lisa.

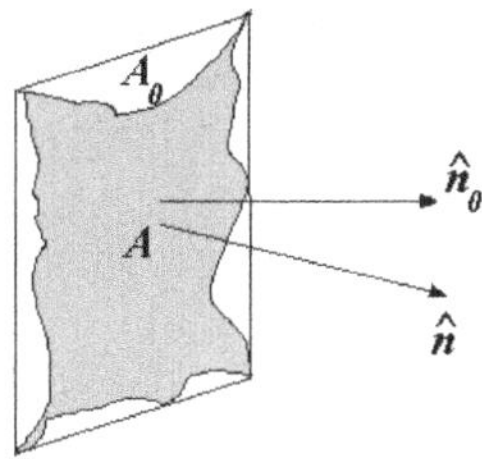

Figura - 2. 11. Superfície irregular A contida em uma superfície euclidiana regular aparente projetada $\vec{A}_0$.

Considerando-se a Figura - 2. 11, observa-se que o elemento de área rugosa $d\vec{A}$ e o elemento de área sobre a superfície lisa $d\vec{A}_o$ podem ser escritos como:

$$\begin{aligned} d\vec{A} &= dA\hat{n} \\ d\vec{A}_o &= dA_o\hat{n}_o \end{aligned} . \qquad (2.\ 34)$$

ou seja, estes elementos de superfícies estão relacionados ao vetor normal em cada ponto das superfícies rugosa e projetada, respectivamente. Portanto, cada um destes elementos depende das coordenadas das superfícies:

$$\begin{aligned} \vec{A} &= \vec{A}(x,y) \\ \vec{A}_o &= \vec{A}_o(x,y) \end{aligned} . \qquad (2.\ 35)$$

A operação diferencial em (2. 33), na verdade, dá origem a um "tensor de *rugosidade*" que pode ser chamado de "gradiente de superfície" e este por sua vez está relacionado ao *tensor de curvatura* ou a variação do vetor normal com a posição sobre a superfície rugosa (Mariano, 2003).

O tensor de *rugosidade* em 3D pode ser escrito explicitamente em coordenadas cartesianas como:

$$[\xi] \equiv \begin{bmatrix} \frac{\partial A_x}{\partial A_{0x}} & \frac{\partial A_x}{\partial A_{0y}} & \frac{\partial A_x}{\partial A_{0z}} \\ \frac{\partial A_y}{\partial A_{0x}} & \frac{\partial A_y}{\partial A_{0y}} & \frac{\partial A_y}{\partial A_{0z}} \\ \frac{\partial A_z}{\partial A_{0x}} & \frac{\partial A_z}{\partial A_{0y}} & \frac{\partial A_z}{\partial A_{0z}} \end{bmatrix}. \tag{2. 36}$$

Observe que os valores da matriz acima vão depender do fenômeno. Pois como o vetor área tem tres componentes no espaço essa matriz poderar ser escrita na forma de um tensor de rugosidade para cada uma das componentes do vetor área. Isso isso vai depender do fenômeno a ser modelado.

No caso de uma superfície de fratura a rugosidade é tomada em relação a uma superfície projetada com vetores normais paralelos entre a superfície rugosa e a sua respectiva projeção, assim alguns valores da matriz acima se anulam.

$$[\xi] \equiv \begin{bmatrix} \frac{\partial A_x}{\partial y \partial z} & 0 & 0 \\ 0 & \frac{\partial A_y}{\partial x \partial z} & 0 \\ 0 & 0 & \frac{\partial A_z}{\partial x \partial y} \end{bmatrix}. \tag{2. 37}$$

A equação (2. 33) pode ser reescrita como:

$$\vec{A} = \int_S [\xi].d\vec{A}_o. \tag{2. 38}$$

Tomando a derivada de $\vec{A}$ em relação ao elemento de volume, para uma superfície qualquer inclusive no interior do volume, tem-se que a densidade volumétrica de superfície rugosa no interior do volume é:

$$\rho_A \equiv \frac{d\vec{A}}{dV} = \frac{d}{dV}\int_S [\xi].d\vec{A}_o. \tag{2. 39}$$

Como o lado direito de (2. 39) é a própria definição do divergente de $[\xi]$, tem-se:

$$\nabla.[\xi]=\frac{d}{dV}\int_{S}[\xi].d\vec{A}_o. \qquad (2.40)$$

Logo, igualando (2. 40) com (2. 39) observa-se que a densidade de superfície rugosa é dada por:

$$\rho_A\equiv\frac{d\vec{A}}{dV}=\nabla.[\xi]. \qquad (2.41)$$

ou ainda, pode-se reescrever (2. 40) e obter:

$$\int_{V}\nabla.[\xi]dV=\int_{S}[\xi].d\vec{A}_o. \qquad (2.42)$$

Sendo $[\xi]$ dado pela integração de (2. 33), tem-se:

$$[\xi]=\frac{d}{d\vec{A}}\int_{S}[\xi].d\vec{A}_o. \qquad (2.43)$$

ou a partir de (2. 42) tem-se:

$$[\xi]=\frac{d}{d\vec{A}_o}\int_{V}\nabla.[\xi]dV. \qquad (2.44)$$

Comparando (2. 38) com (2. 42) tem-se que:

$$\vec{A}=\int_{V}\nabla.[\xi]dV. \qquad (2.45)$$

Esta relação nos ajuda a obter valores de área rugosas em termos do divergente de *rugosidade*, interior ao volume.

2.7 – Fluxos e Equações de Movimento generalizados em termos de geometrias rugosas

Na natureza algumas grandezas dinâmicas podem ser representadas por meio de taxas e fluxos generalizados. Entre eles está a taxa e o fluxo de massa, o fluxo de calor, o fluxo de momento linear, etc., que atravessa um corpo, por exemplo.

2.7.1 – A Taxa Generalizado, $\dot{\mathbf{X}}$

Definimos a taxa de uma determinada grandeza **X** como sendo:

$$\dot{\mathbf{X}} = \frac{d\mathbf{X}}{dt} \, . \qquad (2.46)$$

a derivada temporal de uma grandeza **X** define uma grandeza chamada de derivada material no contínuo a qual está descrita no Capítulo – II na secção 2.7.1.

Considerando-se a Figura - 2. 12, de forma geral o fluxo de uma grandeza generalizada **X** que atravessa uma área infinitesimal, $d\vec{A}_0$, em um intervalo infinitesimal de tempo, *dt*, é definido como:

$$\mathbf{J}_{Xo} \equiv \frac{d\dot{\mathbf{X}}}{d\vec{A}_o} = \frac{d}{d\vec{A}_o}\left(\frac{d\mathbf{X}}{dt}\right) . \qquad (2.47)$$

Esta grandeza, **X**, é de natureza geral e pode ser um escalar (*massa M, carga elétrica q, calor Q, energia U entropia S*, etc) ou um vetor (*momento* $\vec{p}$ *, velocidade* $\vec{v}$, etc.) ou um tensor (*tensão* σ*, Polarização* P, etc.). O sobrescrito "0" indica que a geometria considerada é a geometria euclidiana regular.

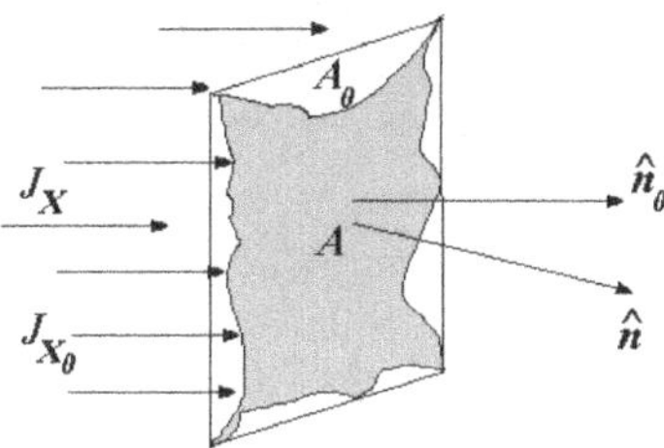

Figura - 2. 12. Fluxo através de uma superfície irregular A contida em uma superfície euclidiana regular aparente projetada A_0.

Neste ponto aparece a motivação de se utilizar a Teoria Fractal na descrição de superfícies rugosas. A maior motivação do uso da teoria fractal nos modelos matemáticos e fenomenológicos está na possibilidade de se descrever analiticamente as estruturas irregulares. Equações de potenciais e fluxos que atravessam superfícies rugosas podem ser reescritas em termos da geometria fractal, onde o efeito da *rugosidade* pode ou não influenciar o fenômeno.

2.7.2 – O Fluxo Generalizado, J_X, através de uma Superfície Rugosa

Considere a superfície irregular $\vec{A}$ e a sua respectiva projeção $\vec{A}_o$ no plano euclidiano, pelas quais passam o fluxo de alguma grandeza X_0.

Seja $\vec{J}_{Xo}$ o fluxo generalizado da grandeza X

$$\vec{J}_{Xo} = \frac{d}{d\vec{A}_o}\left(\frac{dX_0}{dt}\right), \qquad (2.48)$$

onde $\vec{A}_o$ é a área de projeção euclidiana de $\vec{A}$. Então, escreve-se o fluxo generalizado, J_{X_0}, das grandezas generalizadas, X_0 consideradas anteriormente, como sendo:

$$J_{X_0} = \frac{d}{dA}\left(\frac{dX_0}{dt}\right)\frac{dA}{dA_0} \qquad (2.49)$$

onde $X_0 = m, \vec{p}_0, \vec{F}_0, \vec{U}_0, etc.$

Normalmente o fluxo $\vec{J}_{X_0}$ está associado a uma densidade ρ_{X_0} e a uma velocidade $\vec{v}_{X_0}$ do processo ou fenômeno em questão:

$$\vec{J}_{X_0} \equiv \frac{d}{d\vec{A}}\left(\frac{dX_0}{dt}\right)\frac{d\vec{A}}{d\vec{A}_0} \to \vec{J}_{X_0} = \rho_{X_0}\vec{v}_{X_0}. \tag{2. 50}$$

Logo, para o caso onde a grandeza $X_0 \equiv \vec{p}_0$, corresponde ao momento linear da partícula tem-se:

$$\vec{J}_{\vec{p}_0} \equiv \frac{d}{d\vec{A}}\left(\frac{d\vec{p}_0}{dt}\right)\frac{d\vec{A}}{d\vec{A}_0} \to \vec{J}_{\vec{p}_0} = \boldsymbol{\sigma}_0. \tag{2. 51}$$

que é o tensor das tensões o qual será utilizado mais adiante, e o fluxo generalizado da grandeza $X_0 \equiv \vec{p}_0$ corresponde a densidade de forças ou o gradiente do tensor das tensões.

$$\vec{f}_{X_0} \equiv \rho_{\vec{F}_0} = \nabla\vec{J}_{\vec{p}_0}. \tag{2. 52}$$

Se a área $\vec{A}_o$ que o fluxo $\vec{J}_{Xo}$ atravessa é a área de projeção euclidiana, para passar essa equação para a descrição irregular (fractal ou não) basta incluir a derivada em relação a área de superfície rugosa da seguinte forma:

$$\vec{J}_{Xo} = \frac{d}{d\vec{A}}\left(\frac{dX_0}{dt}\right)\frac{d\vec{A}}{d\vec{A}_o}, \tag{2. 53}$$

Desta forma o fluxo em termos da superfície de área rugosa é dado de forma análoga a (2. 48), como:

$$\vec{J}_X = \frac{d}{d\vec{A}}\left(\frac{dX_0}{dt}\right), \tag{2. 54}$$

e pode-se escrever (2. 53) da seguinte forma:

$$\vec{J}_{Xo} = \vec{J}_X\frac{d\vec{A}}{d\vec{A}_o}, \tag{2. 55}$$

ou

$$\vec{J}_{Xo} = \vec{J}_X[\xi], \tag{2. 56}$$

Esta equação mostra que o fluxo projetado está relacionado o fluxo rugoso a menos do tensor de rugosidade.

2.7.3 – Proposta da Equivalência Energética entre os Potencias e os Fluxos nos Contorno Rugoso e Projetado

Considere uma superfície rugosa sujeita a um fluxo de proveniente de um potencial escalar. Suponhamos que o potencial sobre a superfície projetada sem rugosidade pode ser escrito em termos do potencial sobre a rugosidade a partir de uma equivalência energética do tipo:

i)

$$\rho_{X_0} = \rho_X . \tag{2. 57}$$

Sabendo que os fluxos $\vec{q}$ e $\vec{q}_0$ podem ser escritos como:

$$\vec{q}_0 \equiv \frac{d\rho_{X_0}}{d\vec{n}_0} \quad ; \quad \vec{q} \equiv \frac{d\rho_X}{d\vec{n}} \tag{2. 58}$$

e que $d\vec{A}_0 = \vec{n}_0$ e $d\vec{A} = \vec{n}$, temos:

$$\vec{q}_0 = \frac{d\rho_{X_0}}{dA_0}\hat{n}_0 \quad ; \quad \vec{q} = \frac{d\rho_X}{dA}\hat{n} . \tag{2. 59}$$

Escrevendo

$$\vec{q}_0 = \frac{d\rho_{X_0}}{dA}\frac{dA}{dA_0}\hat{n}_0 \tag{2. 60}$$

e usando (2. 58) e (2. 59) em (2. 60) temos:

$$\vec{q}_0 = |\vec{q}|\frac{dA}{dA_0}\hat{n}_0 ; \tag{2. 61}$$

ou multiplicando e dividindo por $\hat{n}_0$ temos:

$$\vec{q}_0 = |\vec{q}|\frac{dA}{d\vec{A}_0} . \tag{2. 62}$$

Como $\vec{q}$ e $\vec{A}$ estão na mesma direção podemos escrever:

$$\vec{q}_0 = \vec{q}\frac{d\vec{A}}{d\vec{A}_0} = \vec{q}\frac{dA}{dA_o}(\hat{n}\otimes\hat{n}_o). \qquad (2.\ 63)$$

de forma análoga ao fluxo da equação (2. 56).

$$\vec{q}_0 = \vec{q}[\xi]. \qquad (2.\ 64)$$

2.7.4 – "Fluxo de Porosidade" e Equação de Movimento da fração volumétrica irregular efetiva

É possível imaginar processos ou fenômenos físicos em que a *fração volumétrica irregular efetiva* varie com o tempo e com as coordenadas de sua posição. Neste sentido pode-se definir um "*fluxo de porosidade*", desde que o fenômeno ou processo envolvido seja o responsável pela sua geração, formação e transporte, como por exemplo, o processo de corrosão, coalescência de microvazios no interior de um material, o processo de remodelação óssea e osteoporose.

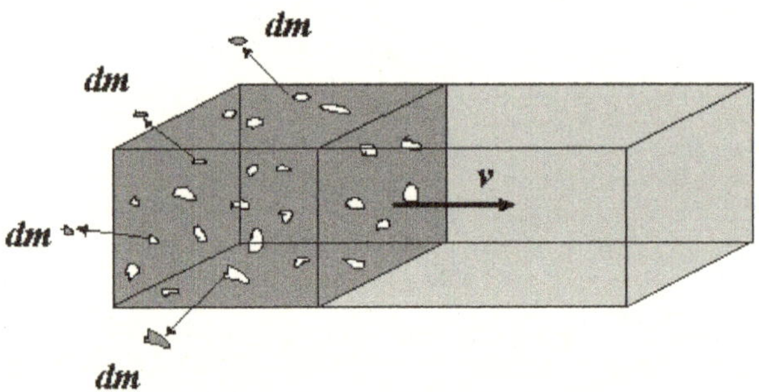

Figura - 2. 13. Fluxo da *fração volumétrica irregular efetiva* ou "*fluxo de porosidade*" deslocando-se com uma velocidade média $\vec{v}$ para uma direção enquanto a perda de massa se desloca na direção contrária.

Conforme a Figura - 2. 13, pode-se definir o fluxo da *fração volumétrica irregular efetiva* como sendo:

$$\vec{J}_{\varsigma_0} = \frac{d}{d\vec{A}_0}\left(\frac{d\varsigma}{dt}\right). \tag{2. 65}$$

Observe que a *fração volumétrica irregular efetiva* na Figura - 2. 13 segue uma direção oposta a um fluxo de partículas que abandona um corpo material conforme mostra a Figura - 2. 13. Integrando-se a equação (2. 65) em termos da área projetada $\vec{A}_0$ obtém-se:

$$\frac{d\varsigma}{dt} = \int \vec{J}_{\varsigma_0} . d\vec{A}_0 . \tag{2. 66}$$

Alternativamente a taxa temporal de variação do volume real pode ser expressa em termos da área rugosa real da superfície, utilizando a transformação dada na equação(2. 33) aplicada em (2. 66), como:

$$\frac{d\varsigma}{dt} = \int [\xi]^{-1} \vec{J}_{\varsigma} . d\vec{A} . \tag{2. 67}$$

Considerando-se válido o teorema da divergência para o fluxo de *fração volumétrica irregular efetiva* tem-se:

$$\frac{d}{dV_0}\left(\frac{d\varsigma}{dt}\right) = \nabla . \vec{J}_{\varsigma_0} \equiv \frac{d}{dV_0} \int \vec{J}_{\varsigma_0} . d\vec{A}_0 . \tag{2. 68}$$

ou

$$\frac{d}{dV}\left(\frac{d\varsigma}{dt}\right) = \nabla . \vec{J}_{\varsigma} \equiv \frac{d}{dV} \int \vec{J}_{\varsigma} . d\vec{A} . \tag{2. 69}$$

logo

$$\int \vec{J}_{\varsigma_0} . d\vec{A}_0 = \int \left(\nabla . \vec{J}_{\varsigma_0}\right) . dV_0 . \tag{2. 70}$$

Alternativamente, usando-se a equação (2. 15) e integrando em termos do volume real tem-se:

$$\int \vec{J}_{\varsigma_0} . d\vec{A}_0 = \int \frac{1}{\varsigma}\left(\nabla . \vec{J}_{\varsigma}\right) . dV \tag{2. 71}$$

e comparando-se (2. 70) com (2. 66) tem-se:

$$\frac{d\varsigma}{dt} = \int \left(\nabla . \vec{J}_{\varsigma}\right) . dV_0 . \tag{2. 72}$$

Também, alternativamente comparando-se (2. 71) com (2. 67) tem-se:

$$\frac{d\varsigma}{dt} = \int \frac{1}{\varsigma}\left(\nabla.\vec{J}_\varsigma\right).dV. \qquad (2.73)$$

Logo, derivando (2. 72) em relação ao volume tem-se:

$$\frac{d\dot{\varsigma}}{dV_0} = \frac{d}{dV_0}\int\left(\nabla.\vec{J}_\varsigma\right).dV_0. \qquad (2.74)$$

Como o lado direito de (2. 74) é a própria definição de divergente tem-se:

$$\nabla.\vec{J}_\varsigma = \frac{d\dot{\varsigma}}{dV_o}. \qquad (2.75)$$

trocando a ordem das derivadas de (2. 75) tem-se:

$$\nabla.\vec{J}_\varsigma = \frac{d}{dt}\left(\frac{d\varsigma}{dV_o}\right). \qquad (2.76)$$

Observa-se que a *fração volumétrica irregular efetiva* dentro do parêntesis em (2. 76) é a própria densidade de volume poroso. Portanto,

$$\nabla.\vec{J}_\varsigma = \frac{d\rho_\varsigma}{dt}. \qquad (2.77)$$

Esta equação representa uma fenomenologia geral de como varia a *fração volumétrica irregular efetiva* com a posição em um meio irregular, sujeito a campos de forças que deslocam sua massa e movimentam suas irregularidades no interior do seu volume aparente.

2.7.5 - Relação entre fração volumétrica irregular efetiva e vazão de massa

Também a partir da Figura - 2. 13 pode-se definir o fluxo associado à vazão de massa como sendo:

$$\vec{J}_V = \frac{d}{d\vec{A}_0}\left(\frac{dV}{dt}\right). \qquad (2.78)$$

Logo, integrando a equação (2. 78) em termos da área projetada $\vec{A}_0$ obtém-se a vazão como sendo:

$$\frac{dV}{dt} = \int \vec{J}_V.d\vec{A}_0. \qquad (2.79)$$

Alternativamente a taxa temporal de variação do volume real pode ser expressa em termos da área rugosa real da superfície, utilizando a transformação dada na equação (2. 33) em (2. 79), como:

$$\frac{dV}{dt} = \int [\xi]^{-1} \vec{J}_V . d\vec{A} . \qquad (2.\ 80)$$

Seguindo manipulações algébricas análogas àquelas apresentadas nas equações (2. 68) a (2. 76), chega-se a:

$$\nabla . \vec{J}_V = \frac{d}{dt}\left(\frac{dV}{dV_o} \right) . \qquad (2.\ 81)$$

Observe que a *fração volumétrica irregular efetiva* dentro do parêntesis em (2. 81) é a própria densidade aparente do volume irregular efetivo dada em (2. 15). Portanto,

$$\nabla . \vec{J}_V = \frac{d\varsigma}{dt} . \qquad (2.\ 82)$$

Esta equação representa uma fenomenologia geral de como varia o fluxo de volume com a posição em um meio irregular, sujeito a campos de forças que deslocam sua massa e movimentam suas irregularidades no interior do seu volume aparente. Ainda, mostra que a variação espacial do volume irregular é igual a taxa de variação da *fração volumétrica irregular efetiva.*

2.7.6 – Conjugação do fluxo de fração volumétrica irregular efetiva com a Rugosidade

A equação (2. 65) pode ser reescrita como:

$$\vec{J}_{\varsigma_0} = \frac{d}{d\vec{A}}\left(\frac{d\varsigma}{dt} \right) \frac{d\vec{A}}{d\vec{A}_0} . \qquad (2.\ 83)$$

ou

$$\vec{J}_{\varsigma_0} = \vec{J}_\varsigma [\xi] . \qquad (2.\ 84)$$

Esta equação mostra que o fluxo de *fração volumétrica irregular efetiva* projetada está relacionado o fluxo *fração volumétrica irregular efetiva* rugosa a menos do tensor de rugosidade.

2.7.7 – Fluxo de Rugosidade e a Equação de Movimento da Rugosidade

De forma análoga à *fração volumétrica irregular efetiva*, é possível imaginar processos, ou fenômenos físicos, em que a *rugosidade* varie com o tempo e com as coordenadas de sua posição. Neste sentido, pode-se definir o fluxo de *rugosidade*, desde que o fenômeno, ou processo, envolvido seja o responsável pela sua geração, formação e transporte, como por exemplo, o processo de amassamento de um material, o processo de fratura, etc. Conforme a Figura - 2. 14, pode-se definir o fluxo de *rugosidade* como sendo:

$$\vec{J}_\xi = \frac{d}{d\vec{A}_o}\left(\frac{d[\xi]}{dt}\right). \qquad (2.\ 85)$$

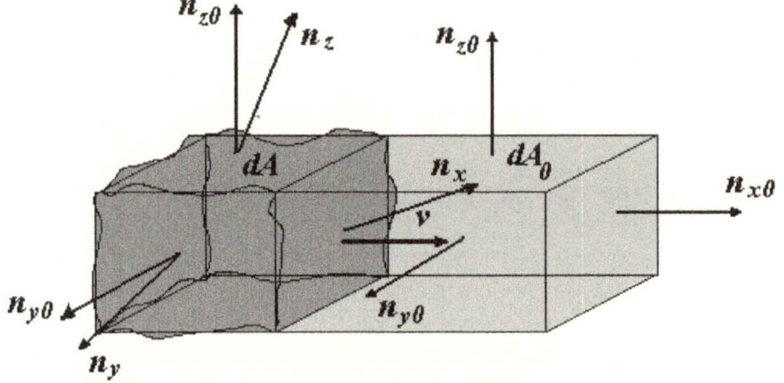

Figura - 2. 14. Fluxo da *fração volumétrica deformada ou fluxo* de *rugosidade* deslocando-se com uma velocidade média $\vec{v}$ para uma direção.

trocando a ordem das derivadas tem-se:

$$\vec{J}_\xi = \frac{d}{dt}\left(\frac{d[\xi]}{d\vec{A}_o}\right). \qquad (2.\ 86)$$

usando (2. 33) em (2. 85) tem-se:

$$\vec{J}_{\xi} = \frac{d}{dt}[\xi]. \qquad (2.\ 87)$$

Por outro lado, integrando-se a equação (2. 85) em termos da área projetada $\vec{A}_0$ obtém-se:

$$\frac{d[\xi]}{dt} = \int \vec{J}_{\xi}.d\vec{A}_o. \qquad (2.\ 88)$$

alternativamente, usando a equação (2. 33) em (2. 88) e integrando em termos da área rugosa real tem-se:

$$\frac{d[\xi]}{dt} = \int [\xi]^{-1} \vec{J}_{\xi}.d\vec{A}. \qquad (2.\ 89)$$

Seguindo manipulações algébricas análogas àquelas apresentadas nas equações (2. 68) a (2. 76), chega-se a:

$$\nabla.\vec{J}_{\xi} = \frac{d}{dt}\left(\frac{d[\xi]}{dV_o}\right). \qquad (2.\ 90)$$

observe que dentro do parêntesis em (2. 90) é a própria densidade de superfície rugosa. Portanto,

$$\nabla.\vec{J}_{[\xi]} = \frac{d\rho_{[\xi]}}{dt}. \qquad (2.\ 91)$$

Substituindo (2. 33) em (2. 90) tem-se a equação de movimento do fluxo de *rugosidade*:

$$\nabla.\vec{J}_{\xi} = \frac{d}{dt}\left(\frac{d}{dV_o}\int_S [\xi].d\vec{A}_o\right). \qquad (2.\ 92)$$

Como o lado direito de (2. 101) é a própria definição de divergente tem-se:

$$\nabla.\vec{J}_{\xi} = \nabla.\left[\dot{\xi}\right] \qquad (2.\ 93)$$

Esta equação representa uma fenomenologia geral de como varia a *rugosidade* com a posição em um meio irregular, sujeito a campos de forças que deslocam sua massa e movimentam suas irregularidades na superfície do seu volume aparente.

2.7.8 - Relação da Rugosidade com o Fluxo de Àrea Rugosa

Ainda, de acordo a Figura - 2. 14 pode-se definir o fluxo de área rugosa como:

$$\vec{J}_A = \frac{d}{d\vec{A}_o}\left(\frac{d\vec{A}}{dt}\right). \tag{2. 94}$$

Trocando a ordem das derivadas tem-se:

$$\vec{J}_A = \frac{d}{dt}\left(\frac{d\vec{A}}{d\vec{A}_o}\right). \tag{2. 95}$$

e usando (2. 33) em (2. 95) tem-se:

$$\vec{J}_A = \frac{d}{dt}[\xi]. \tag{2. 96}$$

Por outro lado, integrando-se a equação (2. 94) em termos da área projetada $\vec{A}_0$ obtém-se:

$$\frac{d\vec{A}}{dt} = \int \vec{J}_A . d\vec{A}_o . \tag{2. 97}$$

Alternativamente, usando a equação (2. 33) em (2. 97) e integrando em termos da área rugosa real tem-se:

$$\frac{d\vec{A}}{dt} = \int [\xi]^{-1} \vec{J}_A . d\vec{A} . \tag{2. 98}$$

Seguindo manipulações algébricas análogas àquelas apresentadas nas equações (2. 68) a (2. 76), chega-se a:

$$\nabla . \vec{J}_A = \frac{d}{dt}\left(\frac{d\vec{A}}{dV_o}\right). \tag{2. 99}$$

Observe que dentro do parêntesis em (2. 99) é a própria densidade de superfície rugosa. Portanto,

$$\nabla . \vec{J}_A = \frac{d\rho_A}{dt} . \tag{2. 100}$$

Substituindo (2. 33) em (2. 99) tem-se a equação de movimento do fluxo de *rugosidade*:

$$\nabla.\vec{J}_A = \frac{d}{dt}\left(\frac{d}{dV_o}\int_S [\xi].d\vec{A}_o\right). \qquad (2.\ 101)$$

como o lado direito de (2. 101) é a própria definição de divergente tem-se:

$$\nabla.\vec{J}_A = \frac{d}{dt}\nabla.[\xi]. \qquad (2.\ 102)$$

Ainda a partir de (2. 97) tem-se:

$$\nabla.\vec{J}_A = \nabla.\left[\dot{\xi}\right]. \qquad (2.\ 103)$$

que corrobora a equação (2. 96).

2.7.9 – A Equação de Movimento Generalizada

Mantendo-se a relação entre as taxas temporais da grandeza X inalterada, tem-se:

$$\frac{dX}{dt} = \int \vec{J}_{Xo} d\vec{A}_o = \int \vec{J}_X.d\vec{A}. \qquad (2.\ 104)$$

Escreve-se o divergente de uma grandeza X como sendo:

$$\nabla.\vec{J}_{Xo} \equiv \frac{d}{dV_o}\left(\frac{dX}{dt}\right) \qquad (2.\ 105)$$

e para um volume irregular como,

$$\nabla.\vec{J}_X \equiv \frac{d}{dV}\left(\frac{dX}{dt}\right). \qquad (2.\ 106)$$

Aqui é importante observar como o teorema da divergência pode ser escrito a partir de (2. 48) e (2. 104) em termos de volumes que envolvem ou não *rugosidade*s ou irregularidades, fractais, obtendo-se:

$$\int \vec{J}_{Xo} d\vec{A}_o = \int \nabla.\vec{J}_{Xo} dV_o\,. \qquad (2.\ 107)$$

e

$$\int \vec{J}_X.d\vec{A} = \int \nabla.\vec{J}_X dV\,. \qquad (2.\ 108)$$

Substituindo (2. 107) e (2. 108) em (2. 48) ou (2. 104), tem-se:

$$\frac{dX}{dt}=\int \nabla.\vec{J}_{Xo}dV_o=\int \nabla.\vec{J}_X.dV\,. \qquad (2.\ 109)$$

Trocando a ordem das derivadas (2. 105) e (2. 106) pela regra de Schwartz para funções com derivadas contínuas, escreve-se:

$$\nabla.\vec{J}_{Xo}=\frac{d}{dt}\left(\frac{dX}{dV_o}\right). \qquad (2.\ 110)$$

e

$$\nabla.\vec{J}_X=\frac{d}{dt}\left(\frac{dX}{dV}\right). \qquad (2.\ 111)$$

Substituindo (2. 8) e (2. 9) nas equações (2. 110) e (2. 111), respectivamente, tem-se:

$$\nabla.\vec{J}_{Xo}=\frac{d}{dt}\rho_{Xo}\,. \qquad (2.\ 112)$$

e

$$\nabla.\vec{J}_X=\frac{d}{dt}\rho_X\,. \qquad (2.\ 113)$$

Escrevendo a equação (2. 110) ou (2. 112) da continuidade em termos da relação (2. 55) e (2. 11)

$$\nabla.\left[\vec{J}_X\frac{dA}{dA_o}\left(\hat{n}\otimes\hat{n}_o\right)\right]=\frac{d}{dt}\left[\rho_X\frac{dV}{dV_o}\right]. \qquad (2.\ 114)$$

ou em termos do tensor *rugosidade* $[\xi]$ dado em (2. 33) e da *fração volumétrica irregular efetiva* ς dada em (2. 15) tem-se:

$$\nabla.\left(\vec{J}_X[\xi]\right)=\frac{d}{dt}\left(\rho_X\varsigma\right). \qquad (2.\ 115)$$

Define-se a equação da continuidade na nova roupagem geométrica para várias fenomenologias que dependem de geometrias irregulares. Neste conjunto de fenomenologias estão os fenômenos: da difusão, transferência de calor, escoamento viscoso, deformação de sólidos, mecânica da fratura, eletromagnetismo, etc.

A equação de movimento (2. 115) pode ser ainda generalizada, porque as forças de superfícies sempre podem ser escritas como divergentes de fluxos, da seguinte forma:

$$\sum \vec{f}_S = \nabla.\left(\vec{J}_X[\xi]\right) \tag{2. 116}$$

Logo tem-se:

$$\sum \vec{f}_V + \sum \vec{f}_S = \frac{d}{dt}\left(\rho_X \varsigma\right) \tag{2. 117}$$

onde, $\sum \vec{f}_V$, é a somatória da densidade de forças de volume, $\sum \vec{f}_S$ é a somatória da densidade das forças de superfície.

Portanto,

$$\sum \vec{f}_V + \nabla.\left(\vec{J}_X[\xi]\right) = \frac{d}{dt}\left(\rho_X \varsigma\right) \tag{2. 118}$$

Esta é uma equação geral para um meio irregular que possui rugosidade e porosidade.

2. 8 – Equação Constitutiva de Potenciais Vetoriais em termos de geometrias rugosas

2.8.1 – Equações Constituitvas e Leis de Fluxos proveniente de Gradientes

Vários fenômenos de transporte em meios contínuos podem ser unificados em equações de potenciais (escalares ou vetoriais) e de fluxos. Entre eles se encontram a Mecânica dos Sólidos, dos Fluidos e do Calor, Mecânica da Fratura, etc. Essa generalização é devida a J. W. Gibbs, pois ele identificou que vários problemas de transporte podem ser escritos em termos do gradiente de grandezas escalares ou vetoriais juntos com a equação da continuidade. Essa unificação deu avanço a chamada Mecânica do Contínuo e a Termodinâmica dos Processos Irreversíveis. Contudo, atualmente várias formulações matemáticas feitas com base em geometrias regulares como a geometria euclidiana, estão sendo revisitadas, na tentativa de se incluir analiticamente as irregularidades de padrões geométricos de volumes e de superfícies contidos ou formados durante o fenômeno. Utiliza-se a geometria fractal para essa modelagem, como uma forma de descrever mais autenticamente tais fenômenos. Desta forma, diferentes fenomenologias de fluxos apresentam a mesma estrutura matemática a qual está resumida na Figura - 2. 15.

$$\rho_X = \frac{dX}{dV} = \frac{dX}{dm}\frac{dm}{dV} = \rho\frac{dX}{dm}$$

Leis de Fluxo :

$$J = cte \quad \left[\begin{array}{ll} \nabla\rho & \text{Fick} \\ \nabla P & \text{Stevin} \\ \nabla v & \text{Newton} \\ \nabla T & \text{Fourier} \\ \nabla E & \text{Pol. Elétrica} \\ \nabla B & \text{Pol. Magnética} \end{array}\right. = \mathrm{k}\,\nabla X$$

$$J = \frac{d}{dA}\frac{dX}{dt} = \rho_X v$$

Figura - 2. 15. Leis fenomenológicas de fluxos proporcionais aos gradientes de suas respectivas grandezas.

Para os propósitos deste trabalho estudou-se como a *rugosidade* influencia nos fenômenos de potencial vetorial como a teoria da elasticidade e a mecânica da fratura, considerando para o problema da elasticidade, de forma geral, a tensão aplicada como um fluxo de momento dado pela Lei de Hooke modificada:

$$\vec{J}_X = \lambda(\nabla.\rho_X)\mathbf{I} + \frac{\mu}{2}(\nabla\rho_X + \nabla^T\rho_X). \qquad (2.\ 119)$$

para a elasticidade e fratura frágil

No contorno, de forma geral, tem-se:

$$\vec{J}_X = \frac{d}{d\vec{A}}\left(\frac{dX}{dt}\right). \qquad (2.\ 120)$$

2.8.2 - Relação entre Rugosidade e fração volumétrica irregular efetiva em Campos Vetoriais

Sabendo-se que o fluxo de uma grandeza que atravessa um superfície euclidiana pode ser escrito em termos do fluxo dessa mesma grandeza que atravessa uma superfície rugosa da seguinte forma como:

$$\mathbf{J}_{Xo} = \mathbf{J}_X[\xi]. \tag{2. 121}$$

pela relação de Gibbs para a Lei de Hooke Generalizada tem-se que:

$$\mathbf{J}_{Xo} = \lambda[\nabla.\rho_{Xo}]\mathbf{I} + \frac{\mu}{2}[\nabla\rho_{Xo} + \nabla^T\rho_{Xo}]. \tag{2. 122}$$

e consequentemente

$$\mathbf{J}_X = \lambda[\nabla.\rho_X]\mathbf{I} + \frac{\mu}{2}[\nabla\rho_X + \nabla^T\rho_X]. \tag{2. 123}$$

Como as densidades são dadas por

$$\rho_o = \rho\varsigma. \tag{2. 124}$$

Logo substituindo (2. 122) e (2. 123) em (2. 121), tem-se:

$$\lambda[\nabla.\rho_{Xo}]\mathbf{I} + \frac{\mu}{2}[\nabla\rho_{Xo} + \nabla^T\rho_{Xo}] = \lambda[\nabla.\rho_X]\mathbf{I}[\xi] + \frac{\mu}{2}[\nabla\rho_X + \nabla^T\rho_X][\xi]. \tag{2. 125}$$

o que resulta que:

$$\nabla\rho_{Xo} = \nabla\rho_X[\xi]. \tag{2. 126}$$

e

$$\nabla.\rho_{Xo}\mathbf{I} = \nabla.\rho_X[\xi]. \tag{2. 127}$$

Usando-se (2. 124) em (2. 126) tem-se:

$$\nabla(\rho_X\varsigma) = \nabla\rho_X[\xi]. \tag{2. 128}$$

e e usando-se (2. 124) em (2. 127)

$$\nabla.(\rho_X\varsigma)\mathbf{I} = \nabla.\rho_X[\xi]. \tag{2. 129}$$

Logo, desenvolvendo-se o operador diferencial em (2. 128) tem-se:

$$\varsigma\nabla\rho_X + \rho_X\nabla\varsigma\mathbf{I} = \nabla\rho_X[\xi]. \tag{2. 130}$$

e desenvolvendo-se (2. 129) tem-se:

$$\varsigma\nabla.\rho_X + \rho_X\nabla\varsigma = \nabla.\rho_X[\xi]. \tag{2. 131}$$

ou reescrevendo (2. 130) tem-se:

$$(\varsigma\mathbf{I} - [\xi])\nabla\rho_X = \rho_X.\nabla\varsigma \tag{2. 132}$$

e reescrevendo-se (2. 132)

$$(\varsigma\mathbf{I} - [\xi])\nabla.\rho_X = \rho_X.\nabla\varsigma \tag{2. 133}$$

considerando em (2. 133) o caso em que:

$$\rho_X.\nabla\varsigma = 0. \tag{2. 134}$$

então

$$\begin{array}{l} \nabla.\rho_X = 0 \\ ou \\ \varsigma\mathbf{I} = [\xi] \end{array} . \tag{2. 135}$$

Portanto, deve-se considerar apenas uma das situações em (2. 135). Seguindo, então, com a escolha de $\nabla.\rho_X = 0$, tem-se:

$$\frac{\nabla\rho_X}{\rho_X} = (\varsigma\mathbf{I} - [\xi])^{-1}\nabla\varsigma. \tag{2. 136}$$

e sabendo-se que:

$$\begin{aligned} d\rho_X &= \nabla\rho_X.\hat{s}ds \\ &= \|\nabla\rho_X\|(\hat{n}.\hat{s})ds \end{aligned} \tag{2. 137}$$

logo

$$\frac{d\rho_X}{\rho_X} = (\varsigma\mathbf{I} - [\xi])^{-1}\nabla\varsigma.\hat{s}ds. \tag{2. 138}$$

Integrando-se tem-se:

$$\ln\left(\frac{\rho_X}{\rho^*_X}\right) = \int(\varsigma\mathbf{I} - [\xi])^{-1}\nabla\varsigma.\hat{s}ds. \tag{2. 139}$$

onde ρ^*_X é uma densidade de referência da grandeza X.

Portanto, exponenciando (2. 139) tem-se:

$$\rho_X = \rho^*_X \exp\left[\int (\varsigma \mathbf{I} - [\xi])^{-1} \nabla\varsigma.\hat{s}ds\right]. \quad (2.\ 140)$$

Este resultado mostra uma relação entre a densidade real e a aparente em termos dos parâmetros de *porosidade* e do tensor de *rugosidade*. Esta relação não depende do sistema de coordenadas. Observe que se não houver *rugosidade* na superfície do sistema considerado mas *porosidade* no volume, tem-se que:

$$\rho_X = \rho^*_X \exp\left[\int \frac{\nabla\varsigma.\hat{s}}{\varsigma} ds\right]. \quad (2.\ 141)$$

ou

$$\rho_X = \rho^*_X \exp\left[\int \frac{d\varsigma}{\varsigma}\right]. \quad (2.\ 142)$$

e

$$\rho_X = \rho^*_X \exp\left[\ln\left(\frac{\varsigma}{\varsigma^*}\right)\right]. \quad (2.\ 143)$$

logo

$$\rho_X = \rho^*_X \left(\frac{\varsigma}{\varsigma^*}\right). \quad (2.\ 144)$$

Este é um resultado conhecido, que define a relação entre *porosidade* e densidade real e aparente.

2. 9 – Problemas Propostos

1. Sabendo que uma superfície rugosa segue uma equação analítica aproximada dada por:

$$\vec{A}_{(x,y)} = A_x\hat{\imath} + A_y\hat{\jmath} + A_z\hat{k}$$

onde:

$$A_x = 2xy^2z \qquad A_y = 2.sen(kx).y.\cos(ky) \qquad A_z = 2.sen^2(kx).\cos^2(ky.$$

Calcule o tensor de rugosidade dessa superfície em relação ao plano liso xy:

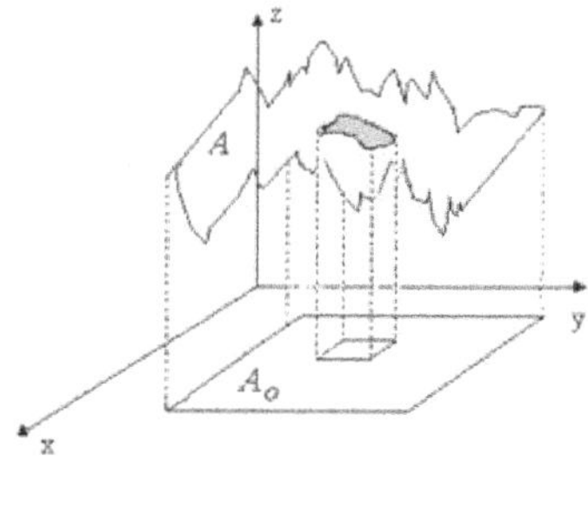

$$[\xi] = \frac{\partial\vec{A}}{\partial\vec{A}_0} = \begin{bmatrix} \frac{\partial^2 A}{\partial x\partial x} & \frac{\partial^2 A}{\partial x\partial y} & \frac{\partial^2 A}{\partial x\partial z} \\ \frac{\partial^2 A}{\partial y\partial x} & \frac{\partial^2 A}{\partial y\partial y} & \frac{\partial^2 A}{\partial y\partial zx} \\ \frac{\partial^2 A}{\partial z\partial x} & \frac{\partial^2 A}{\partial z\partial y} & \frac{\partial^2 A}{\partial z\partial z} \end{bmatrix}$$

2. Sabendo que um determinado campo possui uma intensidade dada por:

$$\rho_{(x,y,z)}=2xy^2sen(kz)$$

a) Escreva a equação do fluxo $\vec{J}$ dado por:

$$\vec{J} = \mu\nabla\rho_X$$

b) Escreva a equação de movimento desse campo considerando a rugosidade da questão anterior:

$$\nabla.(\vec{J}_x[\xi]) = \frac{\partial}{\partial t}(\rho_X\varsigma)$$

Onde:

$$\varsigma = A.\cos^2(kt)$$

2. 10 – Referências

Alves Lucas Máximo, Silva Rosana Vilarim da, Mokross Bernhard Joachim, The influence of the crack fractal geometry on the elastic plastic fracture mechanics. *Physica A: Statistical Mechanics and its Applications*. 295, 1/2:144-148, 12 June 2001.

Alves Lucas Máximo, Fractal geometry concerned with stable and dynamic fracture mechanics. *Journal of Theorethical and Applied Fracture Mechanics*, 44/1:44-57, 2005.

Alves, Lucas Máximo, Silva, Rosana Vilarim da, Lacerda, Luiz Alkimin De, Fractal modeling of the *J-R* curve and the influence of the rugged crack growth on the stable elastic-plastic fracture mechanics, *Engineering Fracture Mechanics*, 77:2451-2466, 2010.

Alves – Alves, Lucas Máximo; et al., Verificação de um Modelo Fractal do Perfil de Fratura de Argamassa de Cimento, *48° Congresso Brasileiro de Cerâmica*, realizado no período de 28 de junho a 1° de julho de 2004, em Curitiba – Paraná.

Alves, Lucas Máximo; Lacerda, Luiz Alkimin De, Application of a generalized fractal model for rugged fracture surface to profiles of brittle materials , artigo em preparação, 2010.

Bammann, D. J. and Aifantis, E. C., On a proposal for a Continuum with Microstructure, *Acta Mechanica*, 45:91-121, 1982.

Balankin , A.S and P. Tamayo, *Revista Mexicana de Física* 40, 4:506-532, 1994.

Barenblatt, G. I. The mathematical theory of equilibrium cracks in brittle fracture, *Advances in Applied Mechanics*, 7:55-129, 1962.

Blyth, M. G. , Pozrikidis, C., Heat conduction across irregular and fractal-like surfaces,

International Journal of Heat and Mas Transfer, 46: 1329-1339, 2003.

Carpinteri, A.; Puzzi, S., Complexity: a new paradigm for fracture mechanics, *Frattura ed Integrità Strutturale*,10, 3-11, 2009, DOI:10.3221/IGF-ESIS.1001

Dyskin, A. V., Effective characteristics and stress concetrations in materials with self-similar microstructure, International Journal of Solids and Structures, 42:477-502, 2005

Duda, Fernando Pereira; Souza, Angela Crisina Cardoso, On a continuum theory of brittle materials with microstructure, *Computacional and Applied Mathemathics*, 23, 2-3:327-343, 2007.

Engelbrecht, J., Complexity in Mechanics, *Rend. Sem. Mat. Univ. Pol. Torino*, 67, 3:293-325, 2009

Fineberg, Jay; Gross; Steven Paul; Marder, Michael and Swinney, Harry L. Instability in dynamic fracture, *Physical Review Letters*, 67, 4:457-460, 22 July 1991.

Fineberg, Jay; Steven Paul Gross, Michael Marder, and Harry L. Swinney, Instability in the propagation of fast cracks. *Physical Review B*, 45, 10:5146-5154 (1992-II), 1 March, 1992.

Forest, S. Mechanics of generalized continua: construction by homogenization, *J. Phys. IV, France*, 8:39-48, 1998.

Hyun, S. L.; Pei, J. –F.; Molinari, and Robbins, M. O., Finite-element analysis of contact between elastic self-affine surfaces, *Physical Review E*, 70:026117, 2004.

Hornbogen, E.; Fractals in microstructure of metals; *International Materials Reviews*, 34. 6:277-296, 1989.

Hutchinson, J.W., Plastic Stress and Strain Fields at a Crack Tip., *J. Mech. Phys. Solids*, 16:337-347, 1968.

Irwin, G. R., “Fracture Dynamics”, *Fracturing of Metals*, American Society for Metals, Cleveland, 147-166, 1948.

Lazarev, V. B., Balankin, A. S. and Izotov, A. D., Synergetic and fractal thermodynamics of inorganic materials. III. Fractal thermodynamics of fracture in solids, Inorganic materials, 29, 8:905-921,1993.

Mariano Paolo Maria o, Influence of the material substructure on crack propagation: a unified treatment, arXiv:math-ph/0305004v1, May 2003.

Morel, Sthéphane, Jean Schmittbuhl, Juan M.Lopez and Gérard Valentin, Size effect in fracture, *Phys. Rev. E*, 58, 6, Dez 1998.

Mosolov, A. B., *Zh. Tekh. Fiz.* 61, 7, 1991. (*Sov. Phys. Tech. Phys.*, 36, 75, 1991).

Mosolov, A. B. and F. M. Borodich Fractal fracture of brittle bodies during compression, *Sovol. Phys. Dokl.*, 37, 5:263-265, May 1992.

Mosolov, A. B., Mechanics of fractal cracks in brittle solids, *Europhysics Letters*, 24, n. 8:673-678, 10 December 1993.

Muskhelisvili, N. I., Some basic problems in the mathematical theory of elasticity, Nordhoff, The Netherlands, 1954.

Panagiotopoulos, P.D. Fractal geometry in solids and structures, *Int. J. Solids Structures*, 29, 17:2159-2175, 1992.

Panin, V. E., The physical foundations of the mesomechanics of a medium with structure, Institute of Strength Physics and Materials Science, Siberian Branch of the Russian Academy of Sciences. Translated from *Izvestiya Vysshikh Uchebnykh Zavedenii, Fizika*, 4:5-18, Plenum Publishing Corporation, 305 - 315, April, 1992.

Ponson, L., D. Bonamy, H. Auradou, G. Mourot, S. Morel, E. Bouchaud, C. Guillot, J. P. Hulin, Anisotropic self-affine properties of experimental fracture surfaces, *arXiv:cond-mat/0601086*, 1, 5 Jan 2006.

Rice, J. R., A path independent integral and the approximate analysis of strain concentrations by notches and cracks, *Journal of Applied Mechanics*, 35:379-386, 1968.

Rupnowski, Przemysław; Calculations of J integrals around fractal defects in plates, *International Journal of Fracture*, 111: 381–394, 2001.

Su, Yan; LEI, Wei-Cheng, *International Journal of Fracture*, 106:L41-L46, 2000.

Tarasov, Vasily E. Continuous medium model for fractal media, *Physics Leters A* 336:167-174, 2005..

Trovalusci, P. and Augusti, G., A continuum model with microstructure for materials with flaws and inclusions, *J. Phys. IV, France*, 8:353-, 1998.

Xie, Heping; Effects of fractal cracks, *Theor. Appl. Fract. Mech.*, 23:235-244, 1995.

Xie, J. F., S. L. Fok and A. Y. T. Leung, A parametric study on the fractal finite element method for two-dimensional crack problems, *International Journal for Numerical Methods in Engineering*, 58:631-642, 2003. (DOI: 10.1002/nme.793)

Yavari, Arash, The fourth mode of fracture in fractal fracture mechanics, *International Journal of Fracture,* 101:365-384, 2000.

Yavari, Arash, The mechanics of self-similar and self-affine fractal cracks, *International Journal of Fracture*, 114:1-27, 2002,

Yavari, Arash, On spatial and material covariant balance laws in elasticity, *Journal of Mathematical Physics*, 47, 042903:1-53, 2006.

Weiss, Jérôme; Self-affinity of fracture surfaces and implications on a possible size effect on fracture energy, *International Journal of Fracture*, 109: 365–381, 2001.

Capítulo III

APLICAÇÃO A MODELOS DE CAMPOS ESCALARES, VETORIAS DE CALOR, ELASTICIDADE E FLUIDOS

Quem abriu canais para o aguaceiro, e um caminho para o relâmpago do trovão (Jó 38,25);

RESUMO

Neste capítulo será visto a aplicação da proposta do capitulo anterior aplica ao problema do calor da elasticidade e da emebebição capilar com volumes porosos e superfícies rugosas.

3. 1 – Objetivos do Capítulo

i) Aplicar a proposta de uma equação de movimento generalizada para o problema do calor, da elasticidade e da emebebição capilar.

ii) desenvolver a equação de fluxo de calor, para contornos irregulares

ii) desenvolver a equação constitutiva (capo de tensão/deformação) para um meio elástico com irregularidades

iii) desenvolver a equação de campo elastico com porosidade no volume e rugosidades na superfície

iv) desenvollver o modelo de Lucas-Wasburn para a embebiçãocapilar em volume como porosidade uniforme e não uniforme.

3. 2 – Introdução

A importância de se resolver problemas com rugosidade é que na natureza nada é perfeitamente liso e livre de poros. Neste sentido os problemas de calor (escalar), elasticidade e fluidos (vetoriais) apresentam características que não aparecem quando o problema matemático é resolvido sem levar em conta essas irregularidades. O problema do calor por exemplo, pode apresentar interação térmica de partes da superfície rugosa como ela mesma, como veremos na modelagem a seguir. O problema da elasticidade também se mostrará análogo ao problema do calor porem o campo em questão será vetorial e assim o campo das deformações ao redor de um defeito terá seu campo próximo modificado pela forma irregular do defeito. Contudo, o princípio de Saint-Venant será claramente explicitado nesse tratamento de meios irregulares.

Para os fluidos a equação de Lucas-Washburn descreve o fluxo capilar sendo também utilizada para prever o fluxo em meios porosos. Porém, essa equação precisa de ajustes, de acordo com o sistema em que é aplicada. Alguns pesquisadores inseriram termos nessa equação os quais representam diversas variáveis que não foram levadas em conta na sua formulação original, por exemplo, a tortuosidade. Algumas vezes também foram inseridos termos que são funções de outras variáveis, por exemplo, o ângulo de contato em função do tempo. Ainda outros autores descreveram o percurso do fluido no meio capilar como tendo dimensões fractais. Neste trabalho, as partículas do meio de embebição ([6]) são tratadas como sendo um meio poroso e, utilizada para sorver compostos orgânicos, de diferentes

[6] usando, por exemplo, uma resina fenólica de fonte renovável para aplicações em remediação de ambientes contaminados por petróleo

polaridades, que podem ser aplicados na remediação de ambientes contaminados com hidrocarbonetos.

3. 3 – A Equação de Movimento para um Campo Escalar ou Vetorial Generalizado

A equação de movimento (2. 115) pode ser ainda generalizada para um meio elástico ou fluido, porque as forças de superfícies sempre podem ser escritas como divergentes de fluxos, da seguinte forma:

$$\sum \vec{f}_S = \nabla.(\mathbf{J}_{\mathbf{X0}}) \tag{3. 1}$$

logo temos:

$$\sum \vec{f}_V + \nabla.(\mathbf{J}_{\mathbf{X0}}) = \frac{d}{dt}(\vec{\rho}_X \varsigma) \tag{3. 2}$$

onde, $\sum \vec{f}_V$, é a somatória da densidade de forças de volume, $\sum \vec{f}_S$ é a somatória da densidade das forças de superfície.

Considerando-se

$$\sum \vec{f}_V = \rho \vec{g} \tag{3. 3}$$

Temos:

$$\rho \vec{g} + \nabla.(\mathbf{J}_{\mathbf{X0}}) = \frac{d}{dt}(\vec{\rho}_X \varsigma) \tag{3. 4}$$

E para

$$\vec{\rho}_{X0} = \vec{\rho}_X \varsigma = \rho \vec{v} \varsigma \tag{3. 5}$$

Logo, a dinâmica dos meios elásticos ou fluidos é descrita por uma equação denominada equação do movimento para o meio elástico ou fluido, dada por:

$$\nabla.(\mathbf{J}_{\mathbf{X0}}) + \rho \vec{g} = \frac{d}{dt}(\rho \vec{v} \varsigma) \tag{3. 6}$$

Nessa Equação (3. 6) o termo $\nabla.\mathbf{J}_{\mathbf{X0}}$ representa o divergente das tensões que atuam no fluido (que podem ser compressivas, de tração ou de pressão), o termo $\rho\vec{g}$ representa as forças de campo atuantes no fluido. O termo $\frac{d}{dt}(\rho\vec{v}\varsigma)$ é definido como a derivada material ou substancial. Ele representa a aceleração total de um elemento infinitesimal de fluido.

3. 4 – Aplicação ao Campo Térmico com Irregularidades

Os resultados experimentais cada vez mais comprovam que para cada tipo de material, estes preservam características similares, em suas porosidades, ou rugosidades, quando estas são produzidos por algum fenômeno específico, tais como corrosão, fratura, por exemplo [Ref]. Portanto, a equação constitutiva de um material para um fenômeno do contínuo como a transmissão de calor, elasticidade, fratura, etc. deve considerar também a rugosidade e a porosidade associada ao material já na sua formulação matemática. Desta forma, será proposto uma modificação na equação da condução térmica (lei de Fourier) para meios iregulares (porosos).

3.4.1 – Cálculo da Equivalência entre os Gradientes dos Potenciais nos Contorno Rugoso e Projetado

Considere os fluxos de calor sobre uma superfície lisa e sobre uma superfície rugosa, os seus respectivos gradientes termicos podem ser escritos como:

$$\vec{q}_o = \frac{du_o}{d\vec{r}_o}\frac{d\vec{r}_o}{d\vec{n}_o}\hat{n}_o \quad ; \quad \vec{q} = \frac{du}{d\vec{r}}\frac{d\vec{r}}{d\vec{n}}\hat{n}. \tag{3. 7}$$

Escrevendo a derivada direcional como

$$\frac{du_o}{d\vec{r}_o} = \nabla u_o.\hat{r}_o \quad ; \quad \frac{du}{d\vec{r}} = \nabla u.\hat{r}. \tag{3. 8}$$

Substituindo (3. 8) em (3. 7) temos:

$$\vec{q}_o = \nabla u_o.\hat{r}_o \frac{d\vec{r}_o}{d\vec{n}_o}\hat{n}_o \quad ; \quad \vec{q} = \nabla u.\hat{r}\frac{d\vec{r}}{d\vec{n}}\hat{n}. \tag{3. 9}$$

Logo, podemos escrever:

$$\vec{q}_o = \nabla u_o.\hat{r}_o \frac{d\vec{r}_o}{d\vec{r}}\frac{d\vec{r}}{d\vec{n}_o}\hat{n}_o = \nabla u_o.\hat{r}_o \frac{d\vec{r}_o}{d\vec{r}}\frac{d\vec{r}}{d\vec{n}}\frac{d\vec{n}}{d\vec{n}_o}\hat{n}_o. \tag{3. 10}$$

Usando o fato de que $d\vec{A}_o / d\vec{A} = d\vec{n}_o / d\vec{n}$ temos:

$$\vec{q}_o = \nabla u_o.\hat{r}_o \frac{d\vec{r}_o}{d\vec{r}}\frac{d\vec{r}}{d\vec{n}}\frac{d\vec{A}}{d\vec{A}_o}\hat{n}_o. \tag{3. 11}$$

Logo, a partir de **(2. 61)** temos:

$$|\vec{q}| = \nabla u_o.\hat{r}_o \frac{d\vec{r}_o}{d\vec{r}}\frac{d\vec{r}}{d\vec{n}}. \tag{3. 12}$$

Comparando (3. 11) com (3. 12) temos:

$$\nabla u.\hat{r}\frac{d\vec{r}}{d\vec{n}} = \nabla u_o.\hat{r}_o \frac{d\vec{r}_o}{d\vec{r}}\frac{d\vec{r}}{d\vec{n}}. \tag{3. 13}$$

Logo,

$$\nabla u.\hat{r} = \nabla u_o.\hat{r}_o \frac{d\vec{r}_o}{d\vec{r}} \tag{3. 14}$$

ou

$$\nabla u.\hat{r} = \nabla u_o.\hat{r}_o \frac{d\vec{r}_o}{d\vec{r}}. \tag{3. 15}$$

Reescrevendo temos:

$$\nabla u.\hat{r} = \nabla u_o.\hat{r}_o \frac{d\vec{r}_o}{d\vec{n}_o}\frac{d\vec{n}_o}{d\vec{n}}\frac{d\vec{n}}{d\vec{r}}. \tag{3. 16}$$

Usando o fato de que $d\vec{A}_o = \vec{n}_o$ e $d\vec{A} = \vec{n}$, temos:

$$\nabla u.\hat{r} = \nabla u_o.\hat{r}_o \frac{d\vec{r}_o}{d\vec{n}_o}\frac{d\vec{n}}{d\vec{r}}\frac{d\vec{A}_o}{d\vec{A}}. \tag{3. 17}$$

Mas

$$\frac{d\vec{r}_o}{d\vec{n}_o} = \nabla r_o.\hat{n}_o = \hat{r}_o.\hat{n}_o = \frac{\vec{r}_o.\hat{n}_o}{r_o} \quad ; \quad \frac{d\vec{n}}{d\vec{r}} = \nabla r.\hat{n} = \hat{r}.\hat{n} = \frac{\vec{r}.\hat{n}}{r}. \tag{3. 18}$$

Logo,

$$\nabla u.\hat{r} = \nabla u_o.\hat{r}_o \frac{\nabla r_o.\hat{n}_o}{\nabla r.\hat{n}} \frac{d\vec{A}_o}{d\vec{A}}. \tag{3. 19}$$

Portanto,

$$\nabla u.\hat{r} = \nabla u_o.\hat{r}_o \frac{\hat{r}_o.\hat{n}_o}{\hat{r}.\hat{n}} \frac{d\vec{A}_o}{d\vec{A}}. \tag{3. 20}$$

Como os gradientes de u e u_o estão na mesma direção dos vetores $\vec{A}$ e $\vec{A}_o$ respectivamente ficamos simplesmente com:

$$|\nabla u| = |\nabla u_o| \frac{\cos^2\theta_o}{\cos^2\theta} \frac{d\vec{A}_o}{d\vec{A}}. \tag{3. 21}$$

Tomando o divergente dos dois lados da equação temos:

$$\nabla[\nabla u] = \nabla\left[\nabla u_o \frac{\cos^2\theta_o}{\cos^2\theta} \frac{d\vec{A}_o}{d\vec{A}}\right]. \tag{3. 22}$$

3.4.3 – Modificação da Equação Constitutiva de Potenciais Escalares

Na versão generalizada para meios irregulares devemos ter:

$$\vec{J}_{X_0} = \alpha \nabla \rho_{X_0}. \tag{3. 23}$$

Com a correção da rugosidade temos:

$$\vec{J}_{Xo} = \alpha \nabla\left(\rho_X \frac{dV}{dV_o}\right). \tag{3. 24}$$

explicitando a operação do gradiente sobre os termos entre parêntesis temos:

$$\vec{J}_{Xo} = \alpha\left[\nabla\rho_X\left(\frac{dV}{dV_o}\right) + \rho_X \nabla\left(\frac{dV}{dV_o}\right) + \right]. \tag{3. 25}$$

ou seja, a equação do fluxo de campo escalar com irregularidades atuante no volume poroso:

$$\vec{J}_{Xo} = \alpha\left[\varsigma\nabla\rho_X + \rho_X\nabla\varsigma\right]. \tag{3. 26}$$

Neste conjunto de fenomenologias que seguem a equação da continuidade estão os fenômenos, da difusão, transferência de calor, eletrostática, etc. Para os propósitos deste trabalho vamos estudar os fenômenos de potencial escalar como a temperatura.

7.10.1 – Proposta da Correção do Potencial entre os Contornos

Sabendo que o contorno euclidiano liso possui como equação básica do potencial escalar o Laplaciano dado por:

$$\nabla^2 u_o(x_o, y_o) = 0, \tag{3.27}$$

Podemos supor que de forma análoga o contorno rugoso possui uma equação do tipo:

$$\nabla^2 u(x, y) = 0, \tag{3.28}$$

Para fins de aproximação e facilitação de cálculos, como um método alternativo, queremos escrever a equação Laplaciana do potencial sobre o contorno euclidiano em termos do Laplaciano do potencial sobre o contorno rugoso. A pergunta básica é: Como depende o potencial do contorno rugoso em termos do potencial do contorno euclidiano liso?

$$\nabla^2 u(u_o(x_o, y_o)) = f(\nabla^2 u_o(x_o, y_o)) = ??, \tag{3.29}$$

Será algo do tipo:

$$\nabla^2 u(u_o(x_o, y_o)) = \nabla^2 u_o(x, y)\left[\frac{d^2 x_o}{dL^2} + \frac{d^2 y_o}{dL^2}\right] = 0, \tag{3.30}$$

Ou

$$\nabla^2 u_o(u(x_o, y_o)) = \nabla^2 u(x, y)\left[\frac{d^2 x}{dL^2} + \frac{d^2 y}{dL^2}\right] = 0, \tag{3.31}$$

Vejamos:

$$\nabla^2 u = \frac{\partial^2 u}{\partial x^2} + \frac{\partial^2 u}{\partial y^2} = \frac{\partial}{\partial x}\left(\frac{\partial u}{\partial x}\right) + \frac{\partial}{\partial y}\left(\frac{\partial u}{\partial y}\right) = 0, \tag{3.32}$$

Sabendo que o comprimento rugoso, Γ, pode ser escrito em termos das coordenadas do comprimento euclidiano Γ_o,

$$\Gamma = \Gamma_o \sqrt{1 + \left(\frac{\Delta C_o}{l_o}\right)^2 \left(\frac{l_o}{\Delta L_o}\right)^{2\alpha}}, \tag{3.33}$$

Utilizando a regra da cadeia em (3.32) temos:

$$\nabla^2 u = \frac{\partial}{\partial L}\left(\frac{\partial u}{\partial L}\frac{\partial L}{\partial x}\right)\frac{\partial L}{\partial x} + \frac{\partial}{\partial L}\left(\frac{\partial u}{\partial L}\frac{\partial L}{\partial y}\right)\frac{\partial L}{\partial y} = 0, \tag{3.34}$$

Ou ainda

$$\nabla^2 u = \frac{\partial^2 u}{\partial L^2}\left(\frac{\partial L}{\partial x}\right)^2 + \frac{\partial u}{\partial L}\underbrace{\frac{\partial}{\partial L}\left(\frac{\partial L}{\partial x}\right)}_{=0}\frac{\partial L}{\partial x} + \frac{\partial^2 u}{\partial L^2}\left(\frac{\partial L}{\partial y}\right)^2 + \frac{\partial u}{\partial L}\underbrace{\frac{\partial}{\partial L}\left(\frac{\partial L}{\partial y}\right)}_{=0}\frac{\partial L}{\partial y} = 0, \tag{3.35}$$

pois

$$\frac{\partial}{\partial L}\left(\frac{\partial L}{\partial x_i}\right) = \frac{\partial}{\partial x_i}\left(\frac{\partial L}{\partial L}\right) = 0 \ ; \ x_i = x, y, \tag{3.36}$$

logo

$$\nabla^2 u = \frac{\partial^2 u}{\partial L^2}\left[\left(\frac{\partial L}{\partial x}\right)^2 + \left(\frac{\partial L}{\partial y}\right)^2\right] = 0, \tag{3.37}$$

Portanto,

$$\nabla^2 u = \frac{\partial^2 u}{\partial L^2}(\nabla L)^2 = 0, \tag{3.38}$$

Sabemos da interpretação do laplaciano que o valor numérico de u em um ponto é dado a partir do valor médio em sua vizinhança. Isto significa que o lado direito de (3.38) nos diz que o valor médio do comprimento rugoso na vizinhança de u será o fator ponderante do valor de médio de u nas vizinhanças do comprimento rugoso. Este resultado não é muito interessante no momento, porque gostaríamos de manter a funcionalidade do potencial u sobre o contorno rugoso na forma da equação de Laplace ($\nabla^2 u = 0$), para aproveitarmos o desenvolvimento matemático dos Métodos Numéricos (Método dos Elementos Finitos, Métodos dos Elementos de Contorno, Soluções Fundamentais, Funções de Green, etc.) a fim de resolver o problema também numericamente com a finalidade de comparar com a solução proposta pela nossa correção feita a partir do problema euclidiano (sem rugosidade).

3.4.2 – Cálculo do Gradiente e do Laplaciano do potencial ρ_X

Tomando o gradiente dos dois lados da equação temos:

$$\nabla u_o = \nabla u \frac{d\vec{A}}{d\vec{A}_o} + u\nabla\left[\frac{d\vec{A}}{d\vec{A}_o}\right]. \tag{3. 39}$$

Aplicando as derivadas temos:

$$\nabla u_o = \nabla u \frac{d\vec{A}}{d\vec{A}_o} + u\nabla\left[\frac{d\vec{A}}{d\vec{A}_o}\right]. \tag{3. 40}$$

Para se obter o Laplaciano devemos aplicar o operador gradiente uma segunda vez, logo

$$\nabla(\nabla u_o) = \nabla\left[\nabla u \frac{d\vec{A}}{d\vec{A}_o} + u\nabla\left[\frac{d\vec{A}}{d\vec{A}_o}\right]\right]. \tag{3. 41}$$

Operando as derivadas temos:

$$\nabla^2 u_o = \nabla^2 u \frac{d\vec{A}}{d\vec{A}_o} + \nabla u\nabla\left[\frac{d\vec{A}}{d\vec{A}_o}\right] + \nabla u\nabla\left[\frac{d\vec{A}}{d\vec{A}_o}\right] + u\nabla^2\left[\frac{d\vec{A}}{d\vec{A}_o}\right]. \tag{3. 42}$$

Ou

$$\nabla^2 u_o = \nabla^2 u \frac{d\vec{A}}{d\vec{A}_o} + 2\nabla u\nabla\left[\frac{d\vec{A}}{d\vec{A}_o}\right] + u\nabla^2\left[\frac{d\vec{A}}{d\vec{A}_o}\right]. \tag{3. 43}$$

ou

$$\nabla^2 u_o = \nabla^2 u[\xi] + 2\nabla u\nabla[\xi] + u\nabla^2[\xi]. \tag{3. 44}$$

Vemos que o termo do Laplaciano passa agora ter três termos , o primeiro do lado direito pode ser chamado de termo de Laplaciano do potencial rugoso, o segundo termo pode ser chamado de termo de interação do potencial rugoso com a superfície em si e o último e terceiro termo podemos chamá-lo de termo de auto-interação da rugosidade.

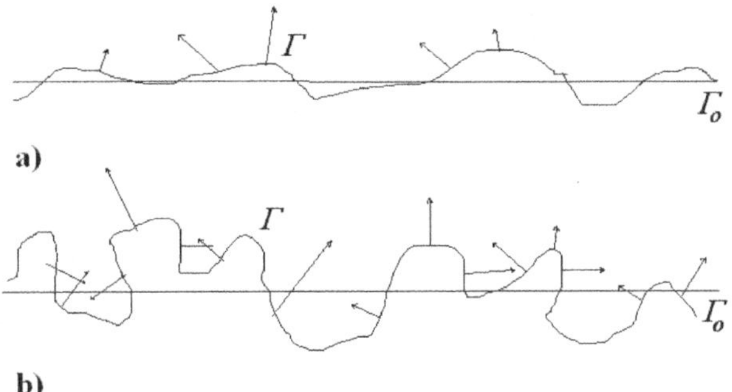

Figura - 3. 1. Contorno rugoso Γ a) Não Interagente b) Interagente

Conforme mostra a Figura - 3. 1, dos termos da equação (3. 43) teremos alguns casos a considerar.

Caso I) Contorno Não-Interagente

Neste caso devemos considerar

$$\nabla^2 u_o = \nabla^2 u \frac{d\vec{A}}{d\vec{A}_o} \tag{3. 45}$$

Portanto

$$\nabla^2 u_o = \nabla^2 u \frac{d\vec{A}}{d\vec{A}_o} = 0. \tag{3. 46}$$

Sendo o Laplaciano nulo para os dois contornos, temos:

$$\nabla^2 u_o = \nabla^2 u[\xi] = 0 \tag{3. 47}$$

ou

$$\nabla^2 u_o = \nabla^2 u[\xi] = 0. \tag{3. 48}$$

Caso II) Contorno Auto-Interagente

Neste caso temos:

$$\nabla^2 u_o = \nabla^2 u \frac{d\vec{A}}{d\vec{A}_o} + u\nabla^2 \left[\frac{d\vec{A}}{d\vec{A}_o} \right]. \tag{3. 49}$$

Logo

$$\nabla^2 u_o = \nabla^2 u \frac{d\vec{A}}{d\vec{A}_o} + u\nabla^2 \left[\frac{d\vec{A}}{d\vec{A}_o} \right] = 0. \tag{3. 50}$$

Sendo o Laplaciano nulo para os dois contornos, temos:

$$\nabla^2 u_o = \nabla^2 u [\xi] + u\nabla^2 [\xi] = 0^{\cdot} \tag{3. 51}$$

ou

$$\nabla^2 u_o = \nabla^2 u [\xi] + u\nabla^2 [\xi] = 0. \tag{3. 52}$$

Caso III) Contorno Simplesmente Interagente

Neste caso temos:

$$\nabla^2 u_o = \nabla^2 u \frac{d\vec{A}}{d\vec{A}_o} + 2\nabla u \nabla \left[\frac{d\vec{A}}{d\vec{A}_o} \right]. \tag{3. 53}$$

Logo

$$\nabla^2 u_o = \nabla^2 u \frac{d\vec{A}}{d\vec{A}_o} + 2\nabla u \nabla \left[\frac{d\vec{A}}{d\vec{A}_o} \right] = 0. \tag{3. 54}$$

Sendo o Laplaciano nulo para os dois contornos, temos:

$$\nabla^2 u_o = \nabla^2 u [\xi] + 2\nabla u \nabla [\xi] = 0^{\cdot} \tag{3. 55}$$

ou

$$\nabla^2 u_o = \nabla^2 u[\xi] + 2\nabla u \nabla[\xi] = 0 . \tag{3. 56}$$

3.4.4 - Proposta de uma equação de campo do potencial escalar para a teoria do calor com irregularidades

Dada a equação da continuidade (2. 112) para o fluxo rugoso temos:

$$\nabla . J_{Xo} = \frac{d\rho_{Xo}}{dt} . \tag{3. 57}$$

e de (2. 114) temos:

$$\nabla . \left[J_X \frac{d\vec{A}}{d\vec{A}_o} \right] = \frac{d}{dt}\left[\rho_X \frac{dV}{dV_o} \right] . \tag{3. 58}$$

ou de (2. 115) temos:

$$\nabla . \left(J_X [\xi] \right) = \frac{d}{dt} \left(\rho_X \varsigma \right) . \tag{3. 59}$$

Substituindo (3. 24) em (3. 57) temos:

$$\nabla . \left[-\alpha \nabla \left[\rho_X \frac{dV}{dV_o} \right] \right] = \frac{d}{dt}\left[\rho_X \frac{dV}{dV_o} \right] . \tag{3. 60}$$

Para $\alpha = cte$, temos:

$$-\alpha \left[\nabla^2 \rho_X \left(\frac{dV}{dV_o} \right) + 2\nabla \rho_X \nabla \left(\frac{dV}{dV_o} \right) + \rho_X \nabla^2 \left(\frac{dV}{dV_o} \right) \right] = \frac{d}{dt}\left(\rho_X \frac{dV}{dV_o} \right) . \tag{3. 61}$$

Onde a derivada material de ρ_X é dada por:

$$\frac{d}{dt}\left[\rho_X \frac{dV}{dV_o} \right] = \vec{v} . \nabla \left[\rho_X \frac{dV}{dV_o} \right] + \frac{\partial}{\partial t}\left[\rho_X \frac{dV}{dV_o} \right] . \tag{3. 62}$$

Logo substituindo (3. 62) em (3. 61)

$$-\alpha \left[\nabla^2 \rho_X \left(\frac{dV}{dV_o} \right) + 2\nabla \rho_X \nabla \left(\frac{dV}{dV_o} \right) + \rho_X \nabla^2 \left(\frac{dV}{dV_o} \right) \right] = \vec{v} . \nabla \left[\rho_X \frac{dV}{dV_o} \right] + \frac{\partial}{\partial t}\left[\rho_X \frac{dV}{dV_o} \right] . \tag{3. 63}$$

ou

$$-\alpha \left(\varsigma \nabla^2 \rho_X + 2\nabla \varsigma \nabla \rho_X + \rho_X \nabla^2 \varsigma \right) = \vec{v} . \nabla \left(\rho_X \varsigma \right) + \frac{\partial}{\partial t}\left(\rho_X \varsigma \right) . \tag{3. 64}$$

Esta é uma equação geral para o capo potencial definido pela densidade generalizada ρ_X com o efeito da porosidade ς.

Caso I – Para Fluxos Estacionários

Para fluxos estacionários temos:

$$\left(\varsigma\nabla^2\rho_X + 2\nabla\varsigma\nabla\rho_X + \rho_X\nabla^2\varsigma\right) + \frac{1}{\alpha}\vec{v}.\nabla\left(\rho_X\varsigma\right) = 0 \qquad (3.\ 65)$$

ou

$$\left(\varsigma\nabla^2\rho_X + 2\nabla\varsigma\nabla\rho_X + \rho_X\nabla^2\varsigma\right) + \frac{1}{\alpha}\vec{v}.\nabla\left(\rho_X\varsigma\right) = 0\,. \qquad (3.\ 66)$$

A título de exemplo de solução numérica de problemas com irregularidades apresenta-se na Figura - 3. 2 abaixo a solução numérica de um problema de potencial escalar com irregularidades definidas aleatoriamente no domínio, através da "equação de Laplace" com irregularidades:

$$\nabla^2\rho_X\varsigma + \nabla.\left(\nabla\varsigma\right) + 2\nabla.\rho_X\nabla\varsigma = 0\,. \qquad (3.\ 67)$$

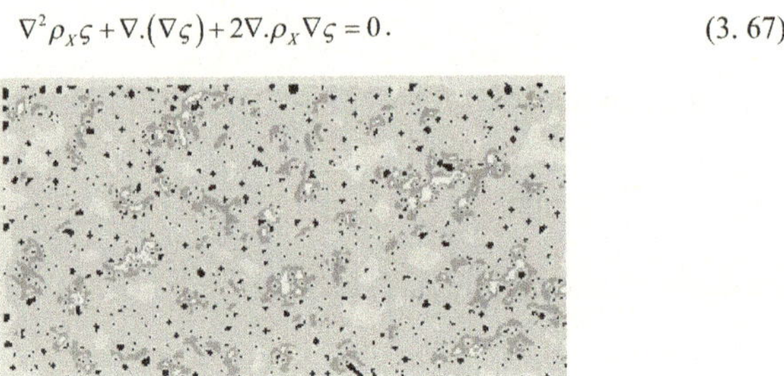

Figura - 3. 2. Campo escalar com pontos concentradores de campo aleatoriamente distribuídos no meio

Caso II – Advecção e Transporte nulos

Para regimes onde os fluxos são perpendiculares aos gradientes ($\vec{v} \perp \nabla\rho$) ou casos onde a advecção ou transporte é nulo, temos:

$$\left[\nabla^2\rho_X\left(\frac{dV}{dV_o}\right)+2\nabla\rho_X\nabla\left(\frac{dV}{dV_o}\right)+\rho_X\nabla^2\left(\frac{dV}{dV_o}\right)\right]+\frac{1}{\alpha}\frac{\partial}{\partial t}\left[\rho_X\frac{dV}{dV_o}\right]=0. \qquad (3.68)$$

Onde $\vec{v}.\nabla\rho_X=0$, ou considerando que os termos de advecção ou convecção, $\upsilon.\nabla\left[\rho_X\frac{dV}{dV_o}\right]=\upsilon.\nabla(\rho_X\varsigma)=0$ são nulos.

$$\left(\varsigma\nabla^2\rho_X+2\nabla\varsigma\nabla\rho_X+\rho_X\nabla^2\varsigma\right)+\frac{1}{\alpha}\frac{\partial}{\partial t}(\rho_X\varsigma)=0. \qquad (3.69)$$

explicitando temos:

Caso III –

Retomando a equação (3. 58) temos:

$$\nabla.\left[J_X\frac{d\vec{A}}{d\vec{A}_o}\right]=\frac{d}{dt}\left[\rho_X\frac{dV}{dV_o}\right]. \qquad (3.70)$$

Usando (4. 62) temos:

$$\alpha\nabla^2\rho_X+\alpha.\nabla\left[\frac{d\vec{A}}{d\vec{A}_o}\right]=\frac{d}{dt}\left[\rho_X\frac{dV}{dV_o}\right]. \qquad (3.71)$$

Temos:

$$\alpha\nabla^2\rho_X+\alpha.\nabla[\xi]=\frac{d}{dt}(\rho_X\varsigma)\cdot \qquad (3.72)$$

ou

$$\alpha\nabla^2\rho_X+\alpha.\nabla[\xi]=\frac{d}{dt}(\rho_X\varsigma). \qquad (3.73)$$

3. 5 – Aplicação ao Campo Elástico com Irregularidades

3.5.1 - Modificação da Equação Constitutiva de Potenciais Vetoriais – Caso Elástico

Robert Hooke descobriu a relação entre tensão e deformação de um material elástico. Na versão generalizada de sua lei para o campo de tensão-deformação para meios irregulares na perspectiva da projeção euclidiana plana deve-se ter:

$$\vec{J}_{X_0} = \lambda\left(\nabla.\rho_{X_0}\right)\mathbf{I} + \frac{\mu}{2}\left(\nabla\rho_{X_0} + \nabla^T\rho_{X_0}\right). \qquad (3.\ 74)$$

Com a correção da rugosidade, tem-se:

$$\vec{J}_{Xo} = \lambda\nabla.\left(\rho_X \frac{dV}{dV_o}\right)\mathbf{I} + \frac{\mu}{2}\left[\nabla\left(\rho_X \frac{dV}{dV_o}\right) + \nabla^T\left(\rho_X \frac{dV}{dV_o}\right)\right]. \qquad (3.\ 75)$$

explicitando a operação do gradiente sobre os termos entre parêntesis, tem-se:

$$\begin{aligned}\vec{J}_{Xo} &= \lambda\left[\nabla.\rho_X\left(\frac{dV}{dV_o}\right) + \rho_X.\nabla\left(\frac{dV}{dV_o}\right)\right]\mathbf{I} + \\ &+ \frac{\mu}{2}\left[\nabla\rho_X\left(\frac{dV}{dV_o}\right) + \rho_X\nabla\left(\frac{dV}{dV_o}\right) + \nabla^T\rho_X\left(\frac{dV}{dV_o}\right) + \rho_X\nabla^T\left(\frac{dV}{dV_o}\right)\right]\end{aligned}. \qquad (3.\ 76)$$

ou seja, a equação do fluxo de campo escalar com irregularidades atuante no volume poroso:

$$\begin{aligned}\vec{J}_{Xo} &= \lambda\left[\varsigma\nabla.\rho_X + \rho_X.\nabla\varsigma\right]\mathbf{I} + \\ &+ \frac{\mu}{2}\left[\varsigma\nabla\rho_X + \rho_X\nabla\varsigma + \varsigma\nabla^T\rho_X + \rho_X\nabla^T\varsigma\right]\end{aligned}. \qquad (3.\ 77)$$

reorganizando os termos dessa equação, tem-se:

$$\vec{J}_{Xo} = \varsigma\underbrace{\left[\lambda\left(\nabla.\rho_X\right)\mathbf{I} + \frac{\mu}{2}\left(\nabla\rho_X + \nabla^T\rho_X\right)\right]}_{Energ\acute{e}tica} + \rho_X\underbrace{\left[\lambda\left(\nabla\varsigma\right) + \frac{\mu}{2}\left(\nabla\varsigma + \nabla^T\varsigma\right)\right]}_{Geom\acute{e}trica}. \qquad (3.\ 78)$$

ou para superfícies rugosas:

$$\vec{J}_{X_0} = \left(\lambda \nabla . \rho_X + \frac{\mu}{2}\left(\nabla \rho_X + \nabla^T \rho_X \right) \right)[\xi] . \quad (3.\ 79)$$

Neste conjunto de fenomenologias que seguem a equação da continuidade estão os fenômenos, do escoamento viscoso, a deformação de sólidos, mecânica da fratura, eletromagnetismo, etc.

3.5.2 - Proposta de uma equação para o potencial vetorial com irregularidades para a teoria da elasticidade

Para se escrever uma equação de movimento para o campo elástico com irregularidades, pode-se partir da equação (2. 16) em (3. 74) ou (3. 77) e (2. 16) em (2. 112) e (2. 115) e obter:

$$\nabla . \left[\left(\lambda \nabla . \rho_X + \frac{\mu}{2}\left(\nabla \rho_X + \nabla^T \rho_X \right) \right)[\xi] \right] = \frac{d}{dt}\left(\rho_X \varsigma \right) . \quad (3.\ 80)$$

Ou alternativamente substituindo (3. 74) e (2. 11) em (2. 112) tem-se:

$$\nabla . \left\{ \lambda \nabla . \left(\rho_X \frac{dV}{dV_o} \right) + \frac{\mu}{2}\left[\nabla \left(\rho_X \frac{dV}{dV_o} \right) + \nabla^T \left(\rho_X \frac{dV}{dV_o} \right) \right] \right\} = \frac{d}{dt}\left(\rho_X \frac{dV}{dV_o} \right) . \quad (3.\ 81)$$

e desenvolvendo os operadores internos a partir de da equação (3. 81)

$$\begin{aligned} &\nabla . \left\{ \lambda \left[\nabla . \rho_X \left(\frac{dV}{dV_o} \right) + \rho_X \nabla \left(\frac{dV}{dV_o} \right) \right] \right\} + \\ &+ \nabla . \left\{ \frac{\mu}{2}\left[\nabla \rho_X \left(\frac{dV}{dV_o} \right) + \rho_X \nabla \left(\frac{dV}{dV_o} \right) + \nabla^T \rho_X \left(\frac{dV}{dV_o} \right) + \rho_X \nabla^T \left(\frac{dV}{dV_o} \right) \right] \right\} = \frac{d}{dt}\left(\rho_X \frac{dV}{dV_o} \right) \end{aligned} \quad (3.\ 82)$$

para $\lambda, \mu = cte$ tem-se:

$$\begin{aligned} &\lambda \nabla . \left[\nabla . \rho_X \left(\frac{dV}{dV_o} \right) + \rho_X \nabla \left(\frac{dV}{dV_o} \right) \right] + \\ &+ \frac{\mu}{2} \nabla . \left[\nabla \rho_X \left(\frac{dV}{dV_o} \right) + \rho_X \nabla \left(\frac{dV}{dV_o} \right) + \nabla^T \rho_X \left(\frac{dV}{dV_o} \right) + \rho_X \nabla^T \left(\frac{dV}{dV_o} \right) \right] = \frac{d}{dt}\left(\rho_X \frac{dV}{dV_o} \right) \end{aligned} \quad (3.\ 83)$$

Executando o cálculo do gradiente e do Laplaciano com irregularidades no domínio tem-se:

$$\lambda\left[\nabla^2\rho_X\varsigma+2\nabla.\rho_X\nabla\varsigma+\rho_X\nabla.(\nabla\varsigma)\right]+$$
$$+\frac{\mu}{2}\left[\nabla.(\nabla\rho_X)\varsigma+2\nabla\rho_X\nabla\varsigma+\nabla^{2T}\rho_X\varsigma+2\nabla^T\rho_X\nabla^T\varsigma+\rho_X\nabla^{2T}\varsigma\right]=\frac{d}{dt}(\rho_X\varsigma) \quad (3.\ 84)$$

ou

$$\lambda\left[\nabla.(\nabla\rho_X)\varsigma+2\nabla.\rho_X\nabla\varsigma+\rho_X\nabla.(\nabla\varsigma)\right]+$$
$$+\frac{\mu}{2}\begin{bmatrix}\varsigma\nabla.(\nabla\rho_X)+2\nabla\rho_X\nabla\varsigma+\rho_X\nabla.(\nabla\varsigma)+\varsigma\nabla.(\nabla^T\rho_X)+\\ \nabla^T\rho_X\nabla\varsigma+2\nabla.\rho_X\nabla^T\varsigma+\rho_X\nabla.\nabla^T\varsigma\end{bmatrix}=\frac{d}{dt}(\rho_X\varsigma) \quad (3.\ 85)$$

ou agrupando em termos semelhantes tem-se:

$$\underbrace{\left\{\lambda\nabla^2\rho_X+\frac{\mu}{2}\left[\nabla.(\nabla\rho_X)+\nabla.(\nabla^T\rho_X)\right]\right\}}_{Energética}\varsigma+\underbrace{\left\{\lambda\nabla.(\nabla\varsigma)+\frac{\mu}{2}\left[\nabla.(\nabla\varsigma)+\nabla.(\nabla^T\varsigma)\right]\right\}}_{Geométrica}\rho_X+$$
$$\underbrace{+2\lambda\nabla.\rho_X\nabla\varsigma+\mu\left(\nabla.\rho_X\nabla\varsigma+\nabla.\rho_X\nabla^T\varsigma\right)}_{Termos\ de\ Interação}=\frac{d}{dt}(\rho_X\varsigma) \quad (3.\ 86)$$

Esta é uma proposta de equação de movimento para um meio elástico com irregularidades. Utilizando-se a equivalência entre rugosidade e a *fração volumétrica irregular efetiva* dado em (2. 15) para descrever o potencial vetorial ρ_X na superfície do material.

Observe que a parte energética possui forma análoga à parte geométrica, ou seja, isoladamente as soluções são análogas, a menos do termo de interação. È certo que a solução de uma equação do tipo mostrada em (3. 86) é muito complexa, por isso precisa-se recorrer a métodos alternativos ou aproximados. Uma das alternativas é acrescentar correções do termo de porosidade ponto a ponto no domínio a partir da solução primitiva sem irregularidades (problema euclidiano), ou seja, corrige-se a solução do problema elástico sem irregularidades acrescentando-se termos de correções ponto a ponto no domínio a para se obter a solução com irregularidades. Outra alternativa é corrigir a solução sem irregularidades com modelos geométricos fractais desde que a geometria do problema seja fractal que possa aceitar tais correções.

Para o caso estático tem-se $d(\rho_X\varsigma)/dt=0$, logo:

$$\begin{aligned}&\left\{\lambda\nabla^2\rho_X+\frac{\mu}{2}\left[\nabla.(\nabla\rho_X)+\nabla.(\nabla^T\rho_X)\right]\right\}\varsigma+\left\{\lambda\nabla.(\nabla\varsigma)+\frac{\mu}{2}\left[\nabla.(\nabla\varsigma)+\nabla.(\nabla^T\varsigma)\right]\right\}\rho_X+\\&+2\lambda\nabla.\rho_X\nabla\varsigma+\mu\left(\nabla.\rho_X\nabla\varsigma+\nabla.\rho_X\nabla^T\varsigma\right)=0\end{aligned} \qquad (3.87)$$

3.5.3 - Equação do Potencial Vetorial para as Superfícies Rugosas

Para se escrever uma equação de movimento para o campo elástico com irregularidades, pode-se substituir a equação (3. 79) em (2. 115) e obter:

$$\nabla.\left[\left(\lambda\nabla.\rho_X+\frac{\mu}{2}\left(\nabla\rho_X+\nabla^T\rho_X\right)\right)[\xi]\right]=\frac{d}{dt}(\rho_X\varsigma). \qquad (3.88)$$

Logo

$$\begin{aligned}&[\xi]\nabla(\lambda\nabla.\rho_X)+\lambda\nabla.\rho_X\nabla.[\xi]+[\xi]\nabla.\left(\frac{\mu}{2}\left(\nabla\rho_X+\nabla^T\rho_X\right)\right)\\&+\frac{\mu}{2}\left(\nabla\rho_X+\nabla^T\rho_X\right)\nabla.[\xi]=\frac{d}{dt}(\rho_X\varsigma)\end{aligned}. \qquad (3.89)$$

Ou reescrevendo tem-se:

$$\begin{aligned}&[\xi]\left[\nabla(\lambda\nabla.\rho_X)+\nabla.\left(\frac{\mu}{2}\left(\nabla\rho_X+\nabla^T\rho_X\right)\right)\right]+\\&+\left[\frac{\mu}{2}\left(\nabla\rho_X+\nabla^T\rho_X\right)+\lambda\nabla.\rho_X\right]\nabla.[\xi]=\frac{d}{dt}(\rho_X\varsigma)\end{aligned}. \qquad (3.90)$$

E finalmente

$$\begin{aligned}&[\xi]\left[\lambda\nabla(\nabla.\rho_X)+\frac{\mu}{2}\left(\nabla.(\nabla\rho_X)+\nabla.(\nabla^T\rho_X)\right)\right]+\\&+\left[\frac{\mu}{2}\left(\nabla\rho_X+\nabla^T\rho_X\right)+\lambda\nabla.\rho_X\right]\nabla.[\xi]=\frac{d}{dt}(\rho_X\varsigma)\end{aligned}. \qquad (3.91)$$

Esta é uma proposta de equação de movimento para um meio elástico com rugosidades na superfície.

Para o caso estático tem-se $d(\rho_X\varsigma)/dt=0$, logo:

$$[\xi]\left[\lambda\nabla(\nabla.\rho_X)+\frac{\mu}{2}\left(\nabla.(\nabla\rho_X)+\nabla.(\nabla^T\rho_X)\right)\right]+ \\ +\left[\frac{\mu}{2}\left(\nabla\rho_X+\nabla^T\rho_X\right)+\lambda\nabla.\rho_X\right]\nabla.[\xi]=0 \quad (3.92)$$

Reescrevendo essa equação tem-se:

$$\frac{\lambda\nabla(\nabla.\rho_X)+\frac{\mu}{2}\left(\nabla.(\nabla\rho_X)+\nabla.(\nabla^T\rho_X)\right)}{\frac{\mu}{2}\left(\nabla\rho_X+\nabla^T\rho_X\right)+\lambda\nabla.\rho_X}+\frac{\nabla.[\xi]}{[\xi]}=0. \quad (3.93)$$

O que resulta em duas equações separadas:

Uma para problema elástico sem rugosidade

$$\lambda\nabla(\nabla.\rho_X)+\frac{\mu}{2}\left(\nabla.(\nabla\rho_X)+\nabla.(\nabla^T\rho_X)\right)-\left(\frac{\mu}{2}\left(\nabla\rho_X+\nabla^T\rho_X\right)+\lambda\nabla.\rho_X\right)\vec{k}=0 \quad (3.94)$$

e outra apenas para a rugosidade:

$$\nabla.[\xi]+[\xi]\vec{k}=0. \quad (3.95)$$

È possível que de uma forma geral o termo $\vec{k}$ seja uma função da densidade generalizada ρ_X, assim tem-se,

$$\vec{k}=f(\vec{\rho}_X). \quad (3.96)$$

Pode-se mostrar, matematicamente, que problemas que apresentam apenas rugosidade na superfície com interior do domínio sólido, podem ser resolvidos apenas com funções de correção geométrica, como no caso de uma trinca rugosa como será mostrado mais adiante nos resultados.

A solução da equação (3. 95) é do tipo:

$$[\xi]=[\xi]_0\exp(-k.\vec{r}_n). \quad (3.97)$$

Isto significa que o efeito da rugosidade sobre o campo do potencial em questão é atenuado exponencialmente à medida que um observador se afasta da borda rugosa $(\vec{r}_n=0)$ para o interior do domínio do campo

$(\vec{r}_n \to \infty)$, onde $\vec{r}_n$ é o raio vetor tomando na direção normal a cada ponto sobre a superfície rugosa.

Como solução pode-se ter uma combinação linear de soluções linearmente independentes dadas por uma transformada (tipo Fourier ou Laplace), gerando soluções do tipo de auto-funções L.I, dadas por:

$$[\xi] = \sum_k [\xi]_k \exp\left(-\vec{k}(\vec{\rho}_X).\vec{r}_n\right). \qquad (3.\ 98)$$

3.5.4 – Solução das Equações do Potencial Vetorial com Irregularidades

Para solucionar parte dessa equação, deve-se considerar a equivalência entre a rugosidade superficial e a *fração volumétrica irregular efetiva* mostrada na equação (2. 136) representada a seguir:

$$\frac{\nabla\rho_X}{\rho_X} = \left(\varsigma\mathbf{I} - [\xi]\right)^{-1} \nabla\varsigma. \qquad (3.\ 99)$$

Considerando que a rugosidade possui uma dependência dada por (3. 95) pode-se utilizar essa dependência da seguinte forma:

$$\frac{\nabla.[\xi]}{[\xi]} \to \vec{k} = -[\xi]^{-1}\nabla.[\xi]. \qquad (3.\ 100)$$

Supondo que de forma análoga a rugosidade, a densidade do potencial ρ_{X0} também se comporta da seguinte forma:

$$\frac{\nabla\rho_X}{\rho_X} \to \vec{k} = -\rho_X^{-1}\nabla\rho_X. \qquad (3.\ 101)$$

Logo substituindo (3. 99) em (3. 101) tem-se:

$$\nabla\varsigma + \left(\varsigma\mathbf{I} - [\xi]\right)\vec{k} = 0. \qquad (3.\ 102)$$

ou

$$\nabla\varsigma + \varsigma\mathbf{I}\vec{k} = [\xi]\vec{k}. \qquad (3.\ 103)$$

Usando o resultado (3. 97) tem-se:

$$\nabla\varsigma + \varsigma \mathbf{I}\vec{k} = \sum_k [\xi]_k \exp\left(-\vec{k}(\vec{\rho}_X).\vec{r}_n\right)\vec{k}. \tag{3. 104}$$

Aplicando a técnica do fator integrante tem-se:

$$\exp\left(\vec{k}.\vec{r}\right)\nabla\varsigma + \exp\left(\vec{k}.\vec{r}\right)\varsigma \mathbf{I}\vec{k} = \exp\left(\vec{k}.\vec{r}\right)\sum_k [\xi]_k \exp\left(-\vec{k}(\vec{\rho}_X).\vec{r}_n\right)\vec{k} \triangleright. \tag{3. 105}$$

onde pode-se reescrever o lado esquerdo e o lado direito como:

$$\nabla\left[\exp\left(\vec{k}.\vec{r}\right)\varsigma\right] = \sum_k [\xi]_k \exp\left(-\vec{k}(\vec{\rho}_X).(\vec{r}_n - \vec{r})\right)\vec{k}. \tag{3. 106}$$

ou ainda integrando-se dos dois lados tem-se:

$$\exp\left(\vec{k}.\vec{r}\right)\varsigma = \int \sum_k [\xi]_k \exp\left(-\vec{k}(\vec{\rho}_X).(\vec{r}_n - \vec{r})\right)\vec{k}.d\vec{r}. \tag{3. 107}$$

Logo o efeito da *fração volumétrica irregular efetiva* sobre o campo pode ser expressa como:

$$\varsigma = \exp\left(-\vec{k}.\vec{r}\right)\int \sum_k [\xi]_k \exp\left(-\vec{k}(\vec{\rho}_X).(\vec{r}_n - \vec{r})\right)\vec{k}.d\vec{r}. \tag{3. 108}$$

Observe que a integral no lado direito corresponde a uma das representações da função delta de Dirac, se os limites de integração envolvem um domínio que vai desde $[-\infty, +\infty]$. Integrando-se a equação (3. 108) de uma forma geral a solução da equação será:

$$\varsigma = \sum_k \varsigma_k \exp\left(-\vec{k}.\vec{r}_n\right). \tag{3. 109}$$

Este resultado mostra que assim como a rugosidade o efeito da *fração volumétrica irregular efetiva* sobre o campo se esvaece exponencialmente à medida que se afasta da periferia da irregularidade de domínio (poro) na direção de regiões regulares.

3.5.5 – Solução das Equações do Fluxo Vetorial com Irregularidades

Reescrevendo (3. 94) em função de (2. 123) ou de (3. 74) tem-se:

$$\nabla.\vec{J}_X + \vec{k}.\vec{J}_X = 0. \tag{3. 110}$$

De forma análoga a (3. 95) e (3. 97) tem-se:

$$\frac{\nabla.\vec{J}_X}{\vec{J}_X} = -\vec{k}. \tag{3. 111}$$

logo

$$\vec{J}_X = \sum_k \vec{J}_k \exp\left(-\vec{k}.\vec{r}_n\right). \tag{3. 112}$$

Pode-se reescrever o produto escalar $\vec{k}.\vec{r}$ na superfície como sendo:

$$\vec{k}.\vec{r}_n = -\left([\xi]^{-1}\nabla.[\xi]\right).\vec{r}_n. \tag{3. 113}$$

Observe que o inverso do tensor de rugosidade $[\xi]^{-1}$ aparece no expoente operando sobre um vetor $\nabla.[\xi]$ que seleciona na operação do divergente apenas as componentes nas direções normais ou puras, evitando as direções "cisalhantes" onde se mistura as componentes do tensor de rugosidade $[\xi]$. Observe com isso que se o vetor $\vec{k}$ for nulo obtém-se de volta o problema euclidiano de superfície lisa.

3. 6 – Aplicação ao Campo de Velocidades de um Fluido

Para os propósitos deste trabalho vamos estudar os fenômenos de potencial vetorial como a mecânica dos fluidos.

3.6.1 - Modificação da Equação Constitutiva de Potenciais Vetoriais – Caso de um Fluido Newtoniano

Newton descobriu a relação entre tensão e a taxa de deformação de um meio fluido. Na versão generalizada de sua lei para o campo de tensão/taxa de deformação para meios irregulares devemos ter:

$$\mathbf{J}_{\mathbf{X}_0} = \left(-\varsigma P + \lambda\nabla.\vec{\rho}_{X_0}\right)\mathbf{I} + \eta\nabla\vec{\rho}_{X_0} \qquad (3.\ 114)$$

Esta é a equação constitutiva para um meio fluido contínuo com irregularidades. Com a correção da rugosidade temos:

$$\mathbf{J}_{\mathbf{X}_0} = \left[-\left(\frac{dV}{dV_0}\right)P + \lambda\nabla.\left(\vec{\rho}_X\frac{dV}{dV_0}\right)\right]\mathbf{I} + \eta\nabla\left(\vec{\rho}_X\frac{dV}{dV_0}\right) \qquad (3.\ 115)$$

explicitando a operação do gradiente sobre os termos entre parêntesis temos:

$$\mathbf{J}_{\mathbf{X}_0} = -\left(\frac{dV}{dV_0}\right)P\mathbf{I} + \lambda\left[\nabla.\vec{\rho}_X\left(\frac{dV}{dV_o}\right)\mathbf{I} + \vec{\rho}_X.\nabla\left(\frac{dV}{dV_0}\right)\mathbf{I}\right] + \eta\left[\frac{dV}{dV_0}\nabla\vec{\rho}_X + \vec{\rho}_X\otimes\nabla\left(\frac{dV}{dV_0}\right)\right] \qquad (3.\ 116)$$

ou seja, a equação do fluxo de campo escalar com irregularidades atuante no volume poroso:

$$\mathbf{J}_{\mathbf{X}_0} = -\varsigma P\mathbf{I} + \lambda\left[\varsigma\nabla.\vec{\rho}_X\mathbf{I} + \vec{\rho}_X.\nabla\varsigma\mathbf{I}\right] + \eta\left[\varsigma\nabla\vec{\rho}_X + \vec{\rho}_X\otimes\nabla\varsigma\right] \qquad (3.\ 117)$$

reorganizando os termos dessa equação tem-se:

$$\mathbf{J}_{\mathbf{X}_0} = \varsigma\underbrace{\left[-P\mathbf{I} + \lambda\left(\nabla.\vec{\rho}_X\right)\mathbf{I} + \eta\nabla\vec{\rho}_X\right]}_{Energ\acute{e}tica} + \vec{\rho}_X\otimes\underbrace{\left[\lambda\left(\nabla\varsigma\right) + \eta\nabla\varsigma\right]}_{Geom\acute{e}trica} \qquad (3.\ 118)$$

Logo para $\vec{\rho}_X = \rho\vec{v}$, temos $\mathbf{J}_{\mathbf{X}_0} \equiv \mathbf{S}_0$ e $\lambda = \dfrac{2\mu}{3\rho}$; $\eta = \dfrac{\mu}{\rho}$

$$\mathbf{S}_0 = \varsigma\mu\left[-P\mathbf{I} + \frac{2}{3}\left(\nabla.\vec{v}\right) + \nabla\vec{v}\right] + \mu\vec{v}\otimes\left[\frac{2}{3}\left(\nabla\varsigma\right) + \nabla\varsigma\right] \qquad (3.\ 119)$$

Neste conjunto de fenomenologias que seguem a equação da continuidade estão os fenômenos, do escoamento viscoso, a deformação de sólidos, Mecânica dos Fluidos, eletromagnetismo, etc.

3.6.2 - Equação do campo potencial vetorial para porosidades no domínio

A equação de Campo de Velocidades de Hagen-Poiseuille pode ser modificada partindo-se da Equação (3. 6) e (3. 119) que a originou (a equação de movimento e equação constitutiva de um fluido).

Para se escrever uma equação de movimento para o Campo de Velocidades com irregularidades, podemos substituir $\varsigma = \dfrac{dV}{dV_0}$ e (3. 75) na Eq. (3. 4) temos:

$$\nabla.\left[-\left(\frac{dV}{dV_0}\right)P\mathbf{I} + \lambda\nabla.\left(\vec{\rho}_X \frac{dV}{dV_0}\right)\mathbf{I} + \eta\nabla\left(\vec{\rho}_X \frac{dV}{dV_0}\right)\right] = \frac{d}{dt}\left(\vec{\rho}_X \frac{dV}{dV_o}\right) \tag{3.120}$$

ou desenvolvendo os operadores internos a partir de da Eq. (3.120)

$$\begin{aligned} &\nabla.\left\{-\left(\frac{dV}{dV_0}\right)P\mathbf{I} + \lambda\left[\nabla.\vec{\rho}_X\left(\frac{dV}{dV_0}\right) + \vec{\rho}_X.\nabla\left(\frac{dV}{dV_0}\right)\right]\mathbf{I}\right\} + \\ &+\nabla.\left\{\eta\left[\left(\frac{dV}{dV_0}\right)\nabla\vec{\rho}_X + \vec{\rho}_X \otimes \nabla\left(\frac{dV}{dV_0}\right)\right]\right\} = \frac{d}{dt}\left(\vec{\rho}_X \frac{dV}{dV_0}\right) \end{aligned} \tag{3.121}$$

para $\lambda, \mu = cte$ temos:

$$\begin{aligned} &-\left(\frac{dV}{dV_0}\right)\nabla P + \lambda\nabla.\left[\nabla.\vec{\rho}_X\left(\frac{dV}{dV_0}\right)\mathbf{I} + \vec{\rho}_X\nabla\left(\frac{dV}{dV_0}\right)\mathbf{I}\right] + \\ &+\eta\nabla.\left[\left(\frac{dV}{dV_0}\right)\nabla\vec{\rho}_X + \vec{\rho}_X \otimes \nabla\left(\frac{dV}{dV_0}\right)\right] = \frac{d}{dt}\left(\vec{\rho}_X \frac{dV}{dV_0}\right) \end{aligned} \tag{3.122}$$

executando o cálculo do gradiente e do Laplaciano com irregularidades no domínio tem-se:

$$
\begin{aligned}
&-\varsigma\nabla P+\lambda\left[\varsigma\nabla(\nabla.\vec{\rho}_X)+2(\nabla.\vec{\rho}_X)\nabla\varsigma+\vec{\rho}_X\nabla.(\nabla\varsigma)\right]+\\
&+\eta\left[\varsigma\nabla.(\nabla\vec{\rho}_X)+\underbrace{(\nabla\vec{\rho}_X)\nabla\varsigma+\nabla.(\vec{\rho}_X\otimes\nabla\varsigma)}_{\text{agrupando esses termos}}+\vec{\rho}_X\otimes\nabla.(\nabla\varsigma)\right]=\frac{d}{dt}(\vec{\rho}_X\varsigma)
\end{aligned}
\tag{3.123}
$$

logo

$$
\begin{aligned}
&-\varsigma\nabla P+\lambda\left[\varsigma\nabla(\nabla.\vec{\rho}_X)+2(\nabla.\vec{\rho}_X)\nabla\varsigma+\vec{\rho}_X\nabla.(\nabla\varsigma)\right]+\\
&+\eta\left[\varsigma\nabla.(\nabla\vec{\rho}_X)+2(\nabla.\vec{\rho}_X)\nabla\varsigma+\vec{\rho}_X\otimes\nabla.(\nabla\varsigma)\right]=\frac{d}{dt}(\vec{\rho}_X\varsigma)
\end{aligned}
\tag{3.124}
$$

ou agrupando em termos semelhantes tem-se:

$$
\begin{aligned}
&\underbrace{\left\{-\varsigma\nabla P+\lambda\nabla(\nabla.\vec{\rho}_X)+\eta\nabla.(\nabla\vec{\rho}_X)\right\}}_{\text{Energética}}\varsigma+\underbrace{\left\{\lambda\nabla.(\nabla\varsigma)+\eta\nabla.(\nabla\varsigma)\right\}}_{\text{Geométrica}}\vec{\rho}_X+\\
&\underbrace{2\lambda(\nabla.\vec{\rho}_X)\nabla\varsigma+\eta(\nabla\vec{\rho}_X)\nabla\varsigma+\eta\nabla.(\vec{\rho}_X\otimes\nabla\varsigma)}_{\text{Termos de Interação}}=\frac{d}{dt}(\vec{\rho}_X\varsigma)
\end{aligned}
\tag{3.125}
$$

Ou somando os termos em $\nabla.(\nabla\varsigma)\vec{\rho}_X$ temos:

$$
\begin{aligned}
&\underbrace{\left\{-\varsigma\nabla P+\lambda\nabla(\nabla.\vec{\rho}_X)+\eta\nabla.(\nabla\vec{\rho}_X)\right\}}_{\text{Energética}}\varsigma+\underbrace{(\lambda+\eta)\nabla.(\nabla\varsigma)}_{\text{Geométrica}}\vec{\rho}_X+\\
&\underbrace{2\lambda(\nabla.\vec{\rho}_X)\nabla\varsigma+\eta(\nabla\vec{\rho}_X)\nabla\varsigma+\eta\nabla.(\vec{\rho}_X\otimes\nabla\varsigma)}_{\text{Termos de Interação}}=\frac{d}{dt}(\vec{\rho}_X\varsigma)
\end{aligned}
\tag{3.126}
$$

Ou ainda reescrevendo:

$$
\begin{aligned}
&\underbrace{\left\{-\varsigma\nabla P+\lambda\nabla(\nabla.\vec{\rho}_X)+\eta\nabla.(\nabla\vec{\rho}_X)\right\}}_{\text{Energética}}\varsigma+\underbrace{(\lambda+\eta)\nabla.(\nabla\varsigma)}_{\text{Geométrica}}\vec{\rho}_X+\\
&+\underbrace{2(\lambda+\eta)(\nabla.\vec{\rho}_X)\nabla\varsigma}_{\text{Termos de Interação}}=\frac{d}{dt}(\vec{\rho}_X\varsigma)
\end{aligned}
\tag{3.127}
$$

Esta é uma proposta de equação de movimento para um meio fluido com irregularidades. Utilizando-se a *fração volumétrica irregular efetiva* dado por $\rho_{X_o}=\rho_X\varsigma$ para descrever o potencial vetorial ρ_X na superfície do material.

Para o caso estático tem-se $d(\rho_X\varsigma)/dt=0$, logo:

$$
\begin{aligned}
&-\varsigma\nabla P+\lambda\left[\varsigma\nabla(\nabla.\vec{\rho}_X)+2(\nabla.\vec{\rho}_X)\nabla\varsigma+\vec{\rho}_X\nabla.(\nabla\varsigma)\right]+\\
&+\eta\left[\varsigma\nabla.(\nabla\vec{\rho}_X)+(\nabla\vec{\rho}_X)\nabla\varsigma+\nabla.(\vec{\rho}_X)\otimes\nabla\varsigma+\vec{\rho}_X\otimes\nabla.(\nabla\varsigma)\right]=0
\end{aligned}
\tag{3.128}
$$

Ou

$$\underbrace{\left\{-\varsigma\nabla P+\lambda\nabla(\nabla.\vec{\rho}_X)+\eta\nabla.(\nabla\vec{\rho}_X)\right\}\varsigma}_{Energ\acute{e}tica}+\underbrace{(\lambda+\eta)\nabla.(\nabla\varsigma)}_{Geom\acute{e}trica}\vec{\rho}_X+ \\ +\underbrace{2(\lambda+\eta)(\nabla.\vec{\rho}_X)\nabla\varsigma}_{Termos\ de\ Intera\c{c}\tilde{a}o}=0 \tag{3.129}$$

Observe que a parte energética possui forma análoga à parte geométrica, ou seja, isoladamente as soluções são análogas, a menos do termo de interação. È certo que a solução de uma equação do tipo mostrada na Eq. (3.125) é muito complexa, por isso precisamos recorrer a métodos alternativos ou aproximados. Uma das alternativas é acrescentar correções do termo de porosidade ponto a ponto no domínio a partir da solução primitiva sem irregularidades (problema euclidiano), ou seja, corrige-se a solução do problema de um fluido newtoniano sem irregularidades acrescentando-se termos de correções ponto a ponto no domínio para se obter a solução com irregularidades. Outra alternativa é corrigir a solução sem irregularidades com modelos geométricos fractais desde que a geometria do problema seja fractal que possa aceitar tais correções.

Logo para um fluido newtoniano escoando em um meio irregular poroso, $\rho_X=\rho\vec{v}$, $\vec{J}_{X_o}=\sigma$ e $\lambda=\dfrac{2\mu}{3\rho}$; $\eta=\dfrac{\mu}{\rho}$, então tem-se que:

$$\left[-\nabla P+\frac{2}{3}\mu\nabla(\nabla.\vec{v})+\mu\nabla.(\nabla\vec{v})\right]\varsigma+\frac{5}{3}\mu\nabla.(\nabla\varsigma)\vec{v}+ \\ +\frac{10}{3}\mu(\nabla.\vec{v})\nabla\varsigma=\frac{d}{dt}(\rho\vec{v}\varsigma) \tag{3.130}$$

onde

$$\frac{d}{dt}(\rho\vec{v}\varsigma)=\varsigma\rho\frac{d\vec{v}}{dt}+\rho\vec{v}\frac{d\varsigma}{dt}+\varsigma\vec{v}\frac{d\rho}{dt} \tag{3.131}$$

O termo $d\vec{v}/dt$ é definido como derivada material ou substancial, pois é calculado por uma partícula de substância, no caso o fluido. Este termo representa a aceleração total da partícula do fluido. Para um escoamento tridimensional (19):

$$\begin{aligned}\frac{d\vec{v}}{dt} &= (\vec{v}.\nabla)\vec{v} + \frac{\partial \vec{v}}{\partial t} \\ \frac{d\rho}{dt} &= (\vec{v}.\nabla)\rho + \frac{\partial \rho}{\partial t} \\ \frac{d\varsigma}{dt} &= (\vec{v}.\nabla)\varsigma + \frac{\partial \varsigma}{\partial t}\end{aligned} \qquad (3.\ 132)$$

A primeira parcela da soma representa a aceleração convectiva e o segundo termo a aceleração local.

Executando a derivada material temos:

$$\frac{d}{dt}(\rho\vec{v}\varsigma) = \varsigma\rho\left[(\vec{v}.\nabla)\vec{v} + \frac{\partial \vec{v}}{\partial t}\right] + \rho\vec{v}\left[(\vec{v}.\nabla)\varsigma + \frac{\partial \varsigma}{\partial t}\right] + \varsigma\vec{v}\left[(\vec{v}.\nabla)\rho + \frac{\partial \rho}{\partial t}\right] \qquad (3.133)$$

Logo para fluidos incompressíveis onde $\rho = cte$ e $\nabla.\vec{v} = 0$

$$\left[-\nabla P + \mu\nabla.(\nabla\vec{v})\right]\varsigma + \frac{5}{3}\mu\nabla.(\nabla\varsigma)\vec{v} = \varsigma\rho\left[(\vec{v}.\nabla)\vec{v} + \frac{\partial \vec{v}}{\partial t}\right] + \rho\vec{v}\left[(\vec{v}.\nabla)\varsigma + \frac{\partial \varsigma}{\partial t}\right] \qquad (3.134)$$

Ou

$$+\frac{5}{3\varsigma}\mu\nabla.(\nabla\varsigma) - \rho\left[\left(\vec{v}.\nabla\right)\varsigma + \frac{\partial \varsigma}{\partial t}\right] = \frac{\rho}{\vec{v}}\left[\left(\vec{v}.\nabla\right)\vec{v} + \frac{\partial \vec{v}}{\partial t}\right] - \frac{1}{\vec{v}}\left[-\nabla P + \mu\nabla.\left(\nabla\vec{v}\right)\right] \qquad (3.135)$$

Observe que temos dois problemas separados o problema do fluxo viscoso do fluido interagindo com o problema da porosidade. Este cálculo ainda supões que a porosidade ς varia com o tempo $\frac{\partial \varsigma}{\partial t} \neq 0$ o que pode não ser verdade, logo para o caso de uma porosidade fixa no tempo, ou seja $\frac{\partial \varsigma}{\partial t} = 0$ temos:

$$+\frac{5}{3\varsigma}\mu\nabla.(\nabla\varsigma) - \rho\left(\vec{v}.\nabla\right)\varsigma = \frac{\rho}{\vec{v}}\left[\left(\vec{v}.\nabla\right)\vec{v} + \frac{\partial \vec{v}}{\partial t}\right] - \frac{1}{\vec{v}}\left[-\nabla P + \mu\nabla.\left(\nabla\vec{v}\right)\right] \qquad (3.136)$$

Considerando o estado estacionário temos que a velocidade não muda localmente com o tempo e a fração volumétrica irregular não aumenta localmente com o tempo, isto é, $\frac{\partial \vec{v}}{\partial t} = 0$; $\frac{\partial \varsigma}{\partial t} = 0$, a equação (3.134) fica:

$$\left[-\nabla P + \mu \nabla.\left(\nabla \vec{v}\right)\right]\varsigma + \frac{5}{3}\mu \nabla.\left(\nabla \varsigma\right)\vec{v} = \varsigma \rho \left[\left(\vec{v}.\nabla\right)\vec{v} + \vec{v}\left(\vec{v}.\nabla\right)\right] \tag{3.137}$$

ou

$$\frac{1}{\varsigma}\nabla.\left(\nabla \varsigma\right) = \frac{3\mu}{5\vec{v}}\left[\nabla P - \mu \nabla.\left(\nabla \vec{v}\right)\right] + \rho\left[\left(\vec{v}.\nabla\right) + \left(\vec{v}.\nabla\right)\right] \tag{3.138}$$

Esta é a equação da quantidade de movimento para um fluido em um meio poroso com fração espacial disponível ς. Ainda para esta situação podemos ter dois casos de porosidades a uniforme e a não-uniforme, conforme veremos a seguir.

3. 7 – Aplicação aos Modelos de Fluxos de Embebição Capilar

3.7.1 - Modelo de Ascenção Capilar-Equação de Lucas-Wasburn Clássica

O modelo da ascensão capilar em um tubo cilíndrico foi primeiramente desenvolvido por Lucas e depois por Washburn. Eles consideraram a combinação da equação de Hagen-Poiseuille e a equação de Laplace. As equações de Hagen-Poiseuille([7]) e de Laplace([8]) representam, respectivamente, o fluxo laminar em tubo cilíndrico e a magnitude da pressão capilar. A equação de Laplace é dada por:

$$\Delta P = \frac{2\gamma\cos\theta}{R} \quad (3.139)$$

Logo, inserindo a equação de Laplace na equação de Hagen-Poiseuille (e considerando o raio da coluna), obtém-se a Clássica Equação de Lucas-Washburn.

$$Q = \left(\frac{-2\gamma\cos\theta}{R\Delta z} + \rho g_z\right)\left[\frac{\pi R^4}{8\mu}\right] \quad (3.140)$$

Lucas e Washburn (1921) propuseram uma equação fenomenológica desprezando-se o efeito da gravidade, ou seja, o peso da coluna de fluido, tem-se:

$$Q = \left(\frac{\pi R^4}{8\mu}\right)\left(\frac{2\gamma\cos\theta}{L_0 R}\right), \quad (3.141)$$

---

[7] A Equação de Poiseuille representa o fluxo volumétrico (**Q**) proporcional ao gradiente de pressão (**ΔP**), de um fluido de viscosidade **η**, que passa por um tubo de seção reta de raio **R**, com comprimento **L** (KARAN *et al.*, 2010).

$$Q = \left(\frac{\pi R^4}{8\mu}\right)\left(\frac{\Delta P}{L}\right)$$

[8] A Equação de Laplace exprime uma relação entre a diferença de pressão capilar (**ΔP**) causada pelo molhamento, a tensão interfacial líquido-vapor (**γ**), o ângulo de contato (**θ**) e o raio do capilar (**r**) (ABDULLAH *et al.*, 2010):

$$\Delta P = \frac{2\gamma\cos\theta}{r}$$

Usando o fato que:

$$Q = \frac{dm}{dt} = \rho \frac{dV_0}{dt} = \rho A \frac{dL_0}{dt} = \rho \pi R^2 \frac{dL_0}{dt} \tag{3. 142}$$

então substituindo (3. 142) em (3. 141) temos:

$$\rho \frac{dL_0}{dt} = \left(\frac{2\gamma \cos\theta}{RL_0} + \rho g_z \right) \left[\frac{R^2}{8\mu} \right] \tag{3. 143}$$

Logo

$$\frac{dL_0}{dt} - \frac{1}{L_0} \frac{R\gamma \cos\theta}{4\mu\rho} - \frac{R^2 g_z}{8\mu} = 0 \tag{3. 144}$$

Logo esta equação é do tipo:

$$\frac{dL_0}{dt} - \frac{\alpha}{L_0} - \beta = 0 \tag{3. 145}$$

onde:

$$\alpha = \frac{R\gamma \cos\theta}{4\mu\rho} \text{ e } \beta = \frac{R^2 g_z}{8\mu} \tag{3. 146}$$

cuja solução é:

$$(\alpha + \beta L_0) - \alpha \ln(\alpha + \beta L_0) = \beta^2 t \tag{3. 147}$$

ou

$$\alpha[1 - \ln(\alpha + \beta L_0)] = \beta(\beta t - L_0) \tag{3. 148}$$

ou

$$\frac{1}{\alpha}\left[1 - \frac{\beta^2 t}{(\alpha + \beta L_0)}\right] = \frac{\ln(\alpha + \beta L_0)}{(\alpha + \beta L_0)} \tag{3. 149}$$

logo

$$\left(\frac{R\gamma \cos\theta}{4\mu\rho} \right) + \left(\frac{R^2 g_z}{8\mu} \right) L_0 - \left(\frac{R\gamma \cos\theta}{4\mu\rho} \right) \ln\left[\frac{R\gamma \cos\theta}{4\mu\rho} + \frac{R^2 g_z}{8\mu} L_0 \right] = \left[\frac{R^2 g_z}{8\mu} \right]^2 t \tag{3. 150}$$

ou

$$\left(\frac{R\gamma \cos\theta}{4\mu\rho} \right) \left[1 - \ln\left(\frac{R\gamma \cos\theta}{4\mu\rho} + \frac{R^2 g_z}{8\mu} L_0 \right) \right] = \left[\frac{R^2 g_z}{8\mu} \right] \left(\left(\frac{R^2 g_z}{8\mu} \right) t - L_0 \right) \tag{3. 151}$$

ou

$$\left(\frac{2\gamma\cos\theta}{Rg_z\rho}\right)\left[1-\ln\left(\left(\frac{R}{4\mu}\right)\frac{\gamma\cos\theta}{\rho}+\frac{Rg_z}{2}L_0\right)\right]=\left(\frac{R^2g_z}{8\mu}\right)t-L_0 \qquad (3.152)$$

ou ainda

$$\left[1-\ln\left(\frac{R\gamma\cos\theta}{4\mu\rho}+\frac{R^2g_z}{8\mu}L_0\right)\right]=\left[\frac{\rho g_z R}{2\gamma\cos\theta}\right]\left(\left(\frac{R^2g_z}{8\mu}\right)t-L_0\right) \qquad (3.153)$$

A expressão (3. 150) pode ser simplificada por uma expansão em série se nós desprezarmos os termos dessa série que possuam potencias maiores que L^2, ficando apenas:

$$L_0^{\,2}=\left[\frac{R\gamma\cos\theta}{2\mu\rho}-\frac{g_z}{4\mu}\right]t \qquad (3.154)$$

No modelo clássico o raio do percurso do fluido é constante. Este modelo descreve o fluxo ascendente em um feixe de tubos capilares de seção transversal circular e constante ao longo de todo seu comprimento. A dinâmica do fluxo capilar possui aspectos práticos que podem ser aplicados ao movimento de líquidos em processos de embebição. No entanto, a equação de Lucas-Washburn apresenta desvios do comportamento real atribuídos a não computação de variáveis presentes no sistema, por exemplo, a inconstância do raio do capilar ao longo do percurso do fluido (Washburn, 1921).

$$L_S(t)=\sqrt{\frac{(R\gamma\cos\theta)}{2\mu}}.t^{\frac{1}{2}}, \qquad (3.155)$$

Na Equação (3. 155), L_S representa a distância percorrida por um fluido de tensão superficial σ e viscosidade μ num capilar de raio λ fazendo um ângulo de contato θ com a superfície, em função do tempo t de ascensão.

A conversão da altura percorrida pelo fluido em massa, na equação (3. 155), é feita multiplicando a equação pela densidade ρ do fluido:

$$L(t) = \sqrt{\frac{R\gamma\cos\theta}{2\mu}t}^{1/2} \rightarrow \rho L(t) = \rho\sqrt{\frac{R\gamma\cos\theta}{2\mu}t}^{1/2} \quad (3.156)$$

A densidade do fluido (ρ) é convertida em massa (m) dividida pelo volume (V). E o volume é convertido em área (A) multiplicada pela altura de ascensão do fluido (L).

$$\frac{dm}{dV}L(t) = \rho\sqrt{\frac{R\gamma\cos\theta}{2\mu}t}^{1/2} \rightarrow \frac{m}{AL}L(t) = \rho\sqrt{\frac{R\gamma\cos\theta}{2\mu}t}^{1/2} \quad (3.157)$$

Simplificando essa equação, obtém-se uma relação de massa sorvida por área de seção transversal, como está mostrada a seguir.

$$\frac{m}{A} = \rho\sqrt{\frac{R\gamma\cos\theta}{2\mu}t}^{1/2} \quad (3.158)$$

Outras propostas para a equação da altura da coluna foram feitas por Bosanquet

$$h\frac{d^2h}{dt^2} + \left(\frac{dh}{dt}\right)^2 + \frac{8\mu_L}{\rho_L}\left(\frac{h}{R^2}\right)\frac{dh}{dt} = \frac{2\gamma_{LV}\cos\theta_e}{\rho_L R} - gh \quad (3.159)$$

Cujo resultado para $h(t=0)=0$, é:

$$v_B = \sqrt{\frac{2\gamma_{LV}\cos\theta_e}{\rho_L R}} \quad (3.160)$$

Outro modelo é porposto por Szekely-Neumann-Chuang

$$\left(h + \frac{7}{6}R\right)\frac{d^2h}{dt^2} + 1.225\left(\frac{dh}{dt}\right)^2 + \frac{8\mu_L}{\rho_L}\left(\frac{h}{R^2}\right)\frac{dh}{dt} = \frac{2\gamma_{LV}\cos\theta_e}{\rho_L R} - gh \quad (3.161)$$

E por Levine-Reed-Watson-Neale

$$\left(h + \frac{37}{66}R\right)\frac{d^2h}{dt^2} + \frac{7}{6}\left(\frac{dh}{dt}\right)^2 + \left(\frac{8}{R^2} + \frac{2}{R}\right)\frac{\mu_L}{\rho_L}\frac{dh}{dt} = \frac{2\gamma_{LV}\cos\theta_e}{\rho_L R} - gh \quad (3.162)$$

Consideremos ainda dois casos de porosidades a uniforme e a não-uniforme:

3.7.2. Caso I - Porosidade Uniforme

Considerando-se a forma irregular das partículas e as irregularidades das suas superfícies como sendo a condição geométrica formadora de um meio poroso e considerando também um raio médio do percurso do fluido determinado pelo espaço médio intersticial das partículas formadoras de uma porosidade uniforme, conforme mostra a Figura - 3. 3.

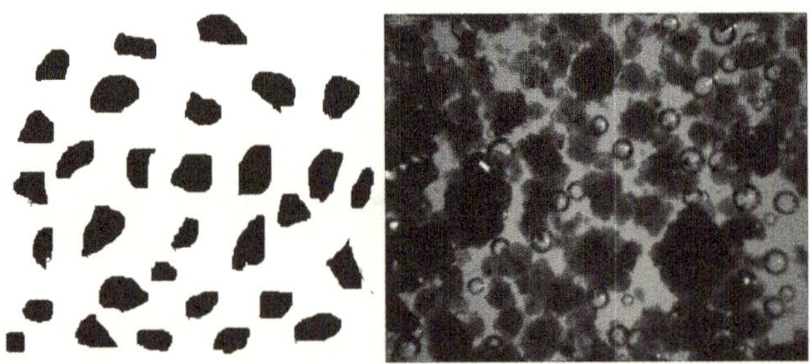

Figura - 3. 3. Sistema de particulares irregulares dispersas com porosidade uniforme

Considere a embebição de fluido em um meio cujos tipos de colunas são mostrados conforme a Figura - 3. 4:

A Figura - 3. 4 ilustra possíveis configurações para o cilindro onde ocorre o fluxo ascendente: um cilindro ideal, liso, euclidiano, considerado na equação de Lucas-Washburn e três possíveis modelos de cilindros irregulares, formados pelas partículas de polímero (CAI et al., 2011).

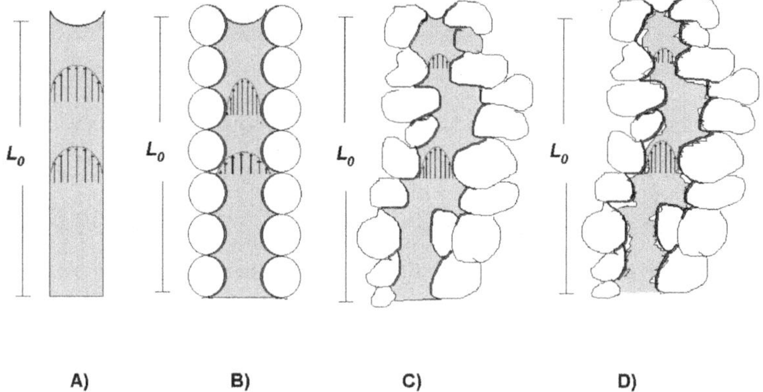

Figura - 3. 4. A – Coluna Euclidiana tratada pela equação de Lucas-Washburn; B – Coluna regular com partículas esféricas tratada com a equação de Lucas-Wasburn trocando o raio capilar pelo raio médio; C – Coluna irregular com partículas irregulares tratada com a equação de Lucas-Wasburn modificada trocando o raio capilar pelo raio médio e considerando a tortuosidade da coluna; d) Coluna irregular com partículas irregulares tratada com a equação de Lucas-Wasburn modificada trocando o raio capilar pelo raio médio e considerando a rugosidade das superfícies das partículas

Desenvolvendo-se a equação (3.134) resultante em coordenadas polares e considerando que a velocidade na direção do comprimento da coluna não varia com o ângulo polar ao redor do raio considerado, mas depende da posição radial para uma dada secção transversal da coluna obtém-se a Equação de Poiseuille.

3.7.2.1. A Equação de Hagen-Poiseuille para Porosidade Uniforme

Considerando uma porosidade uniforme onde $\nabla\varsigma = 0$ e constante no tempo $\frac{\partial\varsigma}{\partial t} = 0$ a equação (3.134) fica:

$$\left[-\nabla P + \mu\nabla.(\nabla\vec{v})\right]\varsigma = \varsigma\rho\left[(\vec{v}.\nabla)\vec{v} + \frac{\partial\vec{v}}{\partial t}\right] \tag{3.163}$$

logo

$$\left[-\nabla P + \mu\nabla.(\nabla\vec{v})\right] = \rho\left[(\vec{v}.\nabla)\vec{v} + \frac{\partial\vec{v}}{\partial t}\right] \tag{3.164}$$

ou

$$\nabla.(\nabla\vec{v}) - \nabla P - \frac{\rho}{\mu}\left[(\vec{v}.\nabla)\vec{v} + \frac{\partial\vec{v}}{\partial t}\right] = 0 \qquad (3.165)$$

Agora passando a equação (3.165) para coordenadas cilíndricas e considerando que a velocidade na direção do comprimento z da coluna não varia com o ângulo polar ($v_\theta = 0$) ao redor do raio r considerado ($v_r = 0$), mas depende da posição radial para uma dada secção transversal da coluna ($v_z = v(r)$), passa-se a ter:

Para r:

$$\begin{aligned} &\rho g_r + \mu\left[\frac{\partial^2 v_r}{\partial r^2} + \frac{1}{r^2}\frac{\partial^2 v_r}{\partial \theta^2} + \frac{\partial^2 v_r}{\partial z^2} + \frac{1}{r}\frac{\partial v_r}{\partial r} - \frac{2}{r^2}\frac{\partial v_\theta}{\partial \theta} - \frac{v_r}{r^2}\right] - \frac{\partial P}{\partial r} = \\ &\rho\left[v_r\frac{\partial v_r}{\partial r} + \frac{v_\theta}{r}\frac{\partial v_r}{\partial \theta} + v_z\frac{\partial v_r}{\partial z} - \frac{v_\theta^2}{r} + \frac{\partial v_r}{\partial t}\right] \end{aligned} \qquad (3.\ 166)$$

Para θ:

$$\begin{aligned} &\rho g_\theta + \mu\left[\frac{\partial^2 v_\theta}{\partial r^2} + \frac{1}{r^2}\frac{\partial^2 v_\theta}{\partial \theta^2} + \frac{\partial^2 v_\theta}{\partial z^2} + \frac{1}{r}\frac{\partial v_\theta}{\partial r} - \frac{2}{r^2}\frac{\partial v_r}{\partial \theta} - \frac{v_\theta}{r^2}\right] - \frac{1}{r}\frac{\partial P}{\partial \theta} = \\ &\rho\left[v_r\frac{\partial v_\theta}{\partial r} + \frac{v_\theta}{r}\frac{\partial v_\theta}{\partial \theta} + v_z\frac{\partial v_\theta}{\partial z} + \frac{v_r v_\theta}{r} + \frac{\partial v_\theta}{\partial t}\right] \end{aligned} \qquad (3.\ 167)$$

Para z:

$$\begin{aligned} &\rho g_z + \mu\left[\frac{\partial^2 v_z}{\partial r^2} + \frac{1}{r^2}\frac{\partial^2 v_z}{\partial \theta^2} + \frac{\partial^2 v_z}{\partial z^2} + \frac{1}{r}\frac{\partial v_z}{\partial r} - \frac{\partial P}{\partial z}\right] = \\ &\rho\left[v_r\frac{\partial v_z}{\partial r} + \frac{v_\theta}{r}\frac{\partial v_z}{\partial \theta} + v_z\frac{\partial v_z}{\partial z} + \frac{\partial v_z}{\partial t}\right] \end{aligned} \qquad (3.\ 168)$$

E a equação da conservação de massa (equação da continuidade) para o sistema em coordenadas polares fica:

$$\frac{1}{r}\frac{\partial(rv_r)}{\partial r} + \frac{1}{r}\frac{\partial v_\theta}{\partial \theta} + \frac{\partial v_z}{\partial z} = 0 \qquad (3.\ 169)$$

Considerando o estado estacionário, onde $\frac{\partial v_z}{\partial t} = 0$ e aplicando as condições de contorno nas equações (3. 168) onde $v_z = v(r)$ e sabendo que o fluido não possui velocidade radial, isto é, $v_r = 0$, e nem rotaciona a medida que avança ao subir a coluna, isto é, $v_\theta = 0$. Então a equação (3. 168) passa a ser escrita como:

$$\rho g_z + \mu\left[\frac{\partial^2 v_z}{\partial r^2} + +\frac{\partial^2 v_z}{\partial z^2} + \frac{1}{r}\frac{\partial v_z}{\partial r}\right] - \frac{\partial P}{\partial z} = \rho\left[v_r\frac{\partial v_z}{\partial r} + v_z\frac{\partial v_z}{\partial z}\right] \qquad (3.\ 170)$$

Para simplificar a equação (3. 170), eliminando uma das variáveis para deixá-la em termos de uma única variável, deriva-se ela em relação a z:

$$\frac{\partial}{\partial z}(\rho g_z) + \frac{\partial}{\partial z}\left\{\mu\left[\frac{\partial^2 v_z}{\partial r^2} + +\frac{\partial^2 v_z}{\partial z^2} + \frac{1}{r}\frac{\partial v_z}{\partial r}\right]\right\} - \frac{\partial}{\partial z}\left(\frac{\partial p}{\partial z}\right) = \frac{\partial}{\partial z}\left(\rho\left[v_r\frac{\partial v_z}{\partial r} + v_z\frac{\partial v_z}{\partial z}\right]\right)$$

$$-\frac{\partial}{\partial z}\left(\frac{\partial p}{\partial z}\right) = 0 \qquad (3.\ 171)$$

$$-\frac{\partial^2 p}{\partial z^2} = 0$$

Chamando $\alpha = -\frac{\partial p}{\partial z}$, então $P = -\alpha z$. Então voltando à equação (3. 170) fazendo a substituição proposta obtém-se:

$$\rho g_z + \mu\left[\frac{\partial^2 v_z}{\partial r^2} + +\frac{\partial^2 v_z}{\partial z^2} + \frac{1}{r}\frac{\partial v_z}{\partial r}\right] + \alpha = \rho\left[v_r\frac{\partial v_z}{\partial r} + v_z\frac{\partial v_z}{\partial z}\right]$$

$$\rho g_z + \mu\left[\frac{\partial^2 v_z}{\partial r^2} + \frac{1}{r}\frac{\partial v_z}{\partial r}\right] + \alpha = 0 \qquad (3.\ 172)$$

$$\mu\left[\frac{\partial^2 v_z}{\partial r^2} + \frac{1}{r}\frac{\partial v_z}{\partial r}\right] = -(\alpha + \rho g_z)$$

E ainda

$$\mu\frac{1}{r}\frac{\partial}{\partial r}\left(r\frac{\partial v_z}{\partial r}\right) = -(\alpha + \rho g_z)$$

$$\frac{\partial}{\partial r}\left(r\frac{\partial v_z}{\partial r}\right) = -\frac{r}{\mu}(\alpha + \rho g_z)$$

$$\int \partial\left(r\frac{\partial v_z}{\partial r}\right) = \int -\frac{r}{\mu}(\alpha + \rho g_z)\partial r$$

$$r\frac{\partial v_z}{\partial r} = -\frac{(\alpha + \rho g_z)}{\mu}\frac{r^2}{2} + C_1 \qquad (3.\ 173)$$

$$\int \partial v_z = \int\left(-\frac{(\alpha + \rho g_z)}{\mu}\frac{r}{2} + \frac{C_1}{r}\right)\partial r$$

$$v_z = -\frac{(\alpha + \rho g_z)}{2\mu}\frac{r^2}{2} + C_1 \ln r + C_2$$

Esta última equação, (3. 173), para $r \to 0$, $\ln r \to 0$ então $C_1 = 0$. E também a velocidade na parede do tubo é nula, ou seja, $v(\langle R\rangle) = v(-\langle R\rangle) = 0$, onde R representa o raio do tubo. Então para determinar a constante C_2 aplica estas condições de contorno:

$$v_z(\langle R\rangle) = -\frac{(\alpha + \rho g_z)}{4\mu}\langle R\rangle^2 + C_2 = 0 \qquad (3.\ 174)$$

$$-\frac{(\alpha + \rho g_z)}{4\mu}\langle R\rangle^2 = -C_2 \qquad (3.\ 175)$$

$$C_2 = \frac{(\alpha + \rho g_z)}{4\mu}\langle R\rangle^2 \qquad (3.\ 176)$$

Voltando à equação (3. 173) e substituindo C_1 e C_2 e lembrando que $\alpha = \frac{-\partial p}{\partial z}$ a equação (3. 173) obtém-se a Equação de Poiseuille dada por.

$$v_z(r) = \left(\frac{-\partial p}{\partial z} + \rho g_z\right)\frac{1}{4\mu}(\langle R\rangle^2 - r^2) \qquad (3.\ 177)$$

$$v_z(r) = -\left(\frac{\alpha + \rho g_z}{4\mu}\right)r^2 + \left(\frac{\alpha + \rho g_z}{4\mu}\right)\langle R\rangle^2$$

$$v_z(r) = \left(\frac{\alpha + \rho g_z}{4\mu}\right)\left(\langle R\rangle^2 - r^2\right) \qquad (3.\ 178)$$

$$v_z(r) = \left(\frac{-\partial p}{\partial z} + \rho g_z\right)\frac{1}{4\mu}(\langle R\rangle^2 - r^2)$$

Esta é a equação do campo de velocidades para um tubo cilíndrico que possui um perfil parabólico na direção z em função de r.

3.7.2.2. A velocidade média de ascensão capilar e a vazão média para Porosidade Uniforme

Podemos integrar a velocidade na equação (3. 178) em função da área e dividir essa integral pela área total da secção transversal do cilindro para obter a velocidade média no sentido de Z:

$$v_m = \frac{1}{A}\int v_z(r)dA \tag{3. 179}$$

ou seja

$$\begin{aligned}
v_m &= \frac{1}{A}\int v_z(r)dA = \frac{1}{A}\int\left(\frac{-\partial p}{\partial z} + \rho g_z\right)\frac{1}{4\mu}(\langle R\rangle^2 - r^2)dA \\
v_m &= \int \frac{v_z(r)dA}{A} = \left(\frac{-\partial p}{\partial z} + \rho g_z\right)\frac{1}{4\mu}\int_0^R \frac{(\langle R\rangle^2 - r^2)dA}{A} \\
v_m &= \int \frac{v_z(r)dA}{A} = \left(\frac{-\partial p}{\partial z} + \rho g_z\right)\frac{1}{4\mu}\int_0^R \frac{(\langle R\rangle^2 - r^2)2\pi r dr}{\pi\langle R\rangle^2} \\
v_m &= \left(\frac{-\partial p}{\partial z} + \rho g_z\right)\frac{1}{2\mu}\int_0^R \frac{(\langle R\rangle^2 - r^2)rdr}{\langle R\rangle^2} \\
v_m &= \left(\frac{-\partial p}{\partial z} + \rho g_z\right)\frac{1}{2\mu\langle R\rangle^2}\int_0^R (\langle R\rangle^2 - r^2)rdr \\
v_m &= \left(\frac{-\partial p}{\partial z} + \rho g_z\right)\frac{1}{2\mu\langle R\rangle^2}\int_0^R (\langle R\rangle^2 - r^2)rdr \\
v_m &= \left(\frac{-\partial p}{\partial z} + \rho g_z\right)\frac{1}{2\mu\langle R\rangle^2}\left[(\langle R\rangle^2\langle R\rangle^2 - \frac{\langle R\rangle^4}{4})\right] \\
v_m &= \left(\frac{-\partial p}{\partial z} + \rho g_z\right)\frac{1}{\mu\langle R\rangle^2}\left[\frac{\langle R\rangle^4}{8}\right]
\end{aligned} \tag{3. 180}$$

Logo a velocidade média é dada por:

$$v_m = \left(\frac{-\partial p}{\partial z} + \rho g_z\right)\left[\frac{\langle R\rangle^2}{8\mu}\right] \tag{3. 181}$$

Para se obter a Vazão Q (volume/tempo) no sentido de z, multiplica-se a velocidade média pela área da secção transversal do cilindro, isto é:

$$Q_m = Av_m \tag{3. 182}$$

logo

$$Q_m = \pi\langle R\rangle^2\left(\frac{-\partial p}{\partial z} + \rho g_z\right)\left[\frac{\langle R\rangle^2}{8\mu}\right] \tag{3. 183}$$

Lembrando que $\frac{\partial p}{\partial z} \cong \frac{\Delta p}{\Delta z}$, podemos escrever:

$$Q = \left(\frac{-\Delta p}{\Delta z} + \rho g_z\right)\left[\frac{\pi \langle R \rangle^4}{8\mu}\right] \quad (3.184)$$

Permite calcular a vazão média dada por:

$$Q = \left(\frac{-\Delta p}{\Delta z} + \rho g_z\right)\left[\frac{\pi \langle R \rangle^4}{8\mu}\right], \quad (3.185)$$

Esta é a equação de Hagen-Poiseuille que representa a vazão média de fluido que escoa por uma coluna cilíndrica vertical. Para se chegar a equação que descreve o fluxo capilar em um meio poroso é preciso ainda equacionar a fração volumétrica disponível ς da equação (3.137) em termos de algum modelo geométrico como o modelo fractal, por exemplo.

3.7.2.3. Equação de Lucas-Wasburn para Porosidade Uniforme

Este modelo descreve o fluxo ascendente em um feixe de tubos capilares de seção transversal circular e constante ao longo de todo seu comprimento. A dinâmica do fluxo capilar possui aspectos práticos que podem ser aplicados ao movimento de líquidos em processos de embebição. No entanto, a equação de Lucas-Washburn apresenta desvios do comportamento real atribuídos a não computação de variáveis presentes no sistema, por exemplo, a inconstância do raio do capilar ao longo do percurso do fluido (Washburn, 1921).

$$L_S(t) = \sqrt{\frac{(\langle R \rangle \gamma \cos\theta)}{2\mu}\left(\frac{dA_0}{dA}\right)}.t^{\frac{1}{2}}, \quad (3.186)$$

Na Equação (1), L_S representa a distância percorrida por um fluido de tensão superficial σ e viscosidade μ num capilar de raio λ fazendo um ângulo de contato θ com a superfície, em função do tempo t de ascensão.

A conversão da altura percorrida pelo fluido em massa, na Equação 1, é feita multiplicando a equação pela densidade ρ do fluido:

$$L(t) = \sqrt{\frac{\langle R\rangle \gamma \cos\theta}{2\mu}\left(\frac{dA_0}{dA}\right)}t^{1/2} \rightarrow \rho L(t) = \rho\sqrt{\frac{\langle R\rangle \gamma \cos\theta}{2\mu}\left(\frac{dA_0}{dA}\right)}t^{1/2} \tag{3. 187}$$

A densidade do fluido (ρ) é convertida em massa (m) dividida pelo volume (V). E o volume é convertido em área (A) multiplicada pela altura de ascensão do fluido (L).

$$\frac{dm}{dV}L(t) = \rho\sqrt{\frac{\langle R\rangle \gamma \cos\theta}{2\mu}\left(\frac{dA_0}{dA}\right)}t^{1/2} \rightarrow \frac{m}{AL}L(t) = \rho\sqrt{\frac{\langle R\rangle \gamma \cos\theta}{2\mu}\left(\frac{dA_0}{dA}\right)}t^{1/2} \tag{3. 188}$$

Simplificando a equação, obtém-se uma relação de massa sorvida por área de seção transversal, na Equação 2 a seguir.

$$\frac{m}{A} = \rho\sqrt{\frac{\langle R\rangle \gamma \cos\theta}{2\mu}\left(\frac{dA_0}{dA}\right)}t^{1/2} \tag{3. 189}$$

3.7.3 - Caso II - Porosidade Não-Uniforme

Considerando-se a forma irregular das partículas e as irregularidades das suas superfícies como sendo a condição geométrica formadora de um meio poroso e considerando também um raio médio do percurso do fluido determinado pelo espaço médio intersticial das partículas formadoras de uma porosidade não-uniforme, conforme mostra a Figura - 3. 5

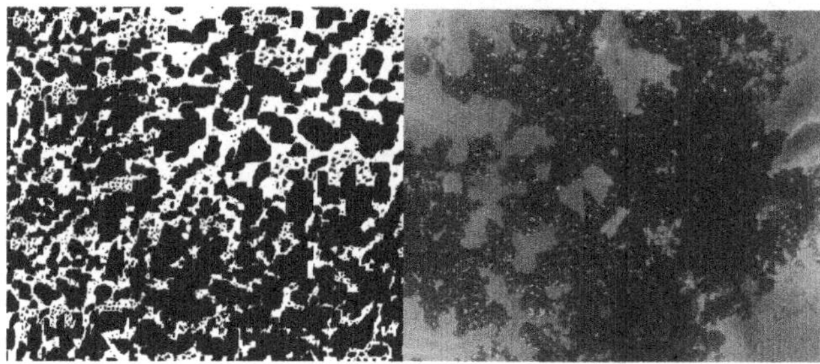

Figura - 3. 5. Sistema de particulares irregulares dispersas com porosidade não-uniforme

Portanto, nas secções seguintes será desenvolvido o modelo fractal para a fração volumétrica dsiponível no meio poroso, denotado pela letra grega ς (xi), e que pode ser ocupada pelo fluido por ocasião da embebição. Para considerar o fluxo capilar é preciso modelar também o angulo de contato e a tensão superficial em termos da rugosidade superficial das partículas do meio poroso que se tornam responsáveis pela conseqüente modificação da equação de Laplace. Porque a equação de Laplace é que relaciona o ângulo de contato com a tensão superficial em um tubo capilar. Sendo assim, a equação de Lucas-Wasburn modificada poderá ser obtida a partir da composição das equações de fluxo embebido no meio poroso com a equação de Laplace modificada.

3.7.3.1. Tratamento Fractal da Tortuosidade da Coluna de Resina

Considere a coluna de embebição de um fluido em um meio poroso conforme, mostra a Figura - 3. 6.

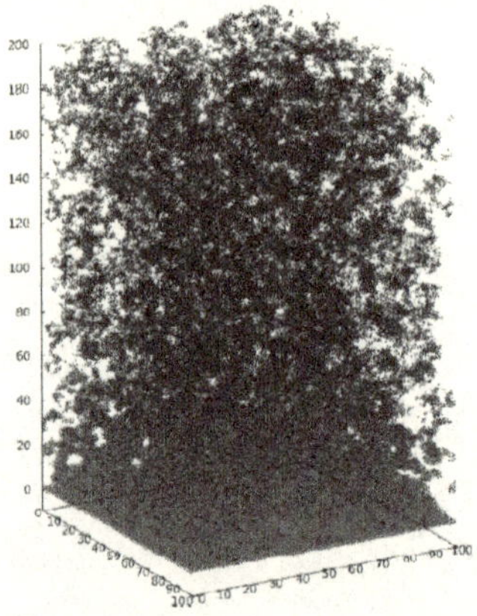

Figura - 3. 6. A – Aspecto Volumétrico de um coluna porosa irregular (Leone, F., arXiv:1103.5370v1 [cond-mat.dis-nn], 28 Mar 2011.).

O caminho percorrido pelo fluido ao longo da coluna é um caminho tortuoso, de comprimento L, e de acordo com a Figura - 3. 4, ele pode ser modelado pela geometria fractal. A equação que relaciona esse caminho tortuoso do fluido com a altura aparente L_0 da coluna do fluido é dado por:

$$L = L_0 \sqrt{1 + \left(\frac{\delta_l}{L_0} \right)^{2H-2}} \quad (3.190)$$

Onde δ_l é um tamanho mínimo característico do caminho tortuoso, como por exemplo, o tamanho da menor partícula que determina a tortuosidade desse caminho. $D_f = 2 - H$ é a dimensão fractal (dimensão de caixa) do caminho tortuoso.

3.7.3.2. Tratamento Fractal da Rugosidade da Superfície do Fluido

Considere a altura aparente da coluna de embebição da Figura - 3. 7. Nessa figura observa-se que a superfície do fluido apresenta um tipo de "rugosidade" que também pode ser modelada pela geometria fractal. Nessa caso podemos escrever a largura da coluna em função do comprimento rugoso na direção horizontal, da seguinte forma:

$$R = R_0 \left(\frac{\delta_t}{R_0} \right)^{d-D_t} \quad (3.191)$$

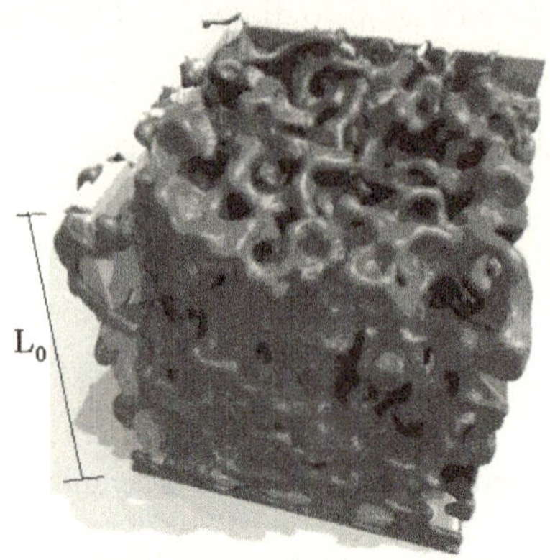

Figura - 3. 7. A – Aspecto da superfície de embebição de um coluna retangular porosa irregular (Drainage and imbibition in natural porous media; https://www.youtube.com/watch?v=ucqgRo6Fd_c).

A fração de volume irregular pode ser dada pelo modelo geométrico fractal da coluna porosa. Se a geometria é cilíndrica podemos modelar essa geometria, fazendo

$$V = \pi R^2 L \tag{3.192}$$

Logo substituindo (3.190) em (3.192) tem-se:

$$V = \pi R_0^2 \left(\frac{\delta_t}{R_0}\right)^{d-D} L_0 \sqrt{1 + \left(\frac{\delta_l}{L_0}\right)^{2H-2}} \tag{3.193}$$

Considerando que $\delta_t = \delta_l = \delta_0$, para $H = 2 - D_f$ temos:

$$V = \pi R_0^2 \left(\frac{\delta_0}{R_0}\right)^{d-D_f} L_0 \sqrt{1 + \left(\frac{\delta_0}{L_0}\right)^{2(2-D_f)-2}} \tag{3.194}$$

Ou

$$V = V_0 \left(\frac{\delta_0}{R_0}\right)^{d-D_f} \sqrt{1 + \left(\frac{\delta_0}{L_0}\right)^{2-2D_f}} \tag{3.195}$$

onde

$$\varsigma = \frac{dV}{dV_0} = \left(\frac{\delta_0}{R_0}\right)^{d-D_f}\left[\frac{1+\left(d+1-D_f\right)\left(\frac{\delta_0}{L_0}\right)^{d-D_f}}{\sqrt{1+\left(\frac{\delta_0}{L_0}\right)^{2-2D_f}}}V_0 + \left(D_f - d + 1\right)\sqrt{1+\left(\frac{\delta_0}{L_0}\right)^{2-2D_f}}\right] \tag{3.196}$$

Se a altura da coluna for muito grande compara com seu comprimento de tal forma que o limite da equação (3.195) $\sqrt{1+\left(\frac{\delta_0}{L_0}\right)^{2-2D_f}} \to 1$, então o volume irregular pode ser dada considerando-se essa coluna como sendo um fractal auto similar,

$$V = V_0\left(\frac{\delta_t}{L_0}\right)^{d-D} \tag{3.197}$$

Logo

$$\varsigma = \frac{dV}{dV_0} = (D-d+1)\left(\frac{\delta_t}{L_0}\right)^{d-D} \tag{3.198}$$

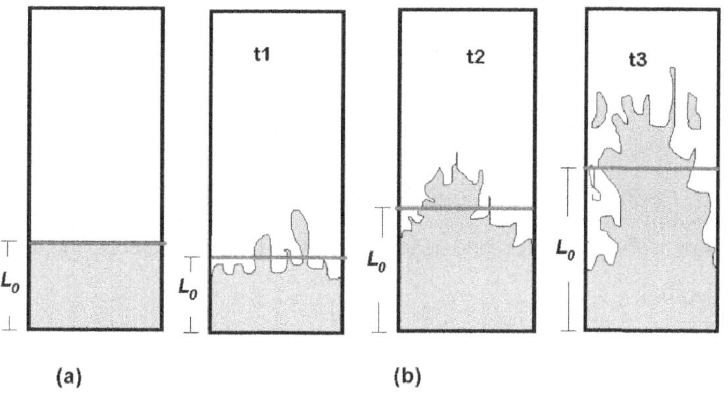

Figura - 3. 8. A – a) Coluna de Lucas-Wasburn; b) Coluna de Lucas-Wasburn em vários tempos de subida em um meio poroso, mostrando a altura aparente, L_0.

Substituindo (3.198) em (3.137) temos:

$$
\begin{aligned}
&[-\nabla P + \mu\nabla.(\nabla\vec{v})](D-d+1)\left(\frac{\delta_t}{L_0}\right)^{d-D} + \frac{5}{3}\mu\nabla^2\left((D-d+1)\left(\frac{\delta_t}{L_0}\right)^{d-D}\right)\vec{v} = \\
&\rho\left[(D-d+1)\left(\frac{\delta_t}{L_0}\right)^{d-D}(\vec{v}.\nabla)\vec{v} + \vec{v}(\vec{v}.\nabla)\left((D-d+1)\left(\frac{\delta_t}{L_0}\right)^{d-D}\right)\right]
\end{aligned}
\qquad (3.199)
$$

Por outro lado, considerando-se a derivada da equação (3.195) em termos de V_0 podemos escrever a expressão geral para a fração volumétrica disponível $\varsigma = dV/dV_0$ da seguinte forma:

$$
\begin{aligned}
&[-\nabla P + \mu\nabla.(\nabla\vec{v})]\left(\frac{\delta_0}{R_0}\right)^{d-D_f}\left[\frac{1+(d+1-D_f)\left(\frac{\delta_0}{L_0}\right)^{d-D_f}}{\sqrt{1+\left(\frac{\delta_0}{L_0}\right)^{2-2D_f}}}V_0 + (D_f-d+1)\sqrt{1+\left(\frac{\delta_0}{L_0}\right)^{2-2D_f}}\right] \\
&+\frac{5}{3}\mu\nabla^2\left(\frac{\delta_0}{R_0}\right)^{d-D_f}\left[\frac{1+(d+1-D_f)\left(\frac{\delta_0}{L_0}\right)^{d-D_f}}{\sqrt{1+\left(\frac{\delta_0}{L_0}\right)^{2-2D_f}}}V_0 + (D_f-d+1)\sqrt{1+\left(\frac{\delta_0}{L_0}\right)^{2-2D_f}}\right]\vec{v} = \\
&\rho\left[(D-d+1)\left(\frac{\delta_t}{L_0}\right)^{d-D}(\vec{v}.\nabla)\vec{v} + \vec{v}(\vec{v}.\nabla)\left(\frac{\delta_0}{R_0}\right)^{d-D_f}\left[\begin{array}{l}\dfrac{1+(d+1-D_f)\left(\frac{\delta_0}{L_0}\right)^{d-D_f}}{\sqrt{1+\left(\frac{\delta_0}{L_0}\right)^{2-2D_f}}}V_0 \\ +(D_f-d+1)\sqrt{1+\left(\frac{\delta_0}{L_0}\right)^{2-2D_f}}\end{array}\right]\right]
\end{aligned}
\qquad (3.200)
$$

Conforme já foi dito anteriormente, a equação de Lucas-Washburn é obtida pela composição da equação de Laplace com a equação de Poiseuille.

3.7.3.3. A Equação de Laplace Modificada pela Rugosidade

O fluido de embebição entra em contato com as partículas da resina que possui partículas irregulares com uma superfície altamente rugosa, conforme mostra a Figura - 3. 9. Por esta razão é preciso modificar a equação de Laplace que leva em conta a energia de superfície de um fluido em contato com uma superfície sólida.

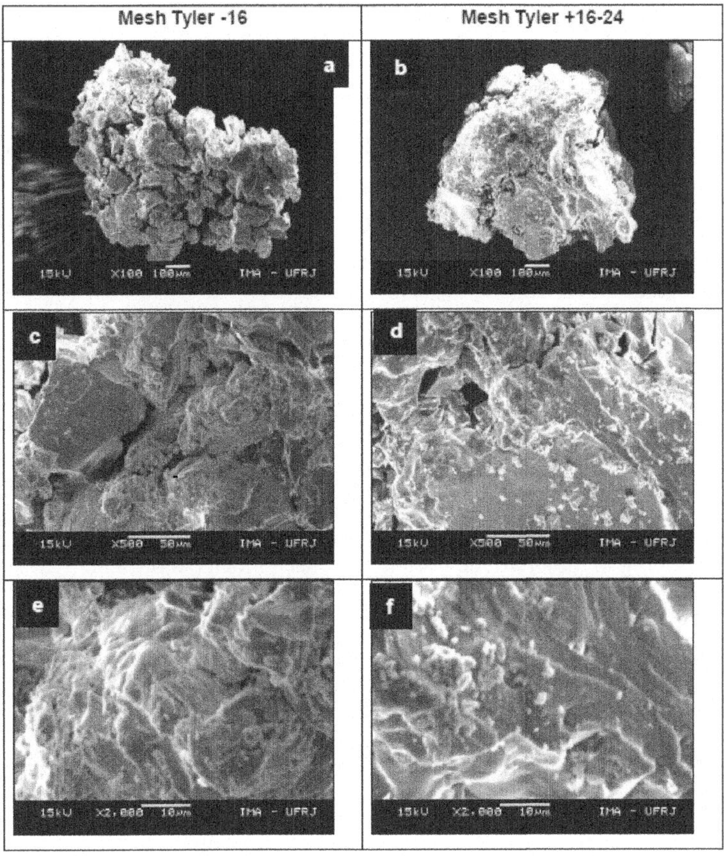

Figura - 3. 9. Micrografia das partículas irregulares da resina fenólica com uma superfície altamente rugosa.

A partir de agora vamos modelar a fenomenologia da rugosidade das partículas do meio poroso e o caminho tortuoso do fluido cujos modelos serão aplicados na modificação da Equação de Lucas-Washburn. O sistema proposto é uma coluna recheada com partículas de resina fenólica, obtida de fontes renováveis, empacotadas em uma coluna de polietileno, que será embebido por compostos orgânicos de diferentes polaridades.

A teoria fractal é uma ferramenta capaz de descrever padrões irregulares morfológicos que apresentam alguma similaridade em diferentes escalas de ampliação. Ou seja, uma mesma forma de uma parte de uma estrutura em diferentes tamanhos. Esta teoria tem possibilitado o trato de fenômenos físicos em termos de uma descrição matemática mais autêntica, que leva em conta os aspectos irregulares ou a rugosidade estrutural. No entanto, é necessária a conversão da descrição dos fenômenos considerados na geometria euclidiana para a geometria fractal.

Devido a rugosidade das partículas da coluna de embebição([9]), neste trabalho, optou-se por descrever o problema da embebição com variáveis de contorno em termos da rugosidade fractal das estruturas aqui estudadas com o objetivo de tornar a equação mais representativa do fenômeno real de embebição. A idéia básica consiste em trocar os comprimentos, áreas e volumes projetados, isto é, lisos (denotado pelo subscrito "0") pelos comprimentos, áreas e volumes que apresentam rugosidades reais. Matematicamente, isto significa passar, simplesmente, o contorno liso ou projetado dAo para o contorno rugoso, dA, usando apenas uma simples transformação de coordenadas pela regra da cadeia. Conforme exemplificado na Equação (6) (ALVES, 2011).

$$dA(x,y) = \frac{dA}{dA_0} dA_0 \qquad (3.201)$$

---

[9] superfície rugosa contribui para o aumento da superfíce de contato e então contribui para a embebição

Na Equação (6), dA representa um elemento de área fractal em função de dois comprimento (x e y) e dA0 representa um elemento de área euclidiana. A Figura - 3. 10 ilustra a projeção de um contorno rugoso A para um contorno liso A0, a configuração utilizada sem levar em conta a teoria dos fractais (ALVES, 2011).

Figura - 3. 10. Mudança do contorno rugoso A para o contorno projetado A0

Basicamente, a justificativa da escolha da teoria dos fractais pode ser feita pela comparação entre os meios. Na equação de Lucas-Washburn o caminho percorrido pelo fluido é um tubo capilar liso e sem obstáculos, possuindo um volume total V. Em um meio poroso existe um impedimento de ocupação de uma fração do volume V que não pode ser ocupado devido à presença das partículas. A teoria fractal calcula este termo de fração de volume disponível para ocupação considerando a irregularidade superficial das partículas, tornando mais próximo do real o valor do volume disponível para o fluido.

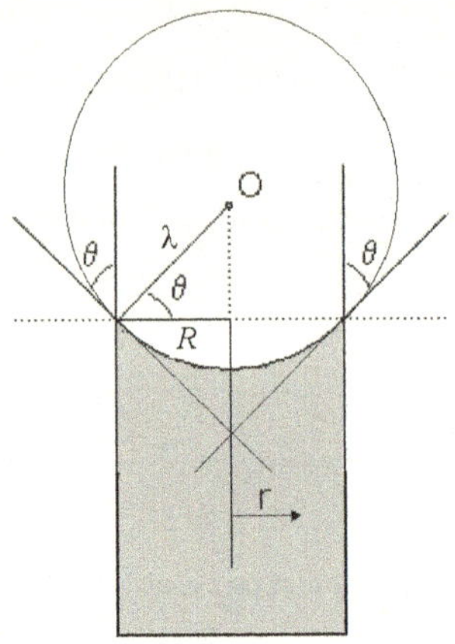

Figura - 3. 11. Angulo de contato em um menisco capilar e a relação entre os raio do menisco e do capilar.

O equilíbrio entre as forças de pressão e a tensão de superfície devido a tensão superficial γ é dada por:

$$F - F_{\gamma} = 0 \tag{3. 202}$$

onde

$$F = \int \Delta P \left(\frac{dA}{dA_0} \right) dA_0 \tag{3. 203}$$

e a força devido a tensão superficial é dada por:

$$F_{\gamma} = 2\pi\lambda\gamma \tag{3. 204}$$

Onde λ é o raio do menisco. Logo, para um cilindro de área de secção transversal $A = \pi R^2$, temos:

$$\Delta P \left(\frac{dA}{dA_0} \right) \pi\lambda^2 = 2\pi\lambda\gamma \tag{3. 205}$$

Portanto, de acordo com a equação de Laplace a variação de pressão ΔP devido à capilaridade é dada por:

$$\Delta P = \frac{2\gamma}{\lambda} \left(\frac{dA_0}{dA} \right) \tag{3. 206}$$

A relação entre o raio do capilar r e o raio do menisco R é dada por:

$$R = \lambda \cos\theta \tag{3.207}$$

Logo em função do raio do capilar temos:

$$\Delta P = \frac{2\gamma \cos\theta}{R}\left(\frac{dA_0}{dA}\right) \tag{3.208}$$

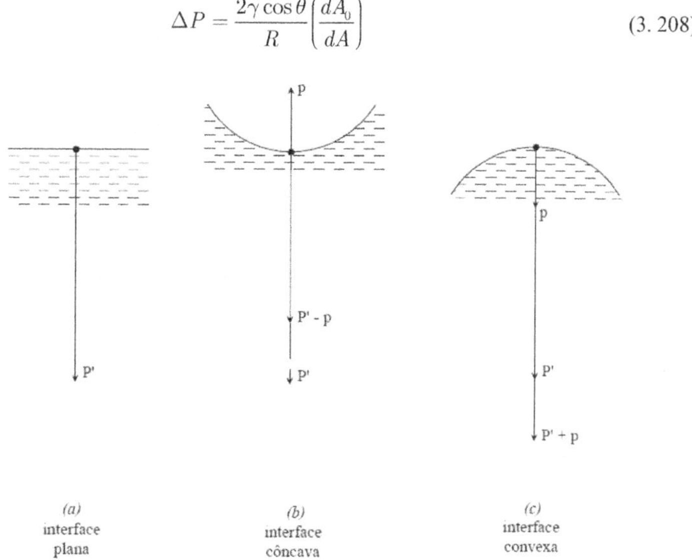

Figura - 3. 12. Diferentes meniscos com diferentes angulos de contato.

Considerando a pressão devido à altura da coluna como sendo dada por:

$$\Delta P = \rho g L_0 \tag{3.209}$$

temos:

$$L_0 = \frac{2\gamma \cos\theta}{\rho g R}\left(\frac{dA_0}{dA}\right) \tag{3.210}$$

Observe que essa equação mostra a principio que quanto mais tortuosa for a coluna e mais rugosa for a superfícies das partículas da coluna menos será a altura aparente L_0 do líquido na coluna.

3.7.3.4. Modelos de Embebição Capilar Porosidade Uniforme e Não-Uniforme:

A modificação da Equação de Lucas-Washburn parte das equações que a originaram, ou seja, a equação de Poiseuille Modificada e a equação de Laplace Modificada.

Pode-se ajustar o termo de tensão superficial inserindo um termo termo representativo da rugosidade das partículas[10], obtido pela teoria fractal, para se obter a equação de Poiseuille modificada

$$Q = \varsigma\left(\frac{-\Delta p}{\Delta z} + \rho g_z\right)\left[\frac{\pi\langle R\rangle^4}{8\mu}\right] \tag{3. 211}$$

Inserindo a equação de Laplace na equação de Poiseuille (considerando o raio médio das partículas), será obtida a Equação de Lucas-Washburn modificada.

$$Q = \varsigma\left(\frac{-2\gamma\cos\theta}{\langle R\rangle\Delta z}\left(\frac{dA_0}{dA}\right) + \rho g_z\right)\left[\frac{\pi\langle R\rangle^4}{8\mu}\right] \tag{3. 212}$$

Usando o fato que:

$$Q = \frac{dM}{dt} = \rho\frac{dV}{dt} = \rho\frac{dV_0}{dt}\frac{dV}{dV_0} = \rho\varsigma\langle A\rangle\frac{dL_0}{dt} = \rho\varsigma\pi\langle R\rangle^2\frac{dL_0}{dt} \tag{3. 213}$$

Considerando um comprimento fractal para a coluna temos que:

$$\Delta z = L_0 = -\frac{L}{\varsigma} \tag{3. 214}$$

logo $\frac{dL}{dt} = \varsigma\frac{dL_0}{dt}$. Substituindo-se este resultado em (3. 213) temos:

$$Q = \frac{dM}{dt} = \rho\pi\langle R\rangle^2\frac{dL}{dt} \tag{3. 215}$$

então

---

[10] será descrito uma equação baseados no tamanho médio das partículas, onde tem-se o fluxo capilar em um tubo de raio R. Portanto, na verdade o termo inserido é uma fração que corresponde ao espaço disponível para ocupação pelo líquido

$$\rho\frac{dL}{dt}=\left(\frac{2\gamma\cos\theta}{\langle R\rangle L}\left(\frac{dA_0}{dA}\right)\varsigma+\rho g_z\right)\left[\frac{\langle R\rangle^2}{8\mu}\right] \tag{3.216}$$

Logo

$$\frac{dL}{dt}-\left(\frac{1}{L}\right)\frac{2\langle R\rangle^2\gamma\cos\theta}{8\mu\rho}\left(\frac{dA_0}{dA}\right)\varsigma-\frac{\langle R\rangle^2 g_z}{8\mu}=0 \tag{3.217}$$

cuja solução

$$\begin{gathered}\left(\frac{\langle R\rangle\gamma\cos\theta}{4\mu\rho}\right)\left(\frac{dA_0}{dA}\right)+\left(\frac{\langle R\rangle^2 g_z}{8\mu}\right)L_0- \\ \left(\frac{\langle R\rangle\gamma\cos\theta}{4\mu\rho}\right)\left(\frac{dA_0}{dA}\right)\ln\left[\frac{\langle R\rangle\gamma\cos\theta}{4\mu\rho}\left(\frac{dA_0}{dA}\right)+\frac{\langle R\rangle^2 g_z}{8\mu}L_0\right]=\left[\frac{\langle R\rangle^2 g_z}{8\mu}\right]^2 t\end{gathered} \tag{3.218}$$

A variação do raio do percurso do fluido é representada por um termo de raio médio do espaço intersticial em função do tamanho das partículas que constituem o meio poroso. A descrição da superfície irregular das partículas deve ser feita pela utilização de uma teoria para os meios irregulares.

$$A=A_0\sqrt{1+\left(\frac{\delta_l}{L_0}\right)^{2H-2}} \tag{3.219}$$

3. 8 – Referências

Abdullah, M.A; Rahmah, A.U; Man, Z. Physicochemical and sorption characteristics of Malaysian Ceiba pentandra (L.) Gaertn. as a natural oil sorbent. Journal of Hazardous Materials. n. 177, p. 683-691, 2010.

Alves, L.M. Modelagem e simulação do campo contínuo com irregularidades: Aplicações em Mecânica da Fratura com Rugosidade. 2011.313 p. Tese (Doutorado)- Programa de Pós-Graduação em Métodos Numéricos em Engenharia - Universidade Federal do Paraná - Campus III – Centro Politécnico, Curitiba, 2011.

Cai, J; Yu, B. A discussion of the effect of tortuosity on the capillary imbibitions in porous media. Transp. Porous Med. n.89, p.251–263, 2011.

Fox, R.W.; McDonald, A.T.; Pritcherd, P.J. Tradução de Koury, R.N.N.; FRANÇA, G.A.C. Introdução à mecânica dos fluidos. 6. Ed. Rio de Janeiro: Livros Técnicos e Científicos, 2006. 798 p.

Karan, C.P; Rengasamy, R.S; Das, D. Oil spill cleanup by structured fibre assembly. Indian Journal of Fibre & Textile Research. v. 36, p. 190-200, jun 2011.

Leone, F. Spontaneous imbibition in disordered porous solids: a theoretical study of helium in silica aerogels, arXiv:1103.5370v1 [cond-mat.dis-nn], 28 Mar 2011.

Masoodi, R; PILLAI, K.P. Darcy's Law-Based Model for Wicking in Paper-Like Swelling Porous Media. AIChE Journal. V. 56, n. 9, 2010.

Masoodi, R. Modeling imbibitions of liquids into rigid and swelling porous media, 2010. 255 p. Dissertação apresentada em cumprimento dos requisitos parciais para o grau de Doutor em Engenharia. University of Wisconsin, Milwaukee, 2010.

Navas, J; Alcántara, R; Fernández-Lorenzo, C; Martín-Calleja, J. Pore Characterization Methodology by Means of Capillary Sorption Tests. Transp Porous Med, v.86, p.333–351, 2011.

Souza Jr., F.G; Ferreira, L.P; Delazare, T; Oliveira, G.E. Petroleum absorbers based on CNSL, furfural and lignin – the effect of the chemical similarity on the interactions among petroleum and bioresins. Macromolecular Symposia. v.n/a, n.n/a, p.n/a, 2011.

Washburn, E.W. The dynamics of capillary flow. The Physical Review. v. XVII, n.3, p 273-283, mar. 1921.

Wolf, F.G. Modelagem da Interação Fluido-sólido para Simulação de Molhabilidade e Capilaridade Usando o Modelo Lattice-Boltzmann. 2006. 84 p. Tese (Doutorado em Engenharia Mecânica) - Universidade Federal de Santa Catarina, Florianópolis, 2006.

Roach, P., Shirtcliffe, N. J., Newton, M. I.: *Progess in superhydrophobic surface development*. Soft Matter, 4, 2008.

LI, X., Reinhoudt, D., Calama, M. C.: *What do we need for a superhydrophobic surface? A review on the recent progress in the preparation of superhydrophobic surfaces*. Chem. Soc. Rev. 36, 1350, 2007.

Wenzel, R. N.: *Resistance of Solid Surfaces to Wetting By Water*. Industrial and Engineering Che. 28, 8, 1936.

Cassie, A. B. D., Baxter, S.: *Wettability of Porous Surfaces*. Trans. Faraday Soc. 40, 546, 1944.

Onda, T., Shibuichi, S., Satoh N., Tsujii, K.: *Super-Water-Repellent Fractal Surfaces*. Langmuir 12, 9, 1996.

Barthlott, W., Neinhuis, C.: *Purity of the sacred lotus, or escape from contamination in biological surfaces*. Planta 202, 1, 1997.

Rangel, E. C., Silva, P. A. F., Mota, R. P., Schreiner, W. H., Cruz, N.C.: *Thin polymer films prepared by plasma immersion ion implantation and deposition}*. Thin solid Films 473, 259, 2005.

Santos, D. C. R, Rangel, R. C. C., Mota, R. P., Cruz, N.C., Schreiner, W. H., Rangel, E. C.: *Modification of plasma polymer films by ion implantation}*. Materials Research 7, 493, 2004.

Bento, W. C. A., Honda, R. Y., Kayama, M. E., Schreiner, W. H., Cruz, N. C., Rangel, E. C.: *Hydrophilization of PVC Surfaces by Argon Plasma Immersion Ion Implantation*. Plasmas and Polymers 8, 1, 2003. 115

Johnson, R. E.: *Conflicts Between Gibbsian Thermodynamics and Recent Treatments of Interfacial Energies in Solid-Liquid-Vapor Systems.* Interfacial Energies in Solid-Liquid-Vapor Systems 63, 1655, 1959.

White, F. M.: *Mecânica dos Fluidos*. Rio de Janeiro, McGrawHill, 10, 2005.

Wu, S.: J. *Surface Energy*. Polym. Sci. Part C 34, 19, 1971.

Fowkes, F. M.: *Attractive forces at Interfaces.* The Interface Symposium 5, 1964.

Genzer, J., Efimenko, K.: *Recent developments in superhydrophobic surfaces and their relevance to marine fouling: a review*. Biofouling 22, 339, 2006.

Zhang, X., Shi, F., Niu, J., Jiang, Y.,Wang, Z.: *Superhydrophobic surfaces: from structural control to functional application*. J. Mater. Chem. 18, 2008.

Capítulo IV

MODELOS DE RUGOSIDADES EM CAMPOS ESCALARES E VETORIAS

Quem abriu canais para o aguaceiro, e um caminho para o relâmpago do trovão (Jó 38,25);

RESUMO

Neste capítulo será visto a validação de um Modelo de Potenciais Escalares com Contornos Rugosos pelo Método dos Elementos Finitos. O problema do potencial escalar como o fluxo de calor, por exemplo, atravessando contornos lisos e rugosos foram estudados utilizando-se o método dos elementos finitos. Este método foi utilizado para validar um modelo matemático desenvolvido para descrever problemas de potenciais que envolvem rugosidades em contornos altamente irregulares. O modelo matemático analítico baseia-se na descrição geométrica fractal de uma linha ou superfície rugosa. Propõem-se resolver um problema com rugosidade a partir de um problema euclidiano liso, isto é sem rugosidade, corrigido por uma função fractal que descreve a rugosidade do problema real. Vários exemplos comparativos foram utilizados para a validação do modelo proposto. Os resultados são preliminares, porém muitos promissores. Uma comparação entre o problema equivalente, descrito pelo modelo fractal e o problema real foi utilizada para se estabelecer o grau de aproximação do modelo e a precisão dos resultados.

4. 1 – Objetivos do Capítulo

i) apresentar a problemática de aproximação dos modelos com irregularidades a partir dos modelos regulares

ii) apresentar as diferentes definições de rugosidade

iii) demarcar os problemas dos potenciais escalares e vetoriais com suas aproximações para os meios irregulares

iv) Validar um modelo de rugosidade fractal utilizando o Método dos Elementos Finitos e de Contorno aplicado a um problema de potencial escalar. Por exemplo, o problema da transmissão de calor em corpos e peças que apresentam uma geometria irregular com uma ou mais bordas rugosas.

v) Desenvolver um método numérico de cálculo a ser implantado em um Software Básico de Simulação do Processo de Transmissão de Calor com rugosidade.

vi) Validar resultados teóricos dos modelos propostos através de ensaios e testes conclusivos.

vii) Propor correções ou novos Modelos de Transmissão de Calor com a descrição analítica da rugosidade.

viii) Entender a influência da rugosidade em problemas de contorno em modelos de campo escalar, vetorial e tensorial, a fim de extrair informações úteis sobre o efeito da rugosidade em fenômenos da Mecânica do Contínuo, da Mecânica dos Sólidos, da Mecânica da Fratura e do Dano, etc., de tal forma que seja possível incluir analiticamente na descrição matemática desses campos a descrição fractal da rugosidade desses contornos. O objetivo é construir um modelo fenomenológico que contenha uma descrição matemática mais autêntica e consistente dos fenômenos que exibem a influência contornos irregulares presentes ou formado durante os processos de dissipação de energia como a fratura por exemplo.

4. 2 – Introdução

A teoria do campo contínuo utiliza a geometria euclidiana na descrição dos fenômenos de transferência de calor, massa, etc. Com esta geometria é possível descrever apenas os fenômenos que acontecem em formas regulares sem considerar os efeitos da rugosidade das superfícies, ou da porosidade do interior dos volumes. Mesmo quando as formas são cheia de detalhes geométricos, utilizam-se modelos numéricos e cálculos aproximados. Na fratura, por exemplo, esta quase nunca acontece sem o surgimento de superfícies rugosas. Os casos de fratura com superfícies lisas aparecem normalmente em processos de clivagem de monocristais. No caso de fratura de materiais policristalinos com rugosidade considerável (cuja ponta da trinca rugosa interage no processo de fratura) o uso da geometria euclidiana deixa a desejar, pois os resultados não são completos e os cálculos não são exatos, e ainda não conseguem explicar diversos fenômenos da fratura quase-estática e dinâmica em que a rugosidade é presente. A descrição matemática do crescimento da curva J-R de resistência a fratura, por exemplo, só pode ser explicado e for levado em conta o aparecimento da rugosidade durante o processo de propagação ou crescimento de uma trinca. Isto significa que o modelo geométrico da rugosidade precisa ser incluído no cálculo analítico da integral-J de Eshelby-Rice. Um outro fenômeno na fratura que envolve o surgimento de rugosidade é a propagação de trincas rápidas, onde surgem instabilidades com ramificação de trincas e oscilações na velocidade de crescimento da trinca, a partir de uma velocidade crítica.

4. 3 – Caracterização e Proposição do Problema Escalar Térmico

O problema proposto consiste na validação de um Modelo de Potenciais Escalares com Contornos Rugosos pelo Método dos Elementos Finitos. Para caracterizar o problema a ser proposto neste projeto vamos dividi-lo em três partes e vários exemplos a serem checados:

4.3.1 - Definição do Problema P1 do Potencial Euclidiano em Geometrias Regulares

Conforme já foi definido anteriormente o problema clássico do potencial escalar em um corpo com superfície euclidiana regular será chamado de problema – P1. Este será matematicamente formulado de forma a levar em conta o fenômeno do transporte de calor por meio do fluxo da lei de Fourier e da equação da continuidade.

O problema P1 consiste em resolver por Elementos Finitos e de Contorno o potencial escalar em um objeto de geometria regular como uma placa retangular de espessura unitária, por exemplo, sujeita a diferentes condições de contorno. Um exemplo diferente será gerado para cada forma do objeto euclidiano e para cada tipo de condição de contorno, conforme mostra a Figura - 4. 1.

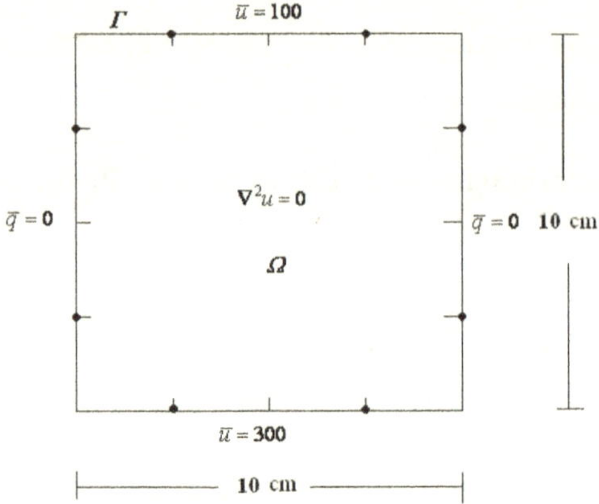

Figura - 4. 1. Exemplo de uma Placa plana bidimensional quadrada de tamanhos (10,0m x 10,0m) sujeitos as condições de contorno de potencial constante $u = \bar{u}$ e fluxo constante $q = \bar{q}$.

Chamaremos de u_o ao potencial escalar para a geometria euclidiana regular, conforme a equação (4. 1)

$$u_o = u_o(x_o, y_o) \qquad (4.\ 1)$$

Em geral os fluxos através de uma superfície de contorno são dados em termos do gradiente da função

$$\nabla_o u = \nabla_o u_o(x_o, y_o) \qquad (4.\ 2)$$

E a função de distribuição do potencial é dada pelo laplaciano

$$\nabla_o^2 u_o(x_o, y_o) = 0 \qquad (4.\ 3)$$

Portanto, o problema pode ser resolvido por diferentes métodos analíticos e numéricos, incluindo o Método dos Elementos de Contorno e o Método dos Elementos Finitos, os quais serão utilizados neste trabalho.

4.3.2 - Definição do Problema P2 do Potencial Euclidiano em Geometrias irregulares

O problema P2 consiste em resolver por Elementos Finitos e de Contorno o potencial escalar em um objeto de geometria irregular com pelo menos uma das bordas rugosas, como uma placa retangular de espessura unitária, por exemplo, sujeito a diferentes condições de contorno. Um exemplo diferente será gerado para cada forma do objeto euclidiano e para cada tipo de condição de contorno, conforme mostra a Figura - 4. 2

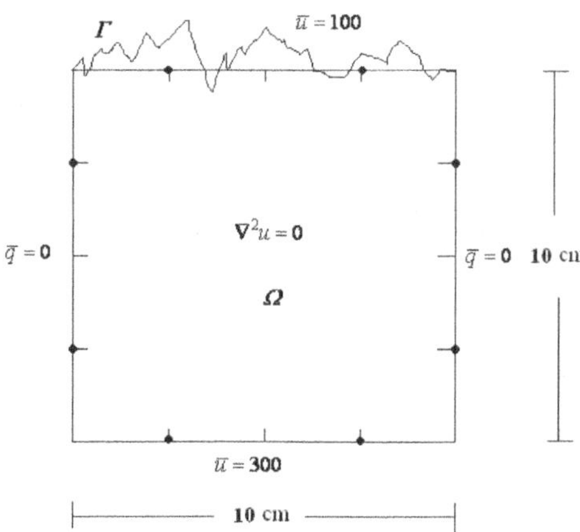

Figura - 4. 2. Placa plana bidimensional quadrada de tamanhos (10,0m x 10,0m) sujeitos as condições de contorno de potencial constante $u = \bar{u}$ e fluxo constante $q = \bar{q}$.

Conforme já foi definido anteriormente o problema clássico do potencial escalar em um corpo com superfície não-euclidiana (ou fractal) irregular será chamado de problema – P2. Este será matematicamente formulado de forma a levar em conta o fenômeno do transporte de calor por meio do fluxo da lei de Fourier e da equação da continuidade. As correções matemáticas para o contorno rugoso serão tratadas a partir de modelos de rugosidade, os quais serão formulados em posteriormente. Chamaremos de u ao potencial escalar para a geometria fractal irregular, conforme a equação (4. 4)

$$u = u(x, y) \tag{4. 4}$$

Em geral os fluxos através de uma superfície de contorno são dados em termos do gradiente da função

$$\nabla u = \nabla u(x, y) \tag{4. 5}$$

E a função de distribuição do potencial é dada pelo laplaciano

$$\nabla^2 u(x, y) = 0 \tag{4. 6}$$

Novamente este tipo de problema pode ser resolvido por diferentes métodos analíticos e/ou numéricos, incluindo o Método dos Elementos de Contorno e o Método dos Elementos Finitos, os quais serão utilizados neste trabalho.

4.3.3 - Definição do Problema Equivalente PE

O problema equivalente-PE consiste em aproximar o problema real-P2 a partir do problema euclidiano-P1 de geometria regular. Para isto vamos utilizar uma função de correção que descreva a rugosidade da superfície do problema real-P2, a fim de que, a partir desta função de correção seja possível obter os resultados do problema real-P2 com um custo numérico ou computacional menor. O problema equivalente que será proposto nesta secção é uma aproximação do problema real

Considere a função que descreve o problema real a partir do problema euclidiano regular como sendo dada por:

$$\underbrace{u(x,y)}_{\text{Temp. Real}} = \underbrace{f(u_o(x_o, y_o))}_{\text{Temp. Equivalente}} \tag{4. 7}$$

Em geral os fluxos através de uma superfície de contorno são dados em termos do gradiente da função, logo a partir de (4. 7) podemos escrever:

$$\underbrace{\nabla u}_{\text{Fluxo Real}} = \underbrace{g\left(\nabla u_o(x_o, y_o)\right)}_{\text{Fluxo Equivalente}} \tag{4. 8}$$

e a função de distribuição do potencial é dado pelo laplaciano

$$\underbrace{\nabla^2 u(x,y)}_{\substack{\text{Distrib. Temp.}\\ \text{Real}}} = \underbrace{h\left(\nabla^2 u_o(x_o, y_o)\right)}_{\substack{\text{Distrib. Temp.}\\ \text{Equivalente}}} \tag{4. 9}$$

A partir desta formulação queremos encontrar quais são as formas funcionais, *f, g, h* que relacionam o problema euclidiano liso com o problema rugoso fractal, ou seja:

$$PE_{1\to 2} = \underbrace{P1}_{\substack{\text{Métodos}\\ \text{Numéricos}}} \cdot \underbrace{f\left(x_o, y_o, \nabla u_o\right)}_{\text{Teoria Alternativa}} \Leftrightarrow \underbrace{P2}_{\substack{\text{Metodos}\\ \text{Numéricos}}} \tag{4. 10}$$

que podem ser ajustadas por um modelo fractal de rugosidade.

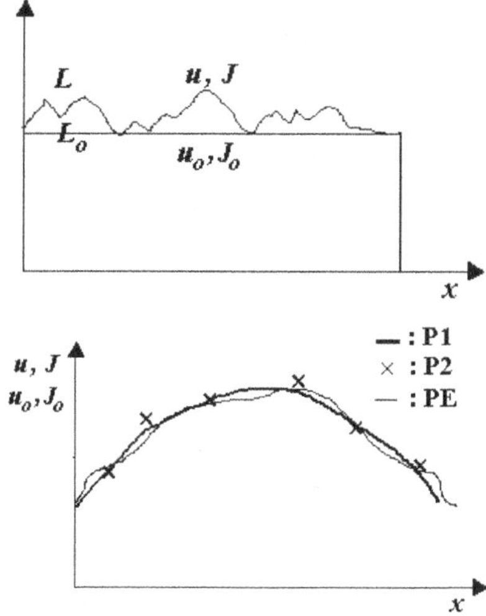

Figura - 4. 3. Interrelação entre os Problemas Euclidiano, P1 e Rugoso, P2 e o Problema Fractal Equivalente PE.

4. 4 – Desenvolvimento do Modelo de Aproximação para o Campo Escalar Térmico

4.4.1 - Fluxos em Geometrias Regulares

Na natureza algumas grandezas dinâmicas podem ser representadas por meio de fluxos generalizados. Entre eles está o fluxo de calor que atravessa um corpo, por exemplo. De forma geral o fluxo de uma grandeza X_o (pode ser *massa, M, carga elétrica, q, calor, Q, energia, U, momento,* $\vec{p}$ *entropia,* S , etc.), que atravessa uma área infinitesimal, $d\vec{A}_o$, em um intervalo infinitesimal de tempo, *dt*, é definido como:

$$J_X^o \equiv \frac{d}{dA_o}\left(\frac{dX_o}{dt}\right). \tag{4. 11}$$

seja esta grandeza, X_o, vetorial ou escalar. E o sobrescrito o indica que a geometria considerada é a geometria euclidiana regular.

De acordo com a equação da continuidade ela estará sujeito a um balanço dado por:

$$\nabla_o . J_X^o + \frac{\partial \rho_X^o}{\partial t} = \frac{d\rho_X^o}{dt}. \tag{4. 12}$$

Onde ρ_X^o é a densidade volumétrica associada a grandeza X_o.

Sendo X_o uma grandeza que se conserva, ela estará sujeito a uma lei de conservação do tipo:

$$\nabla_o . J_X^o + \frac{\partial \rho_X^o}{\partial t} = 0. \tag{4. 13}$$

Esta é a forma da equação da continuidade.

4.4.2 – O Potencial Escalar e a Densidade Volumétrica Associada

Por outro lado, vários processos naturais seguem uma lê de condutividade da grandeza X_o, dada pela relação:

$$\vec{J}_X^o = -k\nabla_o \rho_X^o \ . \qquad (4.\ 14)$$

Onde k é uma constante física associada ao fenômeno que no caso é a condutividade térmica do material. Entre as equações dadas por (4. 14) estão a Lei de Fourier para o Calor, a Lei de Fick para a Difusão, a Lei de Ohm para a Eletrodinâmica Clássica, etc. Observe que para cada fluxo da grandeza X, existe uma densidade volumétrica associada dessa grandeza.

4.4.3 – A Distribuição do Potencial Escalar em uma Placa Plana de Contorno Liso

Considere o problema de um potencial escalar em uma placa plana que possui pelo menos um contorno liso, conforme mostra a Figura - 4. 4.

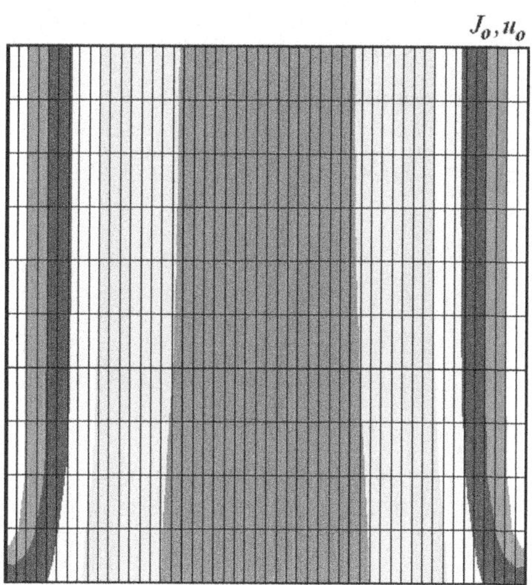

Figura - 4. 4. Placa plana bidimensional quadrada de tamanhos (10,0m x 10,0m) sujeitos as condições de contorno de potencial constante $u = \overline{u}$ e fluxo constante $q = \overline{q}$ a) Problema P1; b) Problema P2.

Seguindo a descrição matemática acima podemos escrever uma equação para a distribuição da grandeza X por unidade de volume, como :

$$\nabla_o \cdot \left(-k\nabla \rho_X^o\right) + \frac{\partial \rho_X^o}{\partial t} = \frac{d\rho_X^o}{dt} \ . \tag{4. 15}$$

Para o caso conservativo temos:

$$\nabla_o \cdot \left(-k\nabla_o \rho_X^o\right) + \frac{\partial \rho_X^o}{\partial t} = 0 \ . \tag{4. 16}$$

Observe que neste tipo de problema nenhuma relação com a dimensionalidade do espaço foi feita, pois nas equações acima considera-se que os fluxos atravessam superfícies euclidianas regulares. Contudo, quando uma superfície ou um volume irregular são considerados as equações descritas acima precisam ser revisadas sob o ponto de vista da dimensionalidade topológica destas superfícies e volumes.

De acordo com a equação (4. 16) para o caso de um potencial estacionário no tempo, podemos escrever:

$$\nabla_o \cdot \left(-k\nabla_o \rho_X^o\right) = 0 \ . \tag{4. 17}$$

Sendo

$$\rho_X^o = \frac{d\rho_X^o}{dV} = \frac{d\rho_X^o}{dm}\frac{dm}{dV} \ . \tag{4. 18}$$

Temos:

$$\rho_X^o = \frac{d\rho_X^o}{dV} = \rho\frac{d\rho_X^o}{dm} \ . \tag{4. 19}$$

para o caso do Calor sabemos que:

$$\Delta Q^o = mc_p \Delta u_o \ . \tag{4. 20}$$

onde c_p é o calor específico a pressão constante do material e m sua massa.

Logo

$$\frac{d\rho_X^o}{dm} = \frac{dQ^o}{dm} = c_p \Delta u_o \ . \tag{4. 21}$$

Portanto,

$$\rho_X^o = \rho c_p \Delta u_o \ . \tag{4. 22}$$

Retornando a equação (4. 17) temos:

$$\nabla_o \cdot \left(-k \nabla_o \left(\rho c_p \Delta u_o \right) \right) = 0 \ . \tag{4. 23}$$

Considerando densidades e calor especifico independente das coordenadas temos:

$$-k \rho c_p \nabla_o \cdot \left(\nabla_o \left(\Delta u_o \right) \right) = 0 \ . \tag{4. 24}$$

onde $\alpha = k \rho c_p$ é a difusividade térmica do meio temos:

$$\nabla_o \cdot \left(\nabla_o \left(\Delta u_o \right) \right) = 0 \ . \tag{4. 25}$$

Portanto,

$$\nabla_o{}^2 u_o = 0 \ . \tag{4. 26}$$

Seja um contorno liso desta placa dado conforme mostra a Figura - 4. 5.

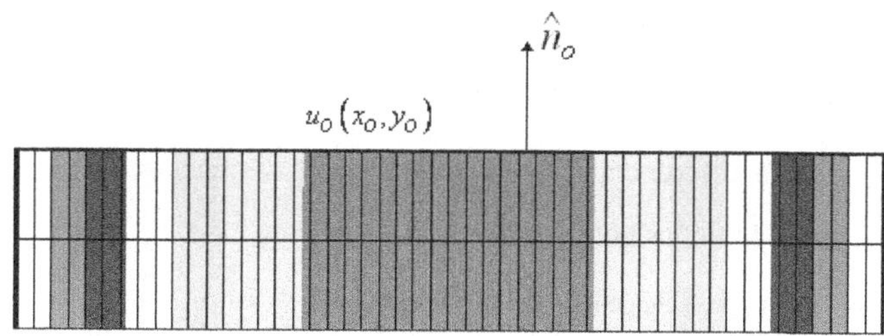

Figura - 4. 5. Contorno liso sobre uma placa plana com geometria regular

Vamos considerar uma discretização deste contorno em pequenos elementos lineares onde não há variações de comprimento em relação a uma linha de referência de um contorno euclidiano é dado conforme mostrado a Figura - 4. 5.

4.4.4 - Solução Analítica do Potencial em uma Placa com Contorno Liso

Vamos a partir de agora resolver analiticamente a equação (4. 26). Para isso vamos simplificar a notação, introduzindo a seguinte transformação de variáveis.

$$u_o(x_o, y_o) = X_o(x_o)Y(y_o)\ . \tag{4. 27}$$

substituindo (4. 27) em (4. 26) temos:

$$\frac{d^2X_o(x_o)}{dx_o^{\ 2}}Y(y_o) + X_o(x_o)\frac{d^2Y(y_o)}{dy_o^{\ 2}} = 0\ . \tag{4. 28}$$

Dividindo tudo por $X_o(x_o)Y(y_o)$ temos:

$$\frac{1}{X_o(x_o)}\frac{d^2X_o(x_o)}{dx_o^{\ 2}} + \frac{1}{Y(y_o)}\frac{d^2Y(y_o)}{dy_o^{\ 2}} = 0\ . \tag{4. 29}$$

Os termos desta equação possuem variáveis separadas, logo a única forma dela satisfazer esta equação é se cada um dos termos for igual a um constante λ^2 resultando em:

$$\begin{aligned} &\frac{d^2X_o(x_o)}{dx_o^{\ 2}} + \lambda^2 X_o(x_o) \\ &\frac{d^2Y(y_o)}{dy_o^{\ 2}} - \lambda^2 Y(y_o) = 0 \end{aligned}\ . \tag{4. 30}$$

Agora a equação diferencial fica reduzida a duas equações diferenciais ordinárias, cujas soluções gerais são:

$$\begin{aligned} X_o(x_o) &= C_1\cos(\lambda x_o) + C_2 sen(\lambda x_o) \\ Y(y_o) &= C_3 exp(-\lambda y_o) + C_4 exp(\lambda y_o) \end{aligned}\ . \tag{4. 31}$$

Portanto a solução geral é dada por:

$$u_o(x_o, y_o) = \left[C_1\cos(\lambda x_o) + C_2 sen(\lambda x_o)\right]\left[C_3 exp(-\lambda y_o) + C_4 exp(\lambda y_o)Y(y_o)\right] \tag{4. 32}$$

.

A qual pode ser resumida em:

$$
\begin{aligned}
u_o(x_o, y_o) &= \left[C_1 \cos(\lambda x_o) + C_2 sen(\lambda x_o)\right] C_3 exp(-\lambda y_o) + \\
&+ \left[C_1 \cos(\lambda x_o) + C_2 sen(\lambda x_o)\right] C_4 exp(\lambda y_o)
\end{aligned}
\quad . \tag{4. 33}
$$

4.4.5 –Condições de Contorno Básicas

Diferentes condições de contorno podem ser aplicadas ao problema do calor entre elas se destacam:

1) Condição de Dirichilet

Para esta condição a fronteira do material é sujeita a uma temperatura fixa ou chamado de banho térmico, donde:

$$u_o(0, y) = u_1 \; ; \; u_o(L, y) = u_L \, . \tag{4. 34}$$

E

$$u_o(x, 0) = u_2 \; ; \; u_o(x, L) = u_L \, . \tag{4. 35}$$

2) Condição de Robin ou Adiabática

Para esta condição a fronteira do material é sujeito a um fluxo nulo, ou isolamento térmico, donde:

$$\nabla u_o(0, y) = 0 \; ; \; \nabla u_o(L, y) = 0 \, . \tag{4. 36}$$

E

$$\nabla u_o(x, 0) = 0 \; ; \nabla u_o(x, L) = 0 \, . \tag{4. 37}$$

3) Condição de Neumman

Para esta condição a fronteira do material é sujeito a um fluxo constante, donde:

$$\nabla u_o(0, y) = J_1 \; ; \; \nabla u_o(L, y) = J_L \, . \tag{4. 38}$$

E

$$\nabla u_o(x, 0) = J_2 \; ; \nabla u_o(x, L) = J_L \, . \tag{4. 39}$$

4) Condição Convectivas

Para esta condição a fronteira do material é sujeito a uma convecção externa, donde:

$$-k\nabla u_o(0,y)=h\left[T_\infty-T(0,y,t)\right]\ ;\ -k\nabla u_o(L,y)=h\left[T_\infty-T(L,y,t)\right]. \qquad (4.40)$$

E

$$-k\nabla u_o(x,0)=h\left[T_\infty-T(x,0,t)\right]\ ;\ -k\nabla u_o(x,L)=h\left[T_\infty-T(y,L,t)\right]. \qquad (4.41)$$

A solução analítica da equação

$$\frac{\partial^2 u}{\partial x^2}+\frac{\partial^2 u}{\partial y^2}=\frac{1}{k}\frac{\partial u}{\partial t}. \qquad (4.42)$$

sujeita às condições de contorno

$$\begin{array}{ll} u(x,0,t)=100 & t\geq 0 \\ u(x,l,t)=100 & t\geq 0 \\ u(0,y,t)=100 & t\geq 0 \\ u(l,y,t)=100 & t\geq 0. \\ u(x,0)=f(x) & 0\leq\ l\geq 0 \end{array} \qquad (4.43)$$

e

$$u(x,y,t)=U-\sum_{m=1}^{\infty}\sum_{n=1}^{\infty}\frac{16U}{(2m-1)((2n-1)\pi^2}e^{-\lambda_{(2m-1)(2n-1)}t}sen\left(\frac{(2m-1)\pi x}{a}\right)sen\left(\frac{(2n-1)\pi y)}{b}\right). \qquad (4.44)$$

onde:

$$\lambda^2=k\pi\left(\frac{(2m-1)^2}{a^2}+\frac{(2n-1)^2}{b^2}\right). \qquad (4.45)$$

onde U_0, U_1, k e l são constantes dadas e $f(x)$ é uma função dada.

4.4.6 – Fluxos em Geometrias Irregulares

No caso de contorno irregulares as mesmas grandezas dinâmicas podem ser representadas por meio de fluxos generalizados. Entre eles está o fluxo de calor que atravessa um corpo, por exemplo. De forma geral o fluxo de uma grandeza X (pode ser *massa, M, carga elétrica, q, calor, Q, energia, U, momento,* $\vec{p}$ *entropia, S,* etc.), que atravessa uma área infinitesimal, $d\vec{A}$, em um intervalo infinitesimal de tempo, dt, é definido como:

$$J_X \equiv \frac{d}{dA}\left(\frac{dX}{dt}\right). \tag{4. 46}$$

seja esta grandeza, X, vetorial ou escalar. E o sobrescrito o indica que a geometria considerada é a geometria euclidiana regular.

De forma análoga a equação da continuidade os fluxos estarão sujeitos a um balanço dado por:

$$\nabla . J_X + \frac{\partial \rho_X}{\partial t} = \frac{d\rho_X}{dt}. \tag{4. 47}$$

Onde ρ_X é a densidade volumétrica associada à grandeza X.

Sendo X uma grandeza que se conserva, ela estará sujeito a uma lei de conservação do tipo:

$$\nabla . J_X + \frac{\partial \rho_X}{\partial t} = 0. \tag{4. 48}$$

Esta é a forma da equação da continuidade.

4.4.7 – O Potencial Escalar e a Densidade Volumétrica Associada

Os processos naturais em geometrias rugosas também seguem uma lê de condutividade da grandeza X, dada pela relação:

$$\vec{J}_X = -k\nabla\rho_X. \tag{4. 49}$$

Onde k é uma constante física associada ao fenômeno que no caso é a condutividade térmica do material. Entre as equações dadas por (4. 49) estão a Lei de Fourier para o Calor, a Lei de Fick para a Difusão, a Lei de Ohm para a Eletrodinâmica Clássica, etc. Observe que para cada fluxo da grandeza X, existe uma densidade volumétrica dessa grandeza.

4.4.8 – A Distribuição do Potencial Escalar em uma Placa Rugosa

Considere o problema de um potencial escalar em uma placa plana que possui pelo menos um contorno rugoso, conforme mostra a Figura - 4. 6

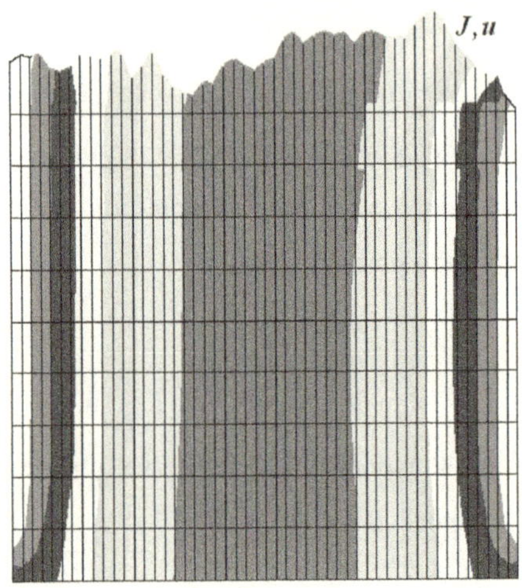

Figura - 4. 6. Placa plana bidimensional quadrada de tamanhos (10,0m x 10,0m) sujeitos as condições de contorno de potencial constante $u = \overline{u}$ e fluxo constante $q = \overline{q}$ a) Problema P1; b) Problema P2.

De forma análoga ao caso do contorno liso, podemos escrever uma equação para a distribuição da grandeza X por unidade de volume, como :

$$\nabla.(-k\nabla\rho_X) + \frac{\partial\rho_X}{\partial t} = \frac{d\rho_X}{dt} \ . \qquad (4.\ 50)$$

Para o caso conservativo temos:

$$\nabla.(-k\nabla\rho_X) + \frac{\partial\rho_X}{\partial t} = 0 \ . \qquad (4.\ 51)$$

Observe que agora neste tipo de problema precisamos de relação dos potenciais e fluxos com a dimensionalidade do espaço. Pois nas equações acima se considera que tais fluxos atravessam superfícies euclidianas regulares. Neste caso, quando uma superfície ou um volume irregular são considerados as equações descritas acima precisam ser revisadas sob o ponto de vista da dimensionalidade topológica destas superfícies e volumes.

De acordo com a equação (4. 16) para o caso de um potencial estacionário no tempo, podemos escrever:

$$\nabla.\left(-k\nabla\rho_X\right)=0\ . \tag{4. 52}$$

Sendo

$$\rho_X=\frac{d\rho_X}{dV}=\frac{d\rho_X}{dm}\frac{dm}{dV}\ . \tag{4. 53}$$

Temos:

$$\rho_X=\frac{d\rho_X}{dV}=\rho\frac{d\rho_X}{dm}\ . \tag{4. 54}$$

para o caso do Calor sabemos que:

$$\Delta Q=mc_p\Delta u\ . \tag{4. 55}$$

onde c_p é o calor específico a pressão constante do material e m sua massa.

Logo

$$\frac{d\rho_X}{dm}=\frac{dQ}{dm}=c_p\Delta u\ . \tag{4. 56}$$

Portanto,

$$\rho_X=\rho c_p\Delta u\ . \tag{4. 57}$$

Retornando a equação (4. 17) temos:

$$\nabla.\left(-k\nabla\left(\rho c_p\Delta u\right)\right)=0\ . \tag{4. 58}$$

Considerando densidades e calor especifico independente das coordenadas temos:

$$-k\rho c_p\nabla.\left(\nabla\left(\Delta u\right)\right)=0\ . \tag{4. 59}$$

onde $\alpha = k\rho c_p$ é a difusividade térmica do meio temos:

$$\nabla.(\nabla(\Delta u)) = 0 \ . \qquad (4.\ 60)$$

Portanto,

$$\nabla^2 u = 0 \ . \qquad (4.\ 61)$$

Seja um contorno rugoso desta placa dado conforme mostra a Figura - 4. 7.

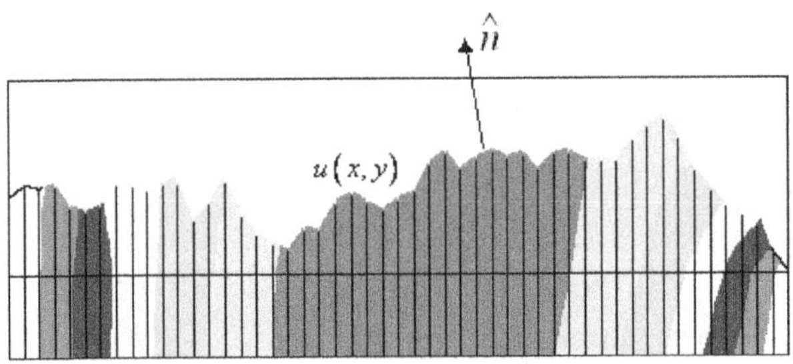

Figura - 4. 7. Contorno rugoso sobre uma placa plana com geometria regular.

Vamos considerar uma discretização deste contorno em pequenos elementos lineares cujas variações de comprimento em relação a uma linha de referência de um contorno euclidiano é dado conforme mostrado na Figura - 4. 7.

4.4.9 – O Fluxo Proveniente do Gradiente de um Potencial Escalar em Geometrias Irregulares

O problema do fluxo de calor $\vec{J} \equiv -k\nabla T$, como o da Lei de Fourier, devido ao gradiente de um potencial, pode ser generalizado para um potencial, $u = u(x, y)$, qualquer da seguinte forma:

$$\vec{J} \equiv -k\nabla u \ . \qquad (4.\ 62)$$

sendo $\nabla \equiv \left(\frac{\partial}{\partial x} + \frac{\partial}{\partial y} \right)$ temos:

$$\nabla u = \frac{\partial u}{\partial x}\hat{i} + \frac{\partial u}{\partial y}\hat{j} \tag{4. 63}$$

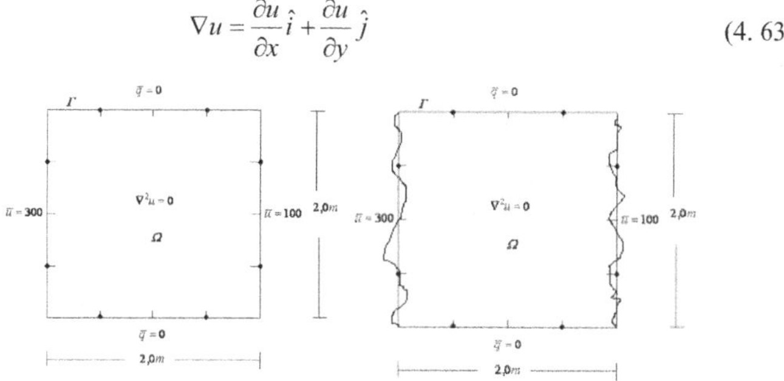

Figura - 4. 8. Placa plana bidimensional quadrada de tamanhos (10,0m x 10,0m) sujeitos as condições de contorno de potencial constante $u = \overline{u}$ e fluxo constante $q = \overline{q}$ a) Problema P1; b) Problema P2.

Estamos interessados em descrever a forma do fluxo, $\vec{J}$, em um contorno rugoso de coordenadas (x, y)a partir do fluxo, $\vec{J}_o$ em um contorno liso de coordenadas (x_o, y_o), para um mesmo material, conforme mostra a Figura - 4. 8, onde vale também uma relação do tipo,

$$\vec{J}_o \equiv -k\nabla_o u_o \ . \tag{4. 64}$$

onde $u_o = u_o(x_o, y_o)$ e $\nabla_o \equiv \left(\frac{\partial}{\partial x_o} + \frac{\partial}{\partial y_o} \right)$. Os fluxos $\vec{J}_o$ e $\vec{J}$ apenas se distinguem pela geometria rugosa em uma ou mais das bordas do corpo, chamaremos de problema P1 e de problema P2, respectivamente, conforme mostra a Figura - 4. 8

Considere o contorno rugoso sobre uma placa plana com uma linha de referência euclidiana correspondente a projeção deste contorno sobre a direção horizontal, conforme mostra a Figura - 4. 9

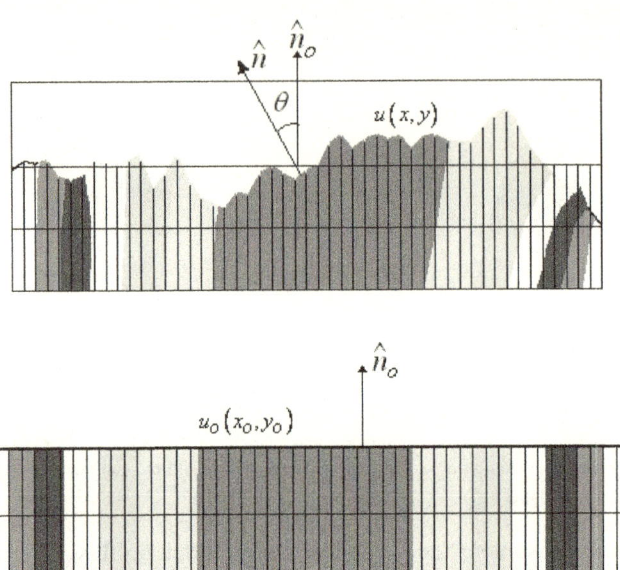

Figura - 4. 9. Contorno rugoso sobre uma placa plana com geometria regular e seu contorno projetado correspondente.

Para se escrever o problema P2 em função do problema P1 reescreveremos a equação (4. 62) a partir das seguintes derivadas:

$$\frac{\partial u}{\partial x}=\frac{du}{du_o}\frac{\partial u_o}{\partial x_o}\frac{\partial x_o}{\partial x} \,. \tag{4. 65}$$

e

$$\frac{\partial u}{\partial y}=\frac{du}{du_o}\frac{\partial u_o}{\partial y_o}\frac{\partial y_o}{\partial y} \,. \tag{4. 66}$$

onde (x,y) são as coordenadas do potencial e do fluxo na placa rugosa e (x_o,y_o) são as coordenadas do potencial e do fluxo sobre a placa lisa. Uma vez que as coordenadas (x,y) podem não ser as mesmas podemos escrever:

$$\nabla u=\frac{\partial u}{\partial y}\hat{i}+\frac{\partial u}{\partial y}\hat{j}=\frac{du}{du_o}\frac{\partial u_o}{\partial x_o}\frac{\partial x_o}{\partial x}\hat{i}+\frac{du}{du_o}\frac{\partial u_o}{\partial y_o}\frac{\partial y_o}{\partial y}\hat{j} \,. \tag{4. 67}$$

ou

$$\nabla u = \frac{\partial u}{\partial y}\hat{i} + \frac{\partial u}{\partial y}\hat{j} = \underbrace{\left(\frac{du}{du_o}\right)}_{escalar}\left(\frac{\partial u_o}{\partial x_o}\frac{\partial x_o}{\partial x}\hat{i} + \frac{\partial u_o}{\partial y_o}\frac{\partial y_o}{\partial y}\hat{j}\right). \quad (4.\ 68)$$

Ou escrevendo de forma resumida temos:

$$\nabla u = \left(\frac{du}{du_o}\right)\nabla_o u_o\left(\frac{\partial x_o}{\partial x}\hat{i} + \frac{\partial y_o}{\partial y}\hat{j}\right). \quad (4.\ 69)$$

Chamando de

$$\nabla r_o = \frac{\partial x_o}{\partial x}\hat{i} + \frac{\partial y_o}{\partial y}\hat{j}. \quad (4.\ 70)$$

Temos:

$$\nabla u = \left(\frac{du}{du_o}\right)\nabla_o u_o \nabla r_o. \quad (4.\ 71)$$

Podemos escrever:

$$\boxed{\|\nabla u\| = \left\|\frac{du}{du_o}\right\| \|\nabla_o u_o\| \, \|\nabla \vec{r}_o\|}. \quad (4.\ 72)$$

Calculando o módulo do gradiente temos:

$$\|\nabla u\| = \left\|\frac{du}{du_o}\right\| \|\nabla_o u_o\| \sqrt{\left(\frac{\partial x_o}{\partial x}\right)^2 + \left(\frac{\partial y_o}{\partial y}\right)^2}. \quad (4.\ 73)$$

Vamos a partir de agora descobrir qual é a relação entre as coordenadas sobre o contorno rugoso e o contorno liso.

4.4.9 – O gradiente em geometrias irregulares

Consideremos o sistema de coordenadas conforme mostra a Figura - 4. 10.

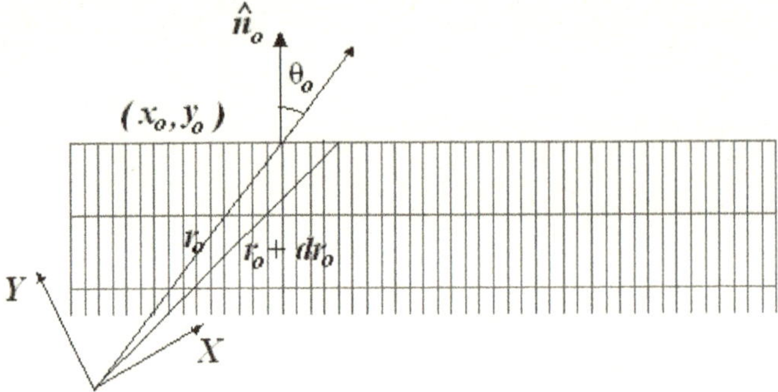

Figura - 4. 10. Caso geral de um contorno liso onde $\vec{r}_o \not\parallel \hat{n}_o$ e $\hat{r}_o.\hat{n}_o = \cos\theta_o \neq 1$.

Sabemos que a derivada direcional que representa o fluxo em uma determinada direção para o contorno liso é dada por:

$$\frac{du_o}{dn_o} = \left\|\nabla_o u_o\right\| \left(\hat{r}_o.\hat{n}_o\right) . \qquad (4.\ 74)$$

onde, o produto escalar $\left(\hat{r}_o.\hat{n}_o\right)$ dá a projeção do fluxo sobre o contorno liso.

$$\left(\hat{r}_o.\hat{n}_o\right) = \cos\theta_o . \qquad (4.\ 75)$$

Retornando a equação (4. 74) temos:

$$\frac{du_o}{dn_o}\hat{n}_o = \left\|\nabla_o u_o\right\| \cos\theta_o \hat{n}_o . \qquad (4.\ 76)$$

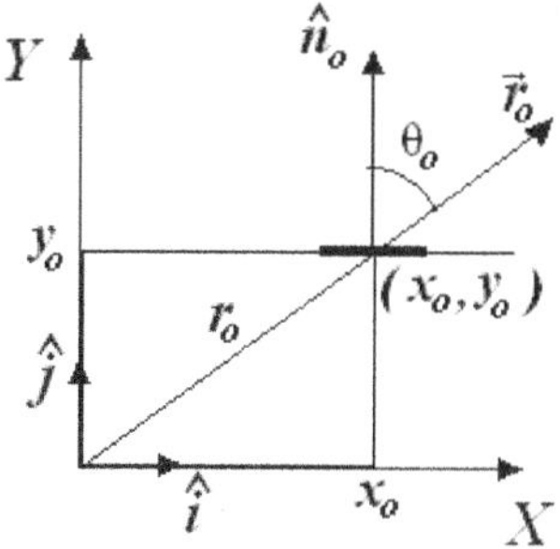

Figura - 4. 11. Elemento infinitesimal de superfície sobre um contorno liso e sua normal correspondente.

Sendo,

$$\vec{x}_O = x\cos\varphi\hat{i} + ysen\varphi\hat{j}$$
$$\vec{y}_O = -xsen\varphi\hat{i} + y\cos\varphi\hat{j} \qquad (4.\ 77)$$

Ou

$$\begin{Bmatrix} \vec{x}_O \\ \vec{y}_O \end{Bmatrix} = \begin{pmatrix} \cos\varphi & sen\varphi \\ -sen\varphi & \cos\varphi \end{pmatrix} \begin{bmatrix} \vec{x} \\ \vec{y} \end{bmatrix} \qquad (4.\ 78)$$

Onde φ é o ângulo formado pelas normais $(\hat{n}_O, \hat{n})$ entre o contorno rugoso e sua projeção que corresponde ao contorno liso. Logo,

$$\frac{\partial \vec{x}_O}{\partial x} = \frac{\partial x}{\partial x}\cos\varphi\hat{i} + \frac{\partial y}{\partial x}sen\varphi\hat{j}$$
$$\frac{\partial \vec{y}_O}{\partial y} = -\frac{\partial x}{\partial y}sen\varphi\hat{i} + \frac{\partial y}{\partial y}\cos\varphi\hat{j} \qquad (4.\ 79)$$

Ou particularmente,

$$\begin{Bmatrix} \dfrac{\partial \vec{x}_O}{\partial x} \\ \dfrac{\partial \vec{y}_O}{\partial y} \end{Bmatrix} = \begin{pmatrix} \dfrac{\partial x}{\partial x} & \dfrac{\partial y}{\partial x} \\ \dfrac{\partial x}{\partial y} & \dfrac{\partial y}{\partial y} \end{pmatrix} \begin{pmatrix} \cos\varphi & -sen\varphi \\ sen\varphi & \cos\varphi \end{pmatrix} \begin{bmatrix} \vec{i} \\ \vec{j} \end{bmatrix} = \begin{pmatrix} 1 & 0 \\ 0 & 1 \end{pmatrix} \begin{pmatrix} \cos\varphi & -sen\varphi \\ sen\varphi & \cos\varphi \end{pmatrix} \begin{bmatrix} \vec{i} \\ \vec{j} \end{bmatrix} \Rightarrow \begin{cases} \dfrac{\partial \vec{x}_O}{\partial x} = \cos\varphi\hat{i} \\ \dfrac{\partial \vec{y}_O}{\partial y} = \cos\varphi\hat{j} \end{cases} \qquad (4.\ 80)$$

Portanto,

$$\nabla r_O = \frac{\partial \vec{x}_O}{\partial x} + \frac{\partial \vec{y}_O}{\partial y} = \cos\varphi\hat{i} + \cos\varphi\hat{j} \qquad (4.\ 81)$$

substituindo (4. 80) em (4. 73) temos:

$$\|\nabla u\| = \left\|\frac{du}{du_o}\right\| \|\nabla_o u_o\| \sqrt{\cos\varphi^2 + \cos\varphi^2} \ . \tag{4. 82}$$

logo

$$\|\nabla u\| = \left\|\frac{du}{du_o}\right\| \|\nabla_o u_o\| \sqrt{2} \cos\varphi \ . \tag{4. 83}$$

Como

$$\frac{du}{dn} = \|\nabla u\| (\hat{r}.\hat{n}). \tag{4. 84}$$

temos:

$$\frac{du}{dn} = \|\nabla u\| (\hat{r}.\hat{n}) = \|\nabla_o u_o\| \sqrt{2} \cos\varphi (\hat{r}.\hat{n}) \ . \tag{4. 85}$$

Usando o fato de que:

$$\frac{du}{d\hat{n}} = \frac{du}{du_o} \frac{du_o}{d\hat{n}_o} \frac{d\hat{n}_o}{d\hat{n}} \ . \tag{4. 86}$$

Temos:

$$\frac{du}{dn} = \|\nabla u\| (\hat{r}.\hat{n}) = \left\|\frac{du}{du_o}\right\| \left\|\frac{du_o}{dn_o}\right\| \left\|\frac{dn_o}{dn}\right\| = \|\nabla_o u_o\| \sqrt{2} \cos\varphi (\hat{r}.\hat{n}) \ . \tag{4. 87}$$

sendo

$$\frac{du_o}{dn_o} = \|\nabla_o u_o\| (\hat{r}_o.\hat{n}_o). \tag{4. 88}$$

podemos relacionar a derivada direcional sobre a rugosa com a derivada direcional sobre a superfície lisa da seguinte forma:

$$\frac{du}{dn} = \|\nabla u\| (\hat{r}.\hat{n}) = \left\|\frac{du}{du_o}\right\| \|\nabla_o u_o\| (\hat{r}_o.\hat{n}_o) \left\|\frac{dn_o}{dn}\right\| = \|\nabla_o u_o\| \sqrt{2} \cos\varphi (\hat{r}.\hat{n}) \ . \tag{4. 89}$$

Cancelando o termo $\|\nabla_o u_o\|$ temos

$$\left\|\frac{du}{du_o}\right\| (\hat{r}_o.\hat{n}_o) \left\|\frac{dn_o}{dn}\right\| = \sqrt{2} \cos\varphi (\hat{r}.\hat{n}) \ . \tag{4. 90}$$

Por outro lado, multiplicando e dividindo por $\hat{r}_o.\hat{n}_o$ obtemos:

$$\frac{du}{dn} = \|\nabla u\| (\hat{r}.\hat{n}) = \left\|\frac{du}{du_o}\right\| \|\nabla_o u_o\| (\hat{r}_o.\hat{n}_o) \left\|\frac{dn_o}{dn}\right\| = \|\nabla_o u_o\| (\hat{r}_o.\hat{n}_o) \sqrt{2} \cos\varphi \left(\frac{\hat{r}.\hat{n}}{\hat{r}_o.\hat{n}_o}\right) \tag{4. 91}$$

.

Usando (4. 88) em (4. 91) temos:

$$\frac{du}{dn}=\left\|\frac{du}{du_O}\right\|\left\|\nabla_O u_O\right\|\left(\hat{r}_O.\hat{n}_O\right)\left\|\frac{dn_O}{dn}\right\|=\left\|\frac{du}{dn_O}\right\|\sqrt{2}\cos\varphi\left(\frac{\hat{r}.\hat{n}}{\hat{r}_O.\hat{n}_O}\right). \tag{4. 92}$$

Esta é uma expressão geral que vale para qualquer situação onde as grandezas associadas às coordenadas não está alinhado as direções principais do corpo, e nem estas por sua vez estão alinhadas as direções principais do fluxo.

Como $\frac{du}{dn_O}=\left\|\nabla_O u_O\right\|\cos\theta_O$ e $\frac{du}{dn}=\left\|\nabla u\right\|\cos\theta$ temos:

$$\frac{du}{dn}=\frac{du}{du_O}\left\|\nabla_O u_O\right\|\cos\theta_O\frac{dn_O}{dn}. \tag{4. 93}$$

E

$$\frac{du}{dn}=\left\|\frac{du}{du_O}\right\|\left\|\nabla_O u_O\right\|\left(\hat{r}_O.\hat{n}_O\right)\left\|\frac{dn_O}{dn}\right\|=\left\|\frac{du}{dn_O}\right\|\sqrt{2}\cos\varphi\left(\frac{\hat{r}.\hat{n}}{\cos\theta_O}\right). \tag{4. 94}$$

Ou

$$\left\|\nabla u\right\|=\left\|\frac{du}{du_O}\right\|\left\|\nabla_O u_O\right\|\left(\hat{r}_O.\hat{n}_O\right)\left\|\frac{dn_O}{dn}\right\|=\left\|\nabla_O u_O\right\|\sqrt{2}\cos\varphi . \tag{4. 95}$$

Logo

$$\left\|\frac{du}{du_O}\right\|\left(\hat{r}_O.\hat{n}_O\right)\left\|\frac{dn_O}{dn}\right\|=\sqrt{2}\cos\varphi . \tag{4. 96}$$

Se a direção do gradiente na superfície lisa estiver na mesma direção da normal a essa superfície isto é $\nabla u_O // \hat{n}_O$ temos $\hat{r}_O.\hat{n}_O=\cos\theta_O=1$, logo:

$$\frac{du_O}{dn_O}=\left\|\nabla_O u_O\right\| . \tag{4. 97}$$

logo

$$\frac{du}{dn}=\left\|\frac{du}{du_O}\right\|\left\|\nabla_O u_O\right\|\left\|\frac{dn_O}{dn}\right\|=\left\|\frac{du}{dn_O}\right\|\sqrt{2}\cos\varphi\left(\hat{r}.\hat{n}\right) . \tag{4. 98}$$

E

$$\left\|\frac{du}{du_o}\right\|\left\|\frac{dn_o}{dn}\right\| = \sqrt{2}\cos\varphi(\hat{r}.\hat{n}). \tag{4. 99}$$

Mas neste caso $\hat{r}.\hat{n} = \cos\theta$ logo:

$$\frac{du}{dn} = \left\|\frac{du}{du_o}\right\|\left\|\nabla_o u_o\right\|\left\|\frac{dn_o}{dn}\right\| = \left\|\frac{du}{dn_o}\right\|\sqrt{2}\cos\varphi\cos\theta. \tag{4. 100}$$

Ou

$$\frac{du}{dn} = \left\|\frac{du}{du_o}\right\|\left\|\frac{du_o}{dn_o}\right\|\sqrt{2}\cos\theta\cos\varphi. \tag{4. 101}$$

E novamente

$$\frac{du}{dn} = \left\|\frac{du}{du_o}\right\|\left\|\nabla_o u_o\right\|\sqrt{2}\cos\varphi\cos\theta \tag{4. 102}$$

Ou

$$\left\|\nabla u\right\| = \left\|\frac{du}{du_o}\right\|\left\|\nabla_o u_o\right\|\sqrt{2}\cos\varphi. \tag{4. 103}$$

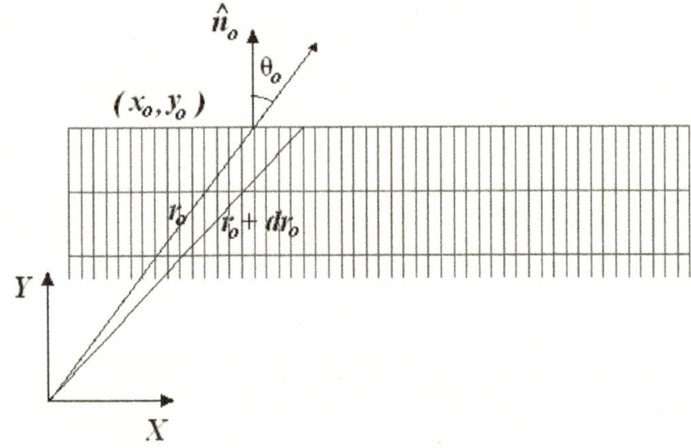

Figura - 4. 12. Caso particular de um contorno liso onde $\nabla u_o // \hat{n}_o$ e $\hat{r}_o.\hat{n}_o = \cos\theta_o = 1$.

De forma análoga consideremos o sistema de coordenadas conforme mostra a Figura - 4. 13.

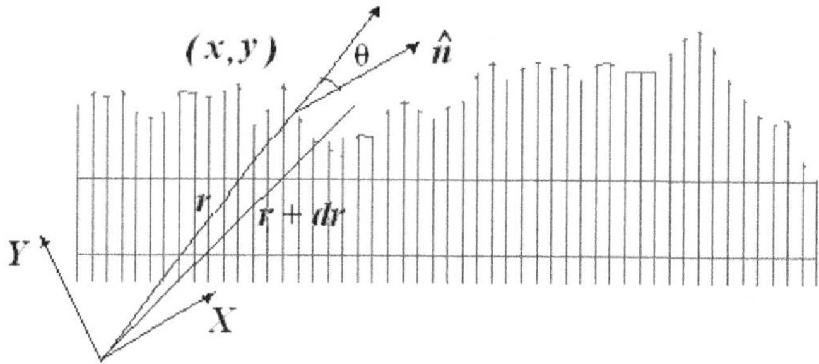

Figura - 4. 13. Caso geral de um contorno rugoso onde $\hat{r} \neq \hat{r}_O \neq \hat{n}_O$

Sabemos que a derivada direcional que representa o fluxo em uma determinada direção para o contorno rugoso é dada por:

$$\frac{du}{dn} = \|\nabla u\| (\hat{r}.\hat{n}) . \tag{4. 104}$$

onde, o produto escalar $(\hat{r}.\hat{n})$ dá a projeção do fluxo sobre o contorno rugoso.

$$(\hat{r}.\hat{n}) = \cos\theta . \tag{4. 105}$$

Retornando a equação (4. 104) temos:

$$\frac{du}{dn}\hat{n} = \|\nabla u\| \cos\theta \hat{n} . \tag{4. 106}$$

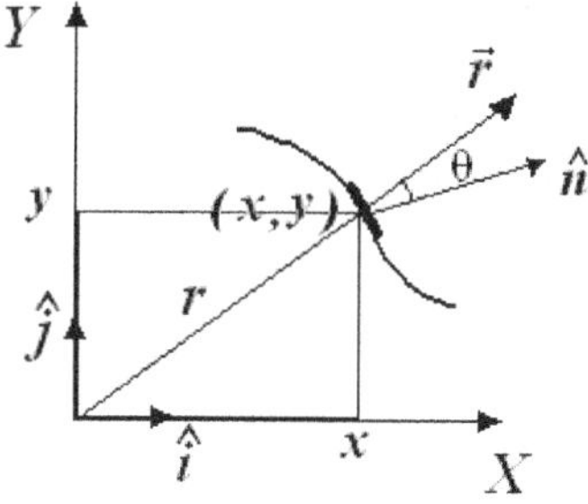

Figura - 4. 14. Elemento infinitesimal de superfície sobre um contorno rugoso e sua normal correspondente.

Por outro lado, sabemos que:

$$\frac{du}{d\vec{n}} = \frac{du}{du_o}\frac{du_o}{d\vec{n}_o}\frac{d\vec{n}_o}{d\vec{n}} \,. \tag{4. 107}$$

Substituindo (4. 104) e (4. 74) em (4. 107) temos:

$$\|\nabla u\|(\hat{r}.\hat{n}) = \frac{du}{du_o}\|\nabla_o u_o\|(\hat{r}_o.\hat{n}_o)\frac{d\vec{n}_o}{d\vec{n}} \,. \tag{4. 108}$$

Logo a partir de (4. 76) e (4. 106) temos:

$$\frac{du}{dn} = \|\nabla u\|\cos\theta = \frac{du}{du_o}\|\nabla_o u_o\|\cos\theta_o\frac{dn_o}{dn} \,. \tag{4. 109}$$

Então,

$$\|\nabla u\| = \frac{du}{du_o}\|\nabla_o u_o\|\left(\frac{\cos\theta_o}{\cos\theta}\right)\frac{dn_o}{dn} \,. \tag{4. 110}$$

De acordo com a Figura - 4. 15

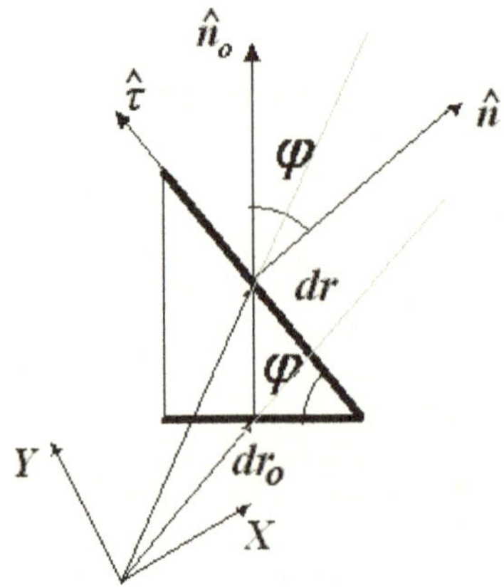

Figura - 4. 15. Relação entre os Elementos infinitesimais de superfície de um contorno rugoso e liso e suas normais correspondentes.

Temos:

$$\hat{n}_o = \cos\varphi\hat{n} + \mathrm{sen}\varphi\hat{\tau} \,. \tag{4. 111}$$

logo

$$\frac{d\vec{n}_o}{d\vec{n}} = \cos\varphi \ . \tag{4. 112}$$

Logo a equação (4. 109) fica:

$$\|\nabla u\| \cos\theta = \frac{du}{du_o} \|\nabla_o u_o\| \cos\theta_o \cos\varphi \ . \tag{4. 113}$$

Portanto, temos finalmente que:

$$\|\nabla u\| = \frac{du}{du_o} \|\nabla_o u_o\| \left(\frac{\cos\theta_o}{\cos\theta} \right) \cos\varphi \ . \tag{4. 114}$$

A partir desse resultado analítico, observa-se que conforme as posições relativas dos fluxos e da rugosidade de um contorno variam, o cosseno do ângulo entre eles também varia. Portanto, a cada ponto do contorno o cosseno pode variar suavemente ou discretamente, dependendo da natureza do contorno. Desta forma, precisamos modelar a variação desse cosseno junto com a variação posição relativa do contorno rugoso com a sua projeção sobre uma linha de referência euclidiana de acordo com a natureza da rugosidade do contorno. De uma forma geral podemos desenvolver o modelo que será descrito a seguir.

Comparando (4. 73) com (4. 114) podemos concluir que:

$$\|\nabla r_o\| = \sqrt{\left(\frac{\partial x_o}{\partial x} \right)^2 + \left(\frac{\partial y_o}{\partial y} \right)^2} = \left(\frac{\cos\theta_o}{\cos\theta} \right) \cos\varphi \ . \tag{4. 115}$$

Se a direção do gradiente na superfície lisa estiver na mesma direção da normal a essa superfície isto é $\nabla u_o \,//\, \hat{n}_o$ temos $\cos\theta_o = 1$, logo:

$$\frac{du_o}{dn_o} = \|\nabla_o u_o\| . \tag{4. 116}$$

então,

$$\|\nabla r_o\| = \sqrt{\left(\frac{\partial x_o}{\partial x} \right)^2 + \left(\frac{\partial y_o}{\partial y} \right)^2} = \frac{\cos\varphi}{\cos\theta} . \tag{4. 117}$$

E portanto,

$$\frac{du}{dn} = \|\nabla u\| \cos\theta = \frac{du}{du_o} \|\nabla_o u_o\| \cos\varphi \qquad (4.118)$$

4.4.10 – Análise das Projeções do Contorno Rugoso sobre o Liso

Considerando um elemento de contorno reto, e um elemento de contorno inclinado em relação a este, conforme mostra a Figura - 4. 16 podemos observar que para elementos de contornos diferentes, $i \neq j$ para calcular du/dn_j precisamos determinar analiticamente ou geometricamente quanto vale dr/dn_j.

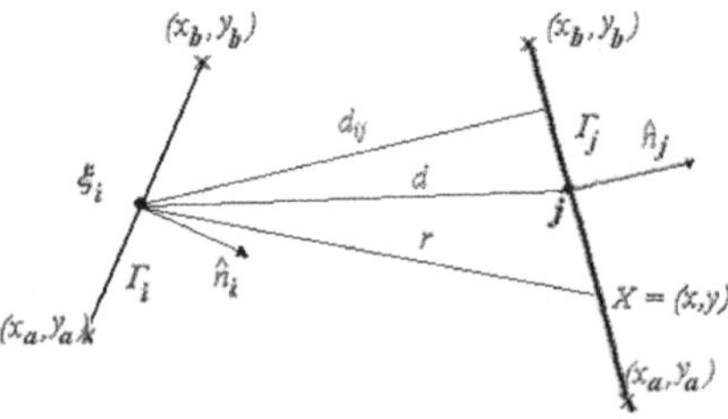

Figura - 4. 16. Relação entre elementos retos diferentes $i \neq j$.

chamando de:

$$\hat{n} = n_x \hat{i} + n_y \hat{j} \qquad (4.119)$$

e

$$d\vec{r} = dx\hat{i} + dy\hat{j} \qquad (4.120)$$

logo

$$\hat{n}.d\vec{r} = n_x dx + n_y dy \qquad (4.121)$$

Onde o vetor normal ao segmento AB que liga dois pontos de coordenadas, $A = (x_o, y_o)$ e $B = (x, y)$ é dão por:

$$\hat{n} = -(y - y_o)\hat{i} + (x - x_o)\hat{j} \;. \qquad (4.122)$$

ou

$$\hat{n}.d\vec{r} = \frac{dydx}{d\Gamma}\hat{i}.\hat{i} - \frac{dxdy}{d\Gamma}\hat{j}.\hat{j} = 0 \qquad (4.\ 123)$$

Portanto, Se os vetores $\hat{n}$ e $d\vec{r}$ são perpendiculares ($\hat{n} \perp d\vec{r}$) entre si, pois $\hat{n}.d\vec{r} = 0$

$$d\hat{n} = \frac{dy}{d\Gamma}\hat{i} - \frac{dx}{d\Gamma}\hat{j} \qquad (4.\ 124)$$

Logo

$$\frac{du}{dn} = \frac{\partial u}{\partial x}dy + \frac{\partial u}{\partial y}dx \qquad (4.\ 125)$$

Portanto, a equação fica

$$\frac{du}{dn} = \nabla u.\hat{n} \qquad (4.\ 126)$$

Para novamente transformar a derivada direcional em fluxo podemos escrever:

$$\frac{du_O}{dn_O}\hat{n}_O = \left\|\nabla_O u_O\right\| \frac{dr_O}{dn_O}\hat{n}_O\ . \qquad (4.\ 127)$$

E

$$\frac{du}{dn}\hat{n} = \left\|\nabla u\right\| \frac{dr}{dn}\hat{n}\ . \qquad (4.\ 128)$$

Portanto, devemos saber calcular quanto vale *dr/dn*.

4.4.11 - Cálculo Analítico de dr/dn_j

A derivada direcional dr/dn_j pode ser escrita em termos do gradiente de r como:

$$\frac{dr}{dn_j} = \vec{\nabla} r.\hat{n}_j \qquad (4.\ 129)$$

E

$$\frac{dr}{dn_j} = \left\|\vec{\nabla} r\right\| \left(\hat{r}.\hat{n}_j\right) \qquad (4.\ 130)$$

Sendo

$$\vec{\nabla} r = \hat{r} = \frac{\vec{r}}{r} \qquad (4.\ 131)$$

podemos escrever:

$$\frac{dr}{dn_j} = \frac{\vec{r}.\hat{n}_j}{r} \tag{4. 132}$$

Mas a partir da Figura - 4. 16. nós temos que $\vec{r}.\hat{n}_j = d_{ij}$, logo temos:

$$\frac{dr}{dn_j} = \frac{d_{ij}}{r} \tag{4. 133}$$

onde d_{ij} é um valor único para cada par de elementos Γ_i e Γ_j.

Observe a partir da (4. 124) que

$$\frac{dr}{dn_j} = \frac{\vec{r}.\hat{n}_j}{r} = \frac{|\vec{r}|.|\hat{n}_j|}{r}\cos\theta \tag{4. 134}$$

Como $\hat{n}_j$ é um vetor unitário temos $|\hat{n}_j| = 1$, logo

$$\frac{dr}{dn_j} = \frac{\vec{r}.\hat{n}_j}{r} = \frac{|\vec{r}|}{r}\cos\theta \tag{4. 135}$$

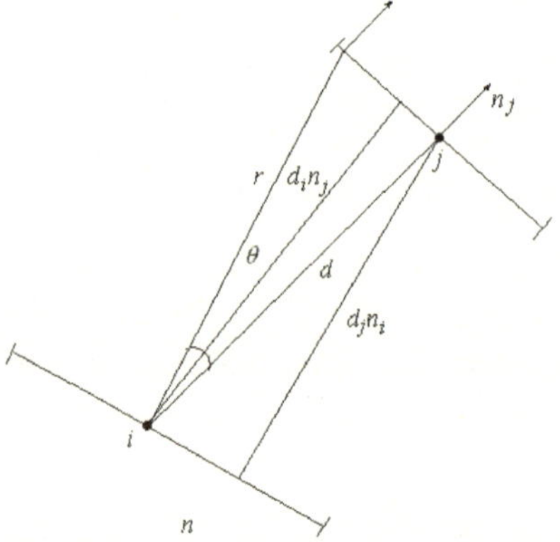

Figura - 4. 17. Cálculo das distâncias entre os elementos i ≠ j.

mas $|\vec{r}| \equiv r$, logo teremos

$$\frac{dr}{dn_j} = \frac{\vec{r}.\hat{n}_j}{r} = \cos\theta \tag{4. 136}$$

onde

$$\cos\theta = \frac{\vec{r}.\hat{n}_j}{|\hat{n}||\vec{r}|} = \frac{n_x r_x + n_y r_y}{\sqrt{n_x{}^2 + n_y{}^2}\sqrt{r_x{}^2 + r_y{}^2}} \tag{4. 137}$$

Como $|\hat{n}_j| = 1$ temos:

$$\frac{dr}{dn_j} = \frac{n_x r_x + n_y r_y}{\sqrt{r_x{}^2 + r_y{}^2}} = \cos\theta \tag{4. 138}$$

Observe que dr/dn_j é igual ao cosseno do ângulo θ entre o vetor $\vec{r}$ e a direção na normal $\hat{n}_j$. Este valor da projeção de $\vec{r}$ na direção de n_j é único e fixo para cada par de elementos i e j, e vale $d_i n_j$ não dependendo de r para um elemento de contorno constante, ou seja,

$$\frac{dr}{dn_j} = \frac{\vec{r}.\vec{n}_j}{r} = \frac{n_x r_x + n_y r_y}{\sqrt{r_x{}^2 + r_y{}^2}} = \cos\theta \tag{4. 139}$$

Onde $\hat{r}.\hat{n}_j = d_i n_j$ logo teremos:

$$\frac{dr}{dn_j} = \frac{d_i n_j}{r} = \cos\theta \tag{4. 140}$$

Onde $d_i n_j$ é um valor único para cada para de elementos Γ_i e Γ_j e não depende do raio r entre o centro do elemento i e qualquer ponto $X = (x,y)$ sobre a extensão do elemento j.

Retornando a equação (4. 128) e substituindo nela a equação (4. 122) temos:

$$\frac{du}{dn}\hat{n} = \|\nabla u\|\|\nabla r\|(\vec{r}.\hat{n})\hat{n}\ . \tag{4. 141}$$

E ainda substituindo (4. 140) na equação (4. 128) ficamos com:

$$\frac{du}{dn}\hat{n} = \|\nabla u\|\cos\theta\hat{n}\ . \tag{4. 142}$$

4.4.12 – Aproximação por Série de Taylor do Potencial Rugoso em termos do Potencial Liso

Seja a distribuição de deslocamentos $\vec{u}(x,y)$ sobre um contorno rugoso de um corpo, cuja linha de referência euclidiana em um corpo semelhante, porém com contorno imaginário liso, possui uma distribuição de deslocamentos $\vec{u}*_o(x*_o,y*_o)$, conforme mostra a Figura - 4. 18.

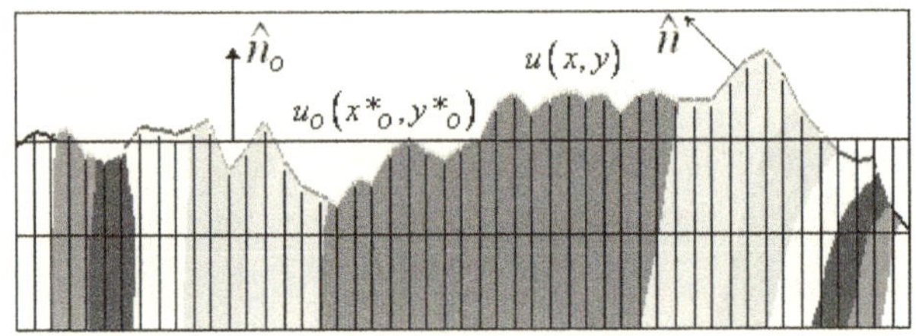

Figura - 4. 18. Contorno rugoso com linha de referência euclidiana de um contorno liso projetado.

Vamos estimar a variação de temperatura do contorno rugoso em relação a linha de referência do contorno liso como sendo dada por:

$$\Delta\vec{u}(x,y)=\Delta\vec{u}*_o(x*_o,y*_o)+\frac{\partial\vec{u}*(x*_o,y*_o)}{\partial x}(x-x*_o)+\frac{\partial\vec{u}*(x*_o,y*_o)}{\partial y}(y-y*_o)+$$
$$+2\frac{\partial\vec{u}*(x*_o,y*_o)}{\partial x}\frac{\partial\vec{u}*(x*_o,y*_o)}{\partial y}(x-x*_o)(y-y*_o)+\ldots \qquad (4.\ 143)$$

Suponhamos que as condições de contorno dos dois corpos (ou de contorno rugoso e liso) são idênticas. A partir de agora o problema rugoso será aproximado pelo problema liso com uma correção dada pelas equações (4. 167) ou (4. 171). Vamos substituir os dados referentes a linha de projeção, $\vec{u}_o(x*_o,y*_o)$, euclidiana pelos dado referentes ao problema euclidiano, $\vec{u}_o(x_o,y_o)$, da seguinte forma:

$$\Delta\vec{u}(x,y)=\Delta\vec{u}_o(x_o,y_o)+\frac{\partial\vec{u}(x_o,y_o)}{\partial x}(x-x_o)+\frac{\partial\vec{u}(x_o,y_o)}{\partial y}(y-y_o)+$$
$$+2\frac{\partial\vec{u}(x_o,y_o)}{\partial x}\frac{\partial\vec{u}(x_o,y_o)}{\partial y}(x-x_o)(y-y_o)+\ldots \quad . \qquad (4.\ 144)$$

Utilizando esta aproximação vamos agora modelar a rugosidade da superfície rugosa.

Portanto,

$$\frac{d\vec{u}(x,y)}{d\vec{u}_o(x_o,y_o)}=1+\frac{1}{\Delta\vec{u}_o(x_o,y_o)}\frac{\partial\vec{u}(x_o,y_o)}{\partial x}(x-x_o)+\frac{1}{\Delta\vec{u}_o(x_o,y_o)}\frac{\partial\vec{u}(x_o,y_o)}{\partial y}(y-y_o)+$$
$$+2\frac{1}{\Delta\vec{u}_o(x_o,y_o)}\frac{\partial\vec{u}(x_o,y_o)}{\partial x}\frac{\partial\vec{u}(x_o,y_o)}{\partial y}(x-x_o)(y-y_o)+\ldots \qquad (4.\ 145)$$

4. 5 – Metodologias e Técnicas Numéricas Empregadas na Solução do Potencial Escalar - Problema Térmico

Apresentamos nesta secção os materiais e os métodos empregados na solução do problema de calor em uma placa com um contorno liso e outra placa equivalente, porém com contorno rugoso em duas dimensões (2-D). Apresentamos também a forma de preparação e coleta dos dados de simulação numérica, as malhas e as condições de contorno utilizadas.

Para a realização deste trabalho computacional tivemos que elaborar algumas metodologias auxiliares para a utilização do código FEAP remotamente. O código FEAP opera em ambiente LINUX e nós dispúnhamos de computadores em ambiente WINDOWS. Desta forma, algumas metodologias de transferência e formatações de dados tiveram que ser elaboradas e executadas com a finalidade de se apresentar os resultados obtidos na sua forma final. Também se recorreu ao site da Universidade de Berkeley para obtenção de informações adicionais sobre o FEAP. Neste site encontraram-se vários manuais de operação que muito nos ajudaram a manusear a versão compilada do FEAP. Em algumas oportunidades também se utilizou a versão for WINDOWS do FEAP denominada FEAP-pv, para nos auxiliar nas horas difícil acesso ao FEAP for LINUX do Laboratório de Análise Térmica. Alguma diferença entre essas versões foram encontradas principalmente em alguns comandos internos e na preparação dos arquivos de entrada. Comparativamente os resultados obtidos pelos dois códigos foram muito semelhantes.

4.5.1 – Metodologia de Plano de Trabalho e Técnicas Utilizadas

- Usaremos o Método de Elementos Finitos e de Contorno para realização dos cálculos numéricos através das linguagens de Programação, FORTRAN, Linguagem – C, DELPHI da Borland.
- Usaremos o Código FEAP para realização dos cálculos numéricos pelo Método de Elementos Finitos.
- Para a Análise Fractal e Multifractal serão utilizados os Métodos Sand-Box e Box-Counting.
- Os modelos que possivelmente serão desenvolvidos seguirão o formalismo matemático que já vem sendo desenvolvido na literatura especializada, tais como o de Vicsék (1992), etc, e os métodos desenvolvidos por Lacerda [2002a, 2002b].

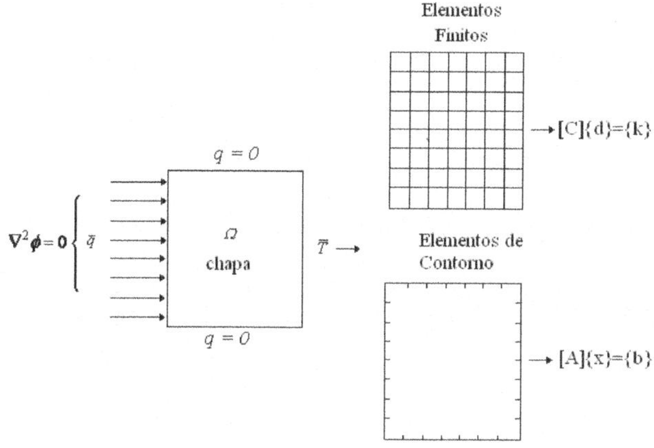

Figura - 4. 19. Problema de fluxo de condução de calor em uma chapa plana.

4.5.2 – Formulação Metodológica dos Problemas a serem Resolvidos

O problema P1 considerado o problema ideal foi resolvido diretamente usando uma malha com contorno liso usando o método dos elementos finitos pelo código FEAP.

O problema P2 considerado o problema rugoso real foi resolvido diretamente usando uma malha com contorno rugoso usando o método dos elementos finitos pelo código FEAP.

O problema equivalente PE considerado o problema fictício será resolvido diretamente usando uma aproximação analítica cuja equivalência entre os problemas P1 e P2 pode ser descritos pela seguinte equação

$$P2 \cong PE \; . \tag{4. 146}$$

Onde

$$PE = P1.f(u,u_o,x,y,x_o,y_o) \; . \tag{4. 147}$$

Logo

$$P2 \cong P1.f(u,u_o,x,y,x_o,y_o) \; . \tag{4. 148}$$

A função de aproximação $f(u,u_o,x,y,x_o,y_o)$ foi obtida pelo modelo proposto e para fins de execução do modelo os dados necessários foram extraídos do problema P1 e dos dados geométricos da placa rugosa do problema P2.

4.5.3 – Metodologia de Formulação e Solução Numérica pelo Método dos Elementos de Contorno

Para se resolver o problema pelo Método dos Elementos de Contorno, os contornos lisos e rugosos da placa foram discretizados em elementos de comprimentos fixos e variáveis, respectivamente, conforme mostra a Figura - 4. 20.

Figura - 4. 20. Discretização de um contorno rugoso para medida pelo Métodos dos Elementos Finitos.

Os dados desses contornos liso e rugosos foram fornecidos na entrada do algoritmo em FORTRAN-90 denominado de POCONBE. Os resultados fornecidos pela do programa POCONBE de Método de Elementos de Contorno foram utilizados para relacionar a solução numérica com o modelo proposto.

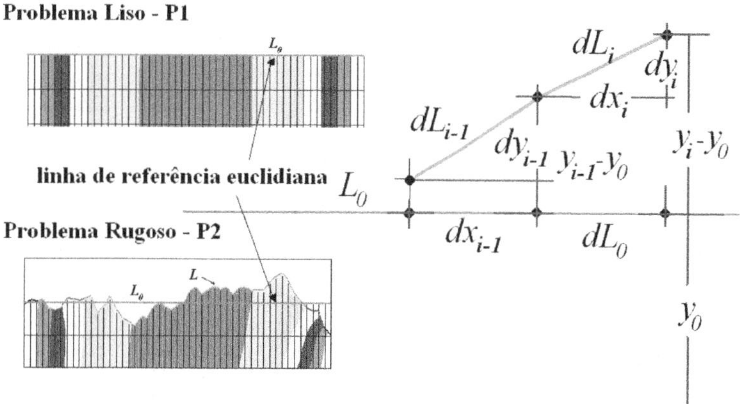

Figura - 4. 21. Detalhe do esquema metodológico de cálculo pelo Método dos Elementos de Contorno dos elementos infinitesimais sobre um contorno rugoso.

As grandezas necessárias ao cálculo da função de aproximação fractal, estão representadas conforme mostra a Figura - 4. 21. Elas foram extraídas do arquivo de saída que continha os resultados da simulação e foram lançadas tabelas para a geração dos gráficos do potencial e do fluxo em função da coordenada do contorno.

4.5.4 – Metodologias de Formulação e Solução Numérica pelo Método dos Elementos Finitos

Para se resolver o problema pelo Método dos Elementos Finitos, o domínio e os contornos lisos e rugosos da placa foram discretizados em elementos de comprimentos fixos e variáveis, respectivamente, conforme mostra a Figura - 4. 20.

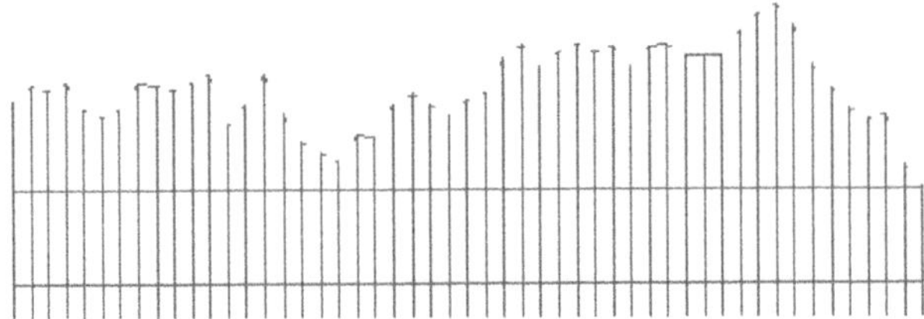

Figura - 4. 22. Contorno rugoso discretizado em elementos finitos quadrilaterais.

Os dados desses contornos liso e rugosos foram fornecidos na entrada do algoritmo em FORTRAN-90 denominado de FEAP. Os resultados fornecidos pela do programa FEAP de Método de Elementos de Finitos foram utilizados para relacionar a solução numérica com o modelo proposto.

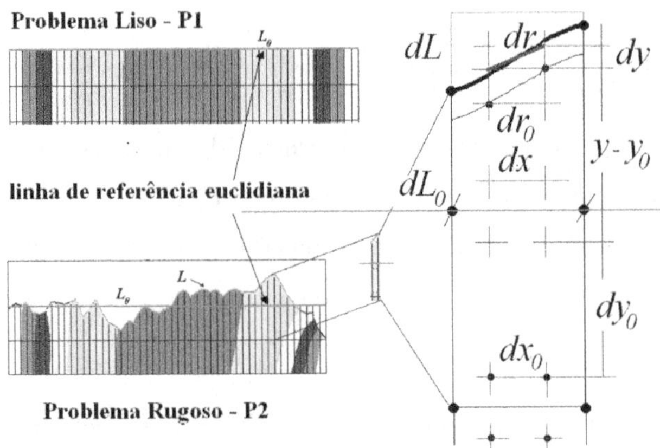

Figura - 4. 23. Detalhe do esquema metodológico de cálculo pelo Método dos Elementos Finitos dos elementos infinitesimais sobre um contorno rugoso.

As grandezas necessárias ao cálculo da função de aproximação fractal, estão representadas conforme mostra a Figura - 4. 21. Elas foram extraídas do arquivo de saída que continha os resultados da simulação e foram lançadas tabelas para a geração dos gráficos do potencial e do fluxo em função da coordenada do contorno.

4.5.5 – Metodologia de Preparação dos Dados

A transmissão de calor em uma placa de material foi simulada conforme os dados da Tabela - IV. 1. Dimensões Geométricas e Massa Específica da Placa

e Tabela - IV. 2

Tabela - IV. 1. Dimensões Geométricas e Massa Específica da Placa

Material	**Comprimento - l (cm)**	**Altura - h (cm)**	**Espessura - t (cm)**	**Massa Específico (Kg/m^3)**
Latão (70Cu-30Zn	10,0	10,0	1,0	8470

Tabela - IV. 2. Propriedades do Material Simulado

Material	**Massa Específico (Kg/m^3)**	**Calor Específico (J/Kg.K)**	**Coeficiente de Dilatação Térmica (x $10^{-6o}C^{-1}$)**	**Condutividade Térmica (W/m.K)**
Latão (70Cu-30Zn	8470	375	20	120

4.5.6 - Geração do Arquivo de Entrada

O problema numérico do potencial escalar sobre uma placa com contorno liso, denominado Problema P1, foi elaborado criando-se o arquivo de entrada convencional do código FEAP, com todos os dados necessários e as condições de contorno (a cada exemplo) para a definição desse problema euclidiano liso.

```
feap ** Placa com Conducao de Calor 2D (Geometria Lisa)
561,500,1,2,1,4

coord
1,1,0.0,0.0
51,0,10.0,0.0
52,1,0.0,1.0
102,0,10.0,1.0
103,1,0.0,2.0
153,0,10.0,2.0
154,1,0.0,3.0
204,0,10.0,3.0
205,1,0.0,4.0
255,0,10.0,4.0
256,1,0.0,5.0
306,0,10.0,5.0
307,1,0.0,6.0
357,0,10.0,6.0
358,1,0.0,7.0
408,0,10.0,7.0
409,1,0.0,8.0
459,0,10.0,8.0
460,1,0.0,9.0
510,0,10.0,9.0
511,1,0.0,10.0
561,0,10.0,10.0

elem
1,1,1,2,53,52,1
50,1,50,51,102,101,0
51,1,52,53,104,103,1
100,1,101,102,153,152,0
101,1,103,104,155,154,1
150,1,152,153,204,203,0
151,1,154,155,206,205,1
200,1,203,204,255,254,0
201,1,205,206,257,256,1
250,1,254,255,306,305,0
251,1,256,257,308,307,1
300,1,305,306,357,356,0
301,1,307,308,359,358,1
350,1,356,357,408,407,0
351,1,358,359,410,409,1
400,1,407,408,459,458,0
401,1,409,410,461,460,1
450,1,458,459,510,509,0
451,1,460,461,512,511,1
500,1,509,510,561,560,0

boun
1,51,0
511,0,0
51,51,0
561,0,0
1,1,-1
51,0,1
512,1,-1
560,0,1

forc
1,51,0.0,0.0
511,0,0.0,0.0
51,51,0.0,0.0
561,0,0.0,0.0
1,1,10.0
51,0,10.0
512,1,0.0
560,0,0.0

mate
1,2
120.,,8470.,2,2,0
1,0.0,0.0,20.e-6,25

end

inter
stop
end
```

Figura - 4. 24. Exemplo de um arquivo de entrada de dados para o problema P1.

Consequentemente, após executar o FEAP com o arquivo de entrada, o cálculo e a geração dos dados de saída da placa com contorno totalmente liso foram obtidos.

Para a geração dos dados do problema rugoso, denominado problema P2, o mesmo exemplo gerado como Problema P1, com as mesmas informações necessárias, foi alterado trocando-se apenas as coordenadas dos nós de um dos lados da placa pelas coordenadas dos nós do contorno rugoso, porém mantendo-se as mesmas condições de contorno do problema P1, conforme mostra a Figura - 4. 25.

```
feap ** Placa com Conducao de Calor 2D (Geometria Lisa)
561,500,1,2,1,4

coord
1,1,0.0,0.0
51,0,10.0,0.0
52,1,0.0,1.0
102,0,10.0,1.0
103,1,0.0,2.0
153,0,10.0,2.0
154,1,0.0,3.0
204,0,10.0,3.0
205,1,0.0,4.0
255,0,10.0,4.0
256,1,0.0,5.0
306,0,10.0,5.0
307,1,0.0,6.0
357,0,10.0,6.0
358,1,0.0,7.0
408,0,10.0,7.0
409,1,0.0,8.0
459,0,10.0,8.0
460,1,0.0,9.0
510,0,10.0,9.0
511,1,0.0,10.0 }
561,0,10.0,10.0 }

elem
1,1,1,2,53,52,1
50,1,50,51,102,101,0
51,1,52,53,104,103,1
100,1,101,102,153,152,0
101,1,103,104,155,154,1
150,1,152,153,204,203,0
151,1,154,155,206,205,1
200,1,203,204,255,254,0
201,1,205,206,257,256,1
250,1,254,255,306,305,0
251,1,256,257,308,307,1
300,1,305,306,357,356,0
301,1,307,308,359,358,1
350,1,356,357,408,407,0
351,1,358,359,410,409,1
400,1,407,408,459,458,0
401,1,409,410,461,460,1
450,1,458,459,510,509,0
451,1,460,461,512,511,1
500,1,509,510,561,560,0

boun
1,51,0
511,0,0
51,51,0
561,0,0
1,1,-1
51,0,1
512,1,-1
560,0,1

forc
1,51,0.0,0.0
511,0,0.0,0.0
51,51,0.0,0.0
561,0,0.0,0.0
1,1,10.0
51,0,10.0
512,1,0.0
560,0,0.0

mate
1,2
120.,,8470.,2,2,0
1,0.0,0.0,20.e-6,25

end

inter
stop
end
```

```
511,0,0,9.96
512,0,0.2,10.12
513,0,0.4,10.08
514,0,0.6,10.16
515,0,0.8,9.88
516,0,1,9.8
517,0,1.2,9.88
518,0,1.4,10.16
519,0,1.6,10.12
520,0,1.8,10.08
521,0,2,10.16
522,0,2.2,10.24
523,0,2.4,9.68
524,0,2.6,9.92
525,0,2.8,10.24
526,0,3,9.8
527,0,3.2,9.52
528,0,3.4,9.4
529,0,3.6,9.32
530,0,3.8,9.6
531,0,4,9.56
532,0,4.2,9.92
533,0,4.4,10.04
534,0,4.6,9.92
535,0,4.8,9.8
536,0,5,9.96
537,0,5.2,10.04
538,0,5.4,10.4
539,0,5.6,10.56
540,0,5.8,10.32
541,0,6,10.48
542,0,6.2,10.56
543,0,6.4,10.48
544,0,6.6,10.52
545,0,6.8,10.32
546,0,7,10.52
547,0,7.2,10.56
548,0,7.4,10.44
549,0,7.6,10.44
550,0,7.8,10.44
551,0,8,10.68
552,0,8.2,10.88
553,0,8.4,10.96
554,0,8.6,10.76
555,0,8.8,10.32
556,0,9,10.08
557,0,9.2,9.88
558,0,9.4,9.76
559,0,9.6,9.8
560,0,9.8,9.24
561,0,10,9.04
```

Figura - 4. 25. Exemplo de um arquivo de entrada de dados para o problema P2.

As coordenadas do perfil rugoso a ser inserindo no arquivo de entrada para transformar o problema P1 no problema P2 foram obtidas conforme se descreve a seguir.

4.5.7 - Geração do Perfil Rugoso

Um código em Delphi foi desenvolvido para esse fim. Neste programa pontos aleatórios foram distribuídos em uma região retangular de uma tela gráfica 2D e a partir de um ponto inicial pré-definido, de forma análoga a posição da ponta de um "entalhe", os pontos consecutivamente mais próximos de um dado ponto, após esse "entalhe", foram ligados por um segmento de reta a cada passo, formando no final uma linha rugosa (irregular) conforme mostra a Figura - 4. 26

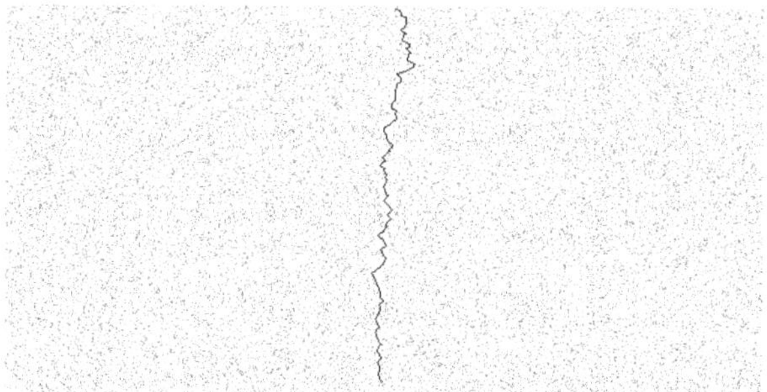

Figura - 4. 26. Caminho rugoso gerado pelo software FRACMATERIAL.

Após esse procedimento as coordenada do caminho rugoso é isolado e transformado no Excel em uma seqüência de coordenadas compatíveis com o arquivo de entrada de dados do programa de elementos finitos (FEAP). Como o código FEAP trabalha com vírgulas ao invés de pontos, uma substituição dessa natureza foi feita utilizando-se o editor do bloco de notas (Notepad) do Windows. O arquivo de entrada assim preparado foi transferido para o ambiente LINUX da máquina engterm9, utilizando o programa de FTP chamado SSH. Com o arquivo de entrada no diretório Feap.d o exemplo foi rodado, obtendo-se o arquivo de saída com os dados.

Os dados de entrada foram preparados de acordo com a metodologia exemplificada na Figura - 4. 27.

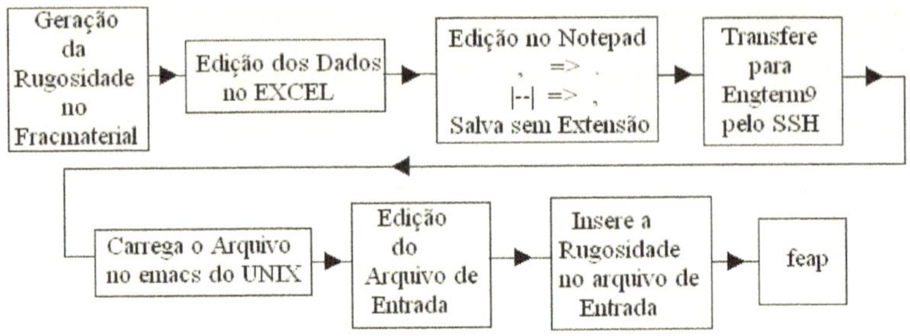

Figura - 4. 27. Fluxograma dos passos seguidos na preparação dos dados de entrada

4.5.8 – Metodologia do Processamento de Dados e de Obtenção dos Resultados

O processamento dos dados de entrada e saída foi realizada de acordo com a metodologia exemplificada na Figura - 4. 28.

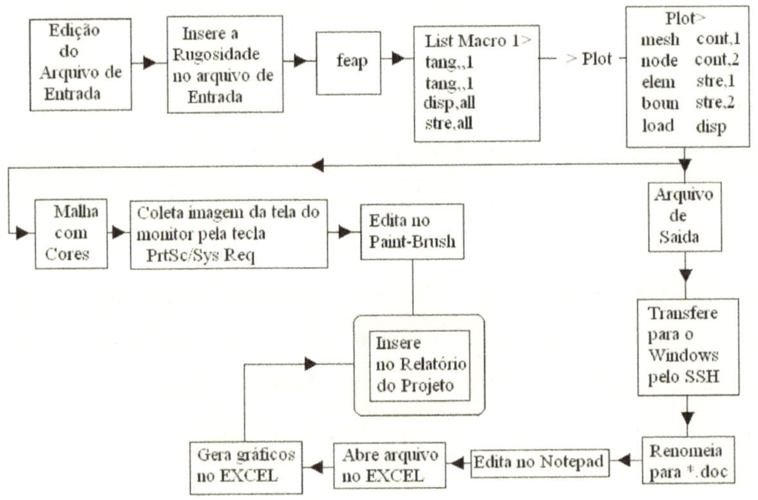

Figura - 4. 28. Fluxograma do procedimento realizado na obtenção e análise dos dados de saída do código FEAP.

Durante a execução do programa Feap foram geradas as malhas, contendo a distribuição de temperatura e os fluxos de calor nas direções principais *(x,y)*. Os dados contidos no arquivo de saída foram transferido para o ambiente Windows pelo SSH e renomeados para a extensão *.doc a fim de serem utilizados no relatório final. Contudo, antes disso uma edição desse arquivo de saída foi realizada utilizando-se o bloco de notas do Windows a fim de se extrair apenas os dados necessários para a geração das tabelas e dos gráficos de análise no EXCEL.

4.5.9 – Metodologia dos Exemplos de Contorno Liso e Rugoso a Serem Testados

Diferentes exemplos de placa Lisa e Rugosa para os problemas P1 e P2 foram gerados, modificando-se as condições de contorno.

(i) 4.5.9.1 – Placa Lisa (Geometria Euclidiana)

As malhas da placa Lisa foram obtidas após a execução do programa FEAP conforme mostra a Figura - 4. 29

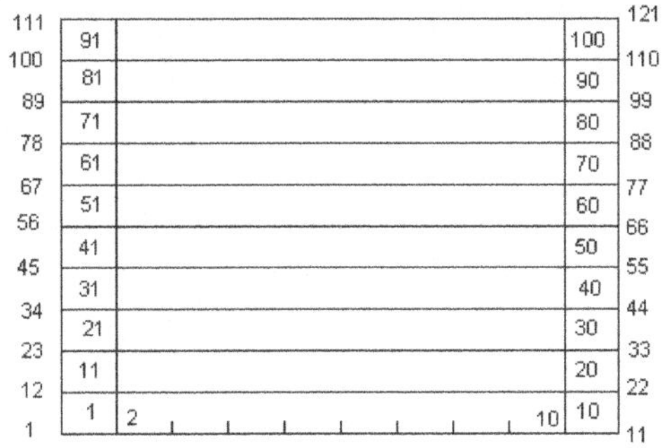

Figura - 4. 29. Representação esquemática da malha 1 (sem rugosidade) utilizada na simulação numérica.

Após a execução do programa FEAP com a malha 1 foi necessário fazer um refinamento dessa malha inicial obtendo-se a malha 2, para fins de cálculo do erro relativo.

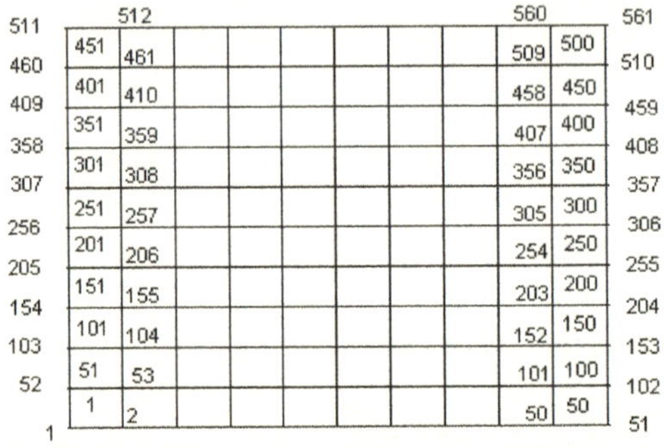

Figura - 4. 30. Representação esquemática da malha 2 (sem rugosidade) utilizada na simulação numérica.

4.5.10 – Placa com Rugosidade Senoidal (Geometria Rugosa Analítica)

Uma rugosidade controlada e analiticamente conhecida foi criada e inserida no arquivo de entradas de dados para geração de exemplos a serem testados com o objetivo de se observar os efeitos do método de aproximação do problema equivalente PE.

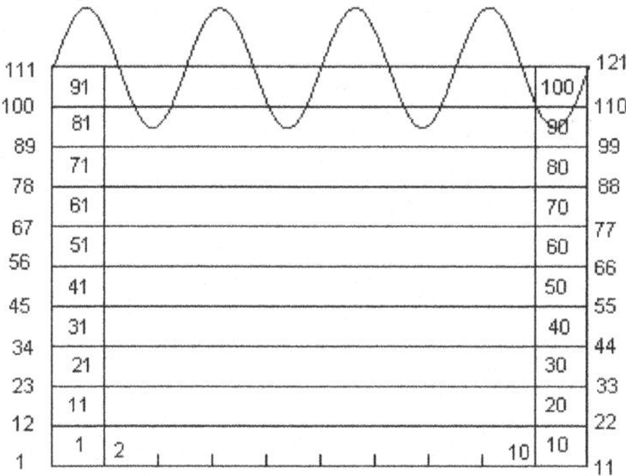

Figura - 4. 31. Representação esquemática da malha 1 (com rugosidade senoidal) utilizada na simulação numérica.

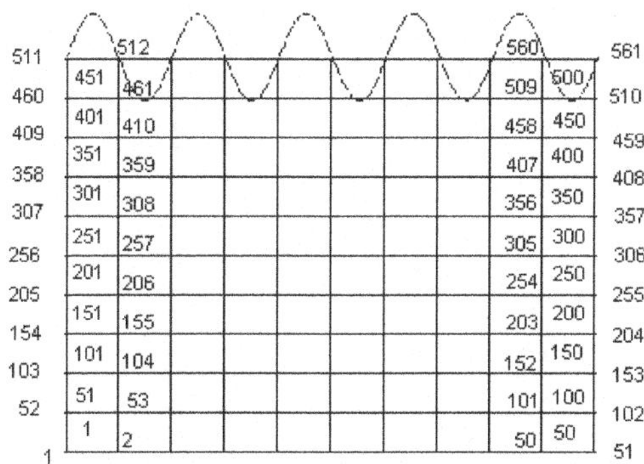

Figura - 4. 32. Representação esquemática da malha 1 (com rugosidade senoidal) utilizada na simulação numérica.

4.5.11 – Placa com Rugosidade Fractal (Geometria Rugosa Fractal)

A malha com contorno rugoso irregular (tendendo a uma linha fractal) foi obtida após a execução do FEAP utilizando-se o arquivo de entrada gerado conforme foi descrito no item 4.3.1 - Definição do Problema P1.

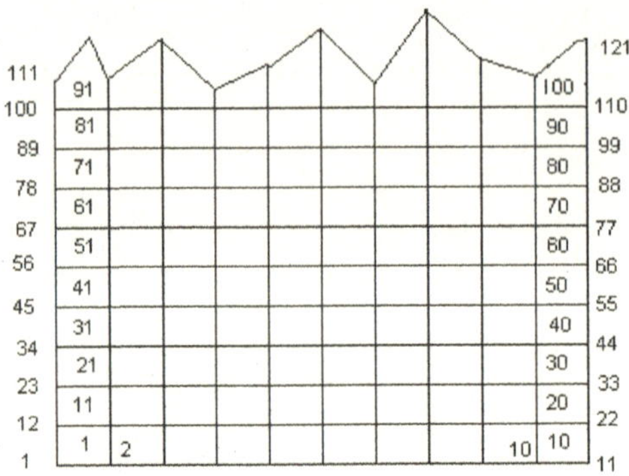

Figura - 4. 33. Representação esquemática da malha 1 (com rugosidade fractal) utilizada na simulação numérica.

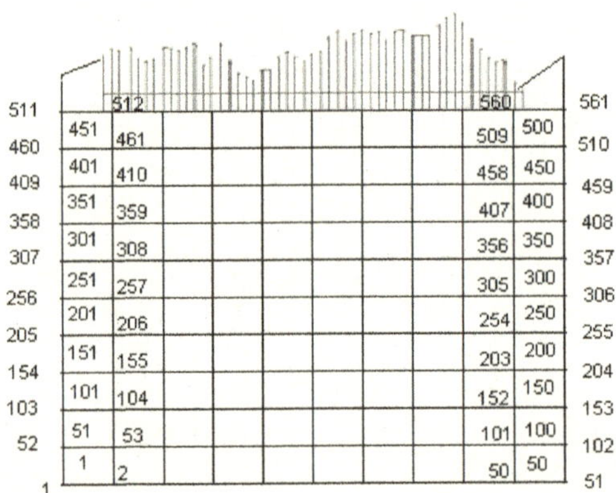

Figura - 4. 34. Representação esquemática da malha 1 (com rugosidade fractal) utilizada na simulação numérica.

4.5.12 – Exemplo de Diferentes Condições de Contorno Impostas

Para uma mesma geometria várias condições de contorno forma estipuladas com a finalidade de se obter vários exemplos. Essas condições são dadas conforme o exemplo da equação (4. 149) a (4. 151).

Caso 0 – Condições de contorno (0[10],6[0])

As condições de contorno impostas para esse exemplo são dadas pela seguinte equação:

$$
\begin{aligned}
& u(x=0,y)=0 \; ; \; u(x,y=0)=? \\
& u(x=L,y)=0 \; ; \; u(x,y=L)=? \\
. \; & \frac{du(x,y=0)}{dn_x}=0 \; ; \; \frac{du(x,y=0)}{dn_y}=0 \\
& \frac{du(x,y=L)}{dn_x}=0 \; ; \; \frac{du(x,y=L)}{dn_y}=0
\end{aligned} \qquad (4.\ 149)
$$

Caso 1 - Condições de contorno (1[10],5[0])

As condições de contorno impostas para esse exemplo são dadas pela seguinte equação:

$$
\begin{aligned}
& u(x=0,y)=10 \; ; \; u(x,y=0)=? \\
& u(x=L,y)=0 \; ; \; u(x,y=L)=? \\
. \; & \frac{du(x,y=0)}{dn_x}=0 \; ; \; \frac{du(x,y=0)}{dn_y}=0 \\
& \frac{du(x,y=L)}{dn_x}=0 \; ; \; \frac{du(x,y=L)}{dn_y}=0
\end{aligned} \qquad (4.\ 150)
$$

Caso 2 - Condições de contorno (1[10],5[0])

As condições de contorno impostas para esse exemplo são dadas pela seguinte equação:

$$
\begin{aligned}
& u(x=0,y)=0 \; ; \; u(x,y=0)=? \\
& u(x=L,y)=10 \; ; \; u(x,y=L)=? \\
. \; & \frac{du(x,y=0)}{dn_x}=0 \; ; \; \frac{du(x,y=0)}{dn_y}=0 \\
& \frac{du(x,y=L)}{dn_x}=0 \; ; \; \frac{du(x,y=L)}{dn_y}=0
\end{aligned} \qquad (4.\ 151)
$$

4.5.13 - Metodologia da Geração Sistemática dos Resultados

Os dados de entrada forma sistematizados por meio da escolha das condições de contorno dos exemplos a serem executados no programa FEAP. Consequentemente, os resultados obtidos foram sistematizados de forma a fornecer informações importantes que pudessem avaliar a proposta do modelo.

4.5.14 – Metodologia de Formas Regulares com Rugosidade no Contorno

Várias geometrias regulares foram escolhidas para se simular o problema euclidiano P1. Entre essas geometrias estão a de uma placa plana, um disco circular, e uma placa com furo, etc.

Para simular o problema rugoso P2, foram escolhidas geometrias equivalentes a do Problema P1, porém alterando-se esta com uma rugosidade no contorno destas formas geométricas.

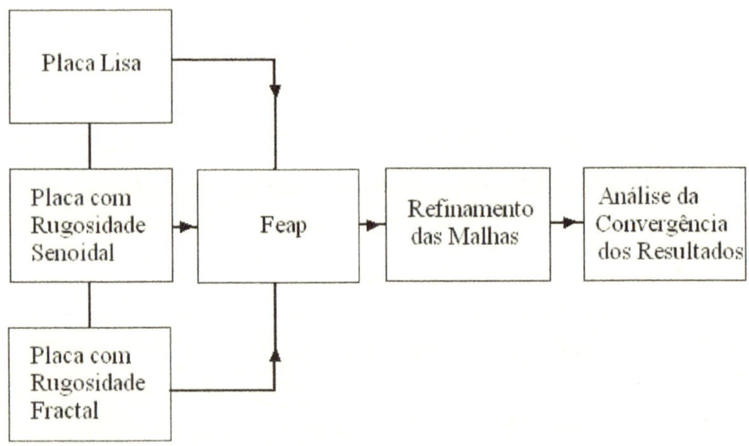

Figura - 4. 35. Esquema metodológico de refinamento das malhas e análise de convergência.

4.5.15 - Metodologia de Análise e Comparação dos Resultados e Análise Numérica do Erro

Os resultados, entre o problema real e o equivalente, serão analisados e comparados diretamente utilizando-se tabelas, gráficos e incluindo a análise dos resultados e da propagação de erros absolutos e relativos.

Tabela - IV. 3. Dados do Problema P1

n ó	*Xo*	*Y o*	*T o*	*J o*	$dL_o = \sqrt{dX_o^2 + dY_o^2}$	$d\vec{r}_o = dX_o\hat{i} + dY_o\hat{j}$

Tabela - IV. 4. Dados do Problema P2

nó	*X*	*Y*	*T*	*J*	$dL = \sqrt{dX^2 + dY^2}$	$d\vec{r} = dX\hat{i} + dY\hat{j}$

Tabela - IV. 5. Dados do Problema Equivalente PE

n ó	*Xo*	*Y o*	*T o*	*J o*	*X*	*Y*	*dL/dL o*	*dr/dr o*	T_E	*Erro(*T_E*)*	J_E	*Erro(*J_E*)*

A análise de convergência dos resultados foi feita pela o erro relativo cometido entre as malhas segundo a equação (4. 152).

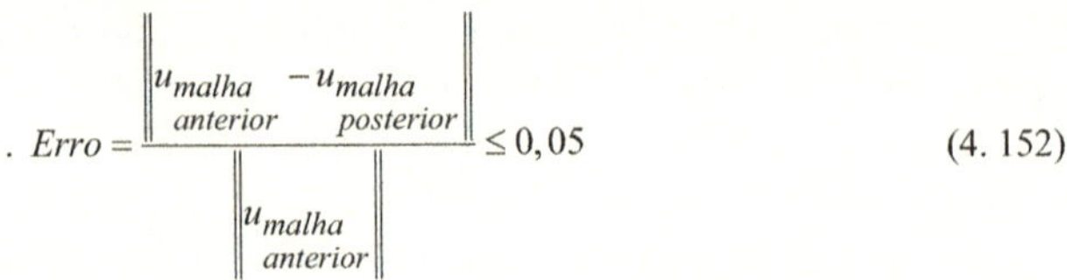

$$. \; Erro = \frac{\left\| u_{\substack{malha \\ anterior}} - u_{\substack{malha \\ posterior}} \right\|}{\left\| u_{\substack{malha \\ anterior}} \right\|} \leq 0,05 \qquad (4.\,152)$$

O erro cometido variou muito dependendo do ponto sobre a malha. Embora não se tenha refinado a malha para se diminuir o erro relativo considerou-se o resultado bastante satisfatório cujos gráficos para os três casos estudados estão mostrados nas Figuras, Figura - 4. 51, Figura - 4. 56, Figura - 4. 61, Figura - 4. 63, Figura - 4. 66 e Figura - 4. 69.

4. 6 – Resultados Numéricos – Influência da rugosidade no Campo Escalar em uma Análise de Térmica

Apresentamos neste capítulo os resultados da simulação numérica da solução de um problema de calor em uma placa com um contorno liso e outra placa equivalente, porém com contorno rugoso em duas dimensões (2-D). Os resultados das tensões e das deformações são obtidos, avaliados e discutidos para diferentes refinamentos de malhas utilizadas.

Os problemas formulados anteriormente foram simulados utilizando o Método dos Elementos Finitos, com diferentes condições de contorno, e formas geométricas. Porém para comparação entre os problemas geométricos lisos e rugosos manteve-se formulações equivalentes destas condições de contorno, conforme a metodologia e a sistemática proposta no Capitulo – VI.

4.6.1 - Condução de Calor em Placa Lisa Euclidiana

Os resultados obtidos para cada exemplo foram classificados pelas condições de contorno impostas ao problema P1, conforme é mostrado a seguir:

Caso 0 – Condições de contorno (0[10],6[0])

As condições de contorno impostas para esse exemplo são dadas pela equação (4. 153)

$$
\begin{aligned}
& u(x=0,y)=0\ ;\ u(x,y=0)=?\\
& u(x=L,y)=0\ ;\ u(x,y=L)=?\\
& \frac{du(x,y=0)}{dn_x}=0\ ;\ \frac{du(x,y=0)}{dn_y}=0\\
& \frac{du(x,y=L)}{dn_x}=0\ ;\ \frac{du(x,y=L)}{dn_y}=0
\end{aligned}
\tag{4. 153}
$$

A distribuição de temperatura obtida para esse exemplo é mostrado na Figura - 4. 36.

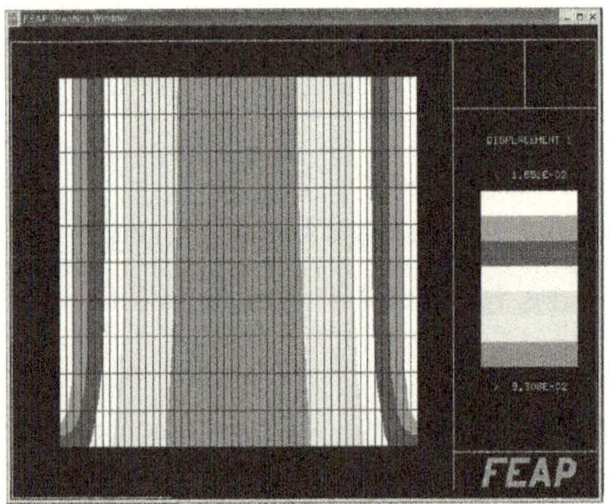

Malha PlacaLisa0(tang,,1/tang,,1/Plot/cont,1)

Figura - 4. 36. Distribuição de temperatura em uma placa plana com contorno liso

Observe as linhas isotérmicas definidas pelas cores desde o branco até o vermelho.

Utilizando-se o comando stre,1 do FEAP obteve-se o fluxo de calor na direção x_1, onde as linhas de isofluxos são definidas pelas cores desde o branco até o vermelho conforme mostra a Figura - 4. 37.

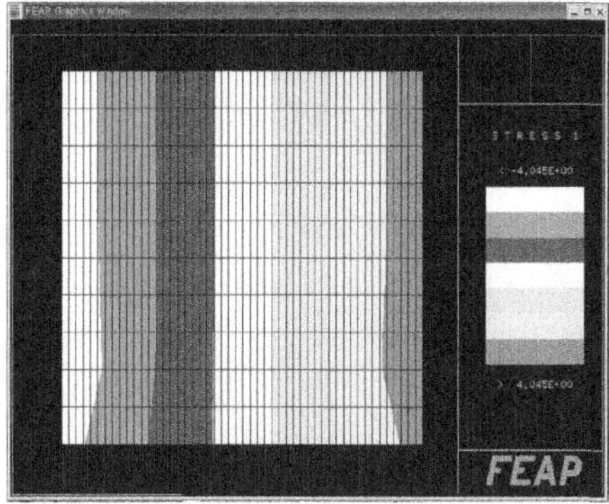

Malha PlacaLisa0(tang,,1/tang,,1/Plot/stre,1)

Figura - 4. 37. Fluxo de calor na direção 1 em uma placa plana com contorno liso

Novamente, utilizando-se agora o comando stre,2 do FEAP obteve-se o fluxo de calor na direção x_2, onde as linhas de isofluxo são definidas pelas cores desde o branco até o vermelho conforme mostra a Figura - 4. 38.

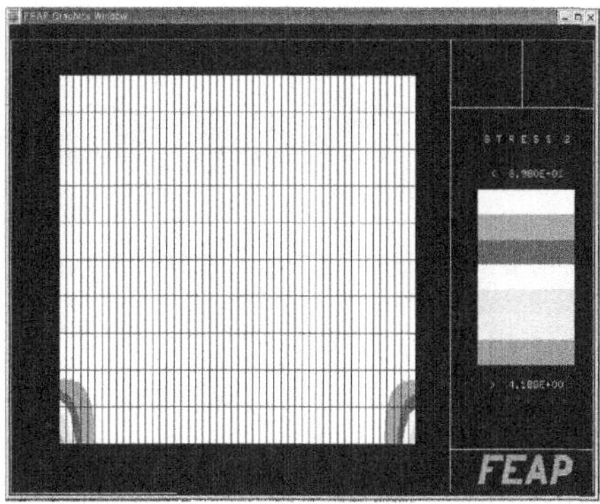

Malha PlacaLisa0(tang,,1/tang,,1/Plot/stre,2)

Figura - 4. 38. Fluxo de calor na direção 2 em uma placa plana com contorno liso

Caso 1 - Condições de contorno (1[10],5[0])

As condições de contorno impostas para esse exemplo são dadas pela equação

$$
\begin{aligned}
&u(x=0,y)=10\ ;\ u(x,y=0)=?\\
&u(x=L,y)=0\ ;\ u(x,y=L)=?\\
&\frac{du(x,y=0)}{dn_x}=0\ ;\ \frac{du(x,y=0)}{dn_y}=0\\
&\frac{du(x,y=L)}{dn_x}=0\ ;\ \frac{du(x,y=L)}{dn_y}=0
\end{aligned}
\qquad (4.\ 154)
$$

A distribuição de temperatura obtida para esse exemplo é mostrado na Figura - 4. 39.

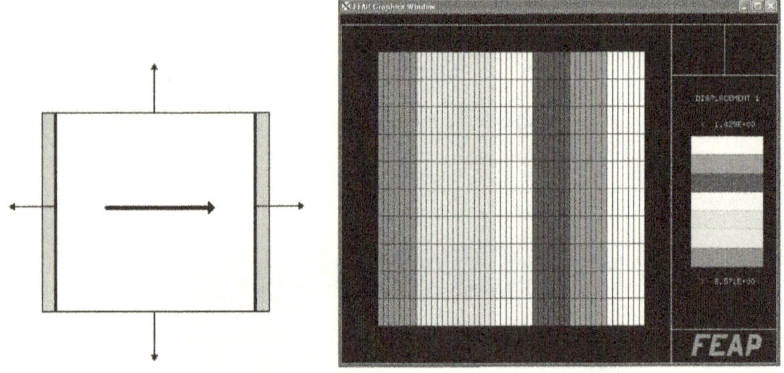

Malha PlacaLisa1(tang,,1/tang,,1/Plot/cont,1)

Figura - 4. 39. Distribuição de temperatura em uma placa plana com contorno liso

Observe as linhas isotérmicas definidas pelas cores desde o branco até o vermelho.

Utilizando-se o comando stre,1 do FEAP obteve-se o fluxo de calor na direção x_1, onde as linhas de isofluxos são definidas pelas cores desde o branco até o vermelho conforme mostra a Figura - 4. 37.

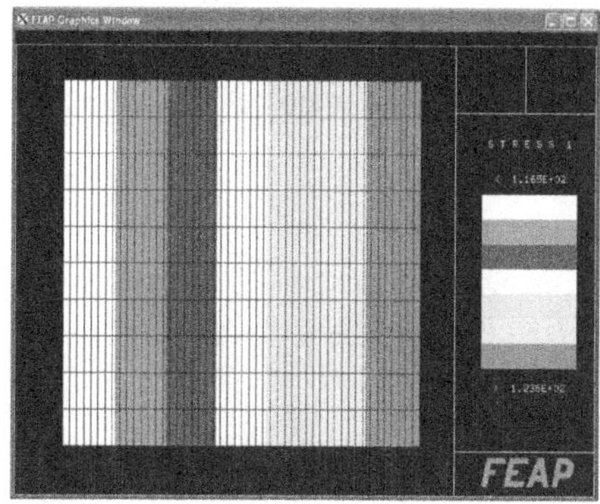

Malha PlacaLisa1(tang,,1/tang,,1/Plot/stre,1)

Figura - 4. 40. Fluxo de calor na direção 1 em uma placa plana com contorno liso

Novamente, utilizando-se agora o comando stre,2 do FEAP obteve-se o fluxo de calor na direção x_2, onde as linhas de isofluxo são definidas pelas cores desde o branco até o vermelho conforme mostra a Figura - 4. 38.

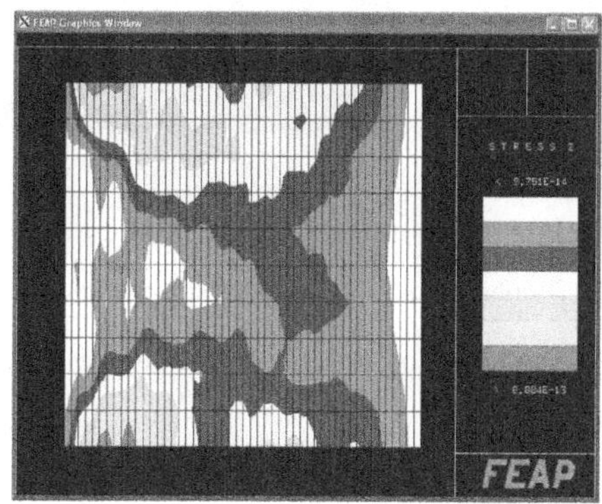

Malha PlacaLisa1 (tang,,1/tang,,1/Plot/stre,2)

Figura - 4. 41.

Caso 2 - Condições de contorno (1[10],5[0])

As condições de contorno impostas para esse exemplo são dadas pela equação

$$\begin{aligned} & u(x=0,y)=0 \; ; \; u(x,y=0)=? \\ & u(x=L,y)=10 \; ; \; u(x,y=L)=? \\ & \frac{du(x,y=0)}{dn_x}=0 \; ; \; \frac{du(x,y=0)}{dn_y}=0 \\ & \frac{du(x,y=L)}{dn_x}=0 \; ; \; \frac{du(x,y=L)}{dn_y}=0 \end{aligned} \qquad (4.\ 155)$$

A distribuição de temperatura obtida para esse exemplo é mostrado na Figura - 4. 42.

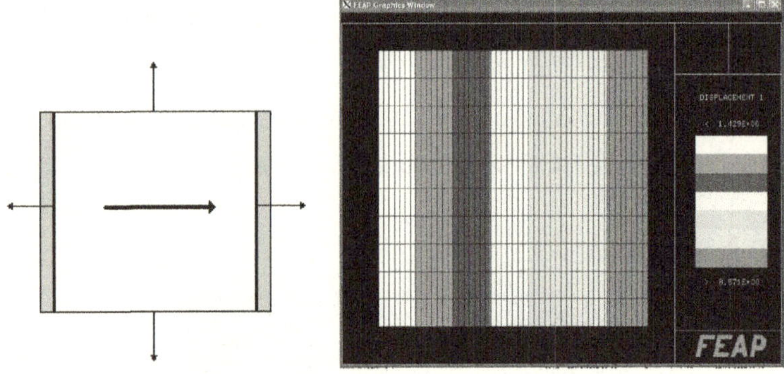

Malha PlacaLisa1(tang,,1/tang,,1/Plot/cont,1)

Figura - 4. 42. Distribuição de temperatura em uma placa plana com contorno liso

Observe as linhas isotérmicas definidas pelas cores desde o branco até o vermelho.

Utilizando-se o comando stre,1 do FEAP obteve-se o fluxo de calor na direção x_1, onde as linhas de isofluxos são definidas pelas cores desde o branco até o vermelho conforme mostra a Figura - 4. 37.

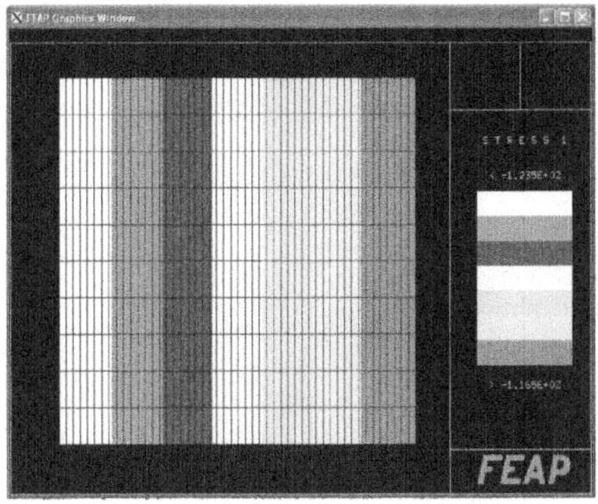

Malha PlacaLisa1(tang,,1/tang,,1/Plot/stre,1)

Figura - 4. 43. Fluxo de calor na direção 1 em uma placa plana com contorno liso

Novamente, utilizando-se agora o comando stre,2 do FEAP obteve-se o fluxo de calor na direção x_2, onde as linhas de isofluxo são definidas pelas cores desde o branco até o vermelho conforme mostra a Figura - 4. 38.

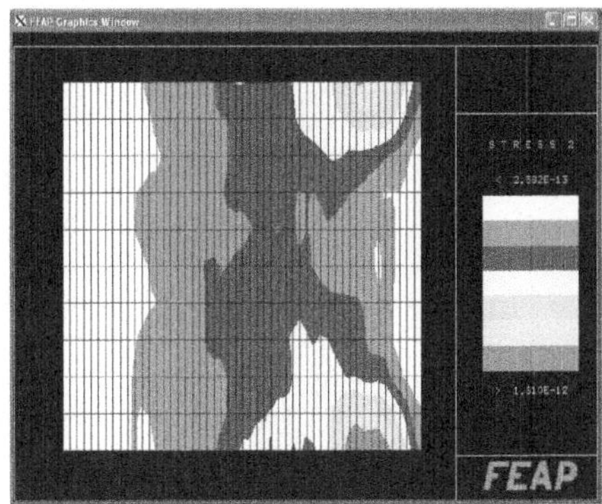

Malha PlacaLisa1 (tang,,1/tang,,1/Plot/stre,2)

Figura - 4. 44.

4.6.2 - Condução de Calor em Placa Rugosa Fractal

A variação da amplitude da geometria rugosa em função da coordenada x da placa é mostrado na Figura - 4. 45

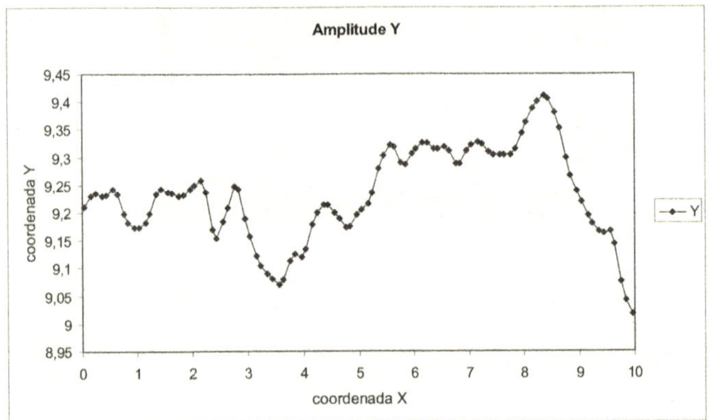

Figura - 4. 45. Amplitude da rugosidade do contorno da placa rugosa.

Um levantamento dos valores do expoente do cosseno correlator em função do comprimento da placa rugosa estudada é mostrado no gráfico da Figura - 4. 46.

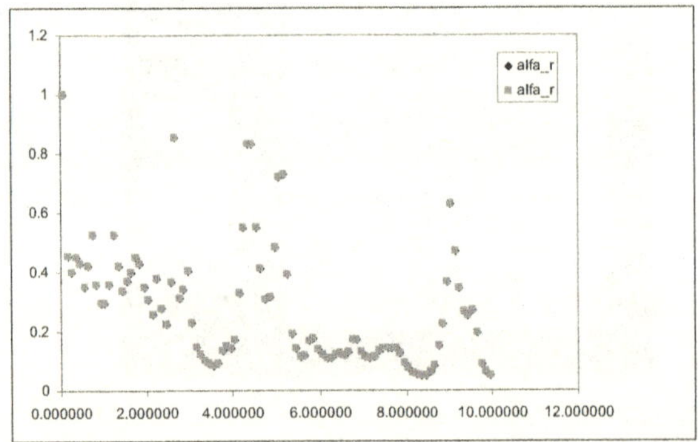

Figura - 4. 46. Espectro do cosseno correlador em função coordenada x1.

Os resultados obtidos para cada exemplo foram classificados pelas condições de contorno impostas ao problema P2.

Caso 0 – Condições de contorno (0[10],6[0])

Aplicando-se as seguintes condições de contorno (iguais as do problema liso) para o problema rugoso, obtivemos os resultados de distribuição de temperatura conforme mostra do na Figura - 4. 47.

$$
\begin{aligned}
& u(x=0,y)=0\ ;\ u(x,y=0)=?\\
& u(x=L,y)=0\ ;\ u(x,y=L)=?\\
& \frac{du(x,y=0)}{dn_x}=0\ ;\ \frac{du(x,y=0)}{dn_y}=0\\
& \frac{du(x,y=L)}{dn_x}=0\ ;\ \frac{du(x,y=L)}{dn_y}=0
\end{aligned}
\qquad (4.\ 156)
$$

Observe as linhas isotérmicas definidas pelas cores desde o branco até o vermelho conforme mostra do na Figura - 4. 47.

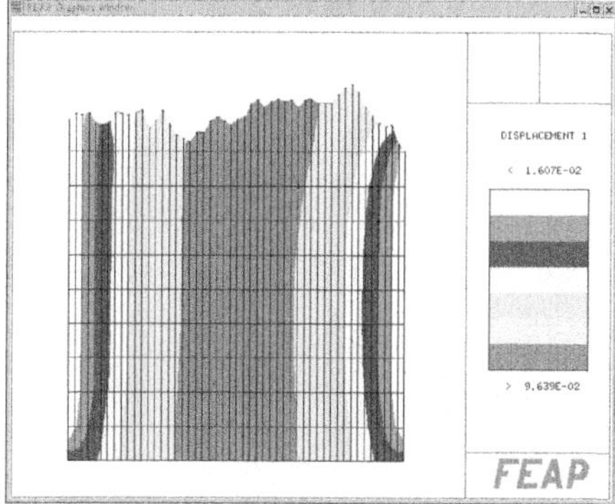

Malha PlacaLisa0(tang,,1/tang,,1/Plot/cont,1)

Figura - 4. 47. Distribuição de temperatura em uma placa plana com contorno rugoso.

Utilizando-se o comando stre,1 do FEAP obteve-se o fluxo de calor na direção x_1, onde as linhas de isofluxos são definidas pelas cores desde o branco até o vermelho conforme mostra a Figura - 4. 48.

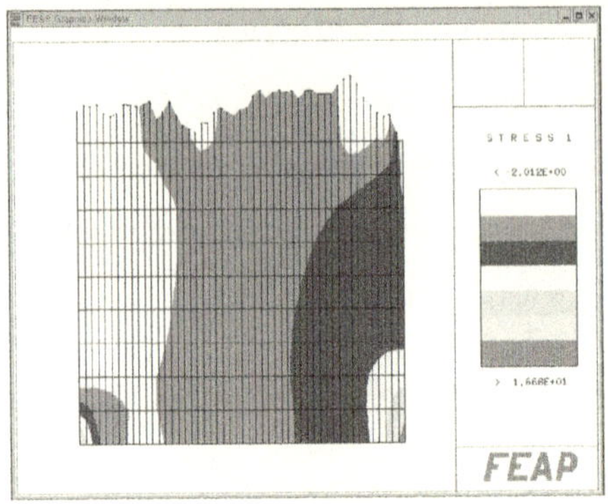

Malha PlacaLisa0(tang,,1/tang,,1/Plot/stre,1)

Figura - 4. 48. Fluxo de calor na direção 1 em uma placa plana com contorno rugoso

Novamente, utilizando-se agora o comando stre,2 do FEAP obteve-se o fluxo de calor na direção x_2, onde as linhas de isofluxos são definidas pelas cores desde o branco até o vermelho conforme mostra a Figura - 4. 49.

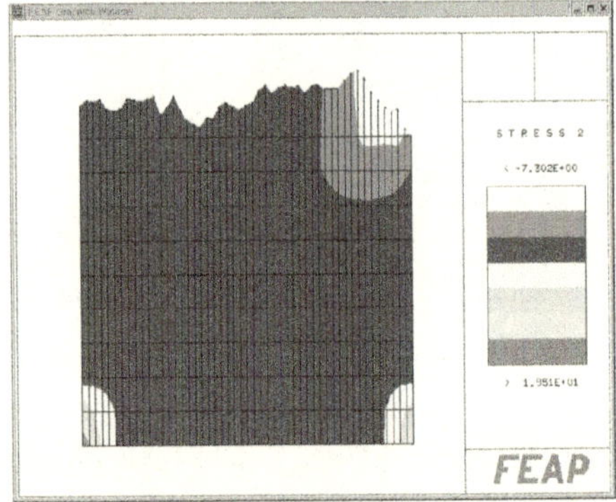

Malha PlacaLisa0(tang,,1/tang,,1/Plot/stre,2)

Figura - 4. 49. Fluxo de calor na direção 2 em uma placa plana com contorno rugoso.

Em uma primeira aproximação obteve-se o resultado mostrado na Figura - 4. 50

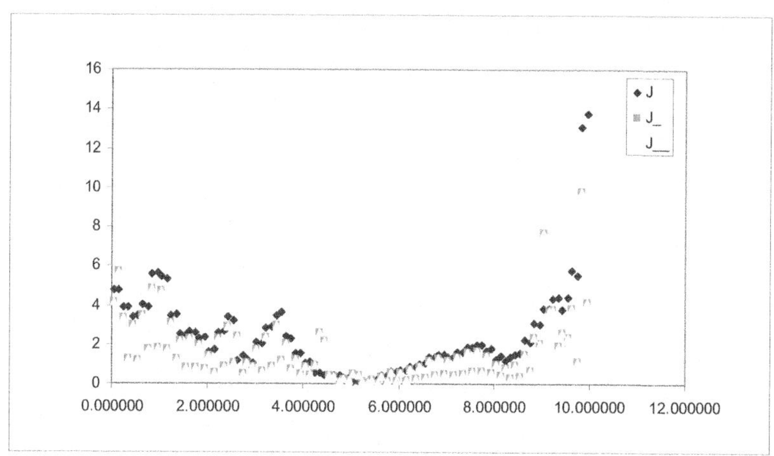

Figura - 4. 50. Comparação entre os fluxos de calor real e obtido por aproximação como uma correção ao problema euclidiano de acordo com a equação (4. 181).

O erro relativo das medidas obtidas para o fluxo rugoso do problema P2 em relação ao problema equivalente e mostrado na Figura - 4. 51

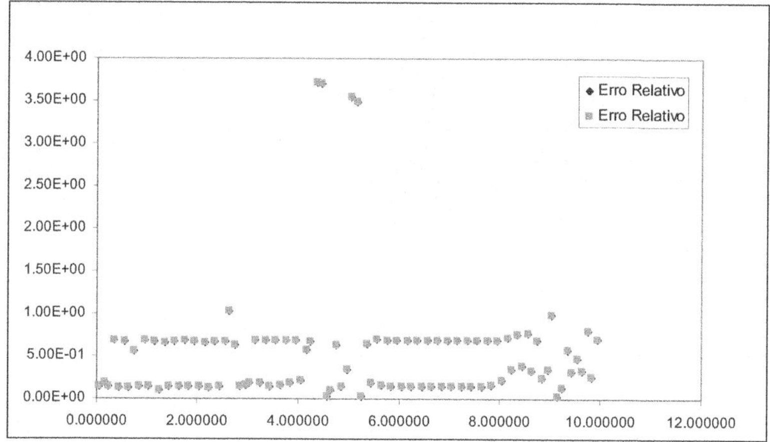

Figura - 4. 51. Espectro do erro relativo do valor do fluxo em função coordenada x1.

Caso 1 - Condições de contorno (1[10],5[0])

Aplicando-se as seguintes condições de contorno (iguais as do problema liso) para o problema rugoso, obtivemos os resultados de distribuição de temperatura conforme mostra do na Figura - 4. 47.

$$
\begin{aligned}
& u(x=0,y)=10 \; ; \; u(x,y=0)=? \\
& u(x=L,y)=0 \; ; \; u(x,y=L)=? \\
& \frac{du(x,y=0)}{dn_x}=0 \; ; \; \frac{du(x,y=0)}{dn_y}=0 \\
& \frac{du(x,y=L)}{dn_x}=0 \; ; \; \frac{du(x,y=L)}{dn_y}=0
\end{aligned}
\qquad (4.\ 157)
$$

Observe as linhas isotérmicas definidas pelas cores desde o branco até o vermelho conforme mostra do na Figura - 4. 47.

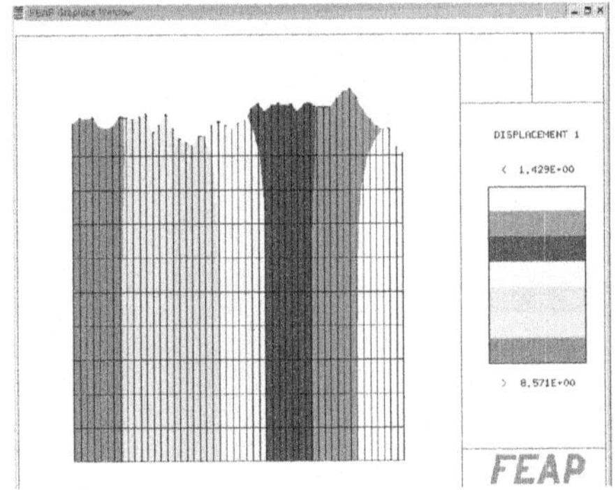

Malha PlacaRugosa1(tang,,1/tang,,1/Plot/cont,1)

Figura - 4. 52. Distribuição de temperatura em uma placa plana com contorno rugoso.

Utilizando-se o comando stre,1 do FEAP obteve-se o fluxo de calor na direção x_1, onde as linhas de isofluxos são definidas pelas cores desde o branco até o vermelho conforme mostra a Figura - 4. 48.

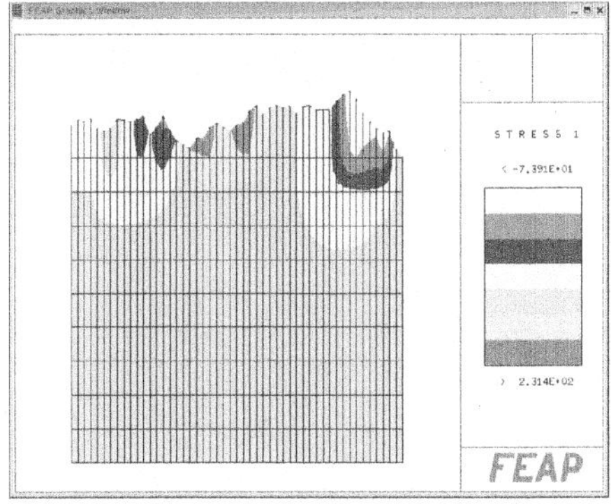

Malha Placa Rugosa1 (tang,,1/tang,,1/Plot/stre,1)

Figura - 4. 53. Fluxo de calor na direção 1 em uma placa plana com contorno rugoso

Novamente, utilizando-se agora o comando stre,2 do FEAP obteve-se o fluxo de calor na direção x_2, onde as linhas de isofluxos são definidas pelas cores desde o branco até o vermelho conforme mostra a Figura - 4. 49.

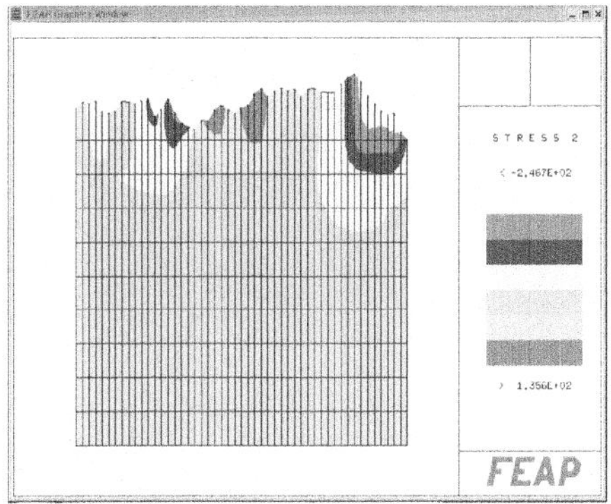

Malha Placa Rugosa1 (tang,,1/tang,,1/Plot/stre,2)

Figura - 4. 54. Fluxo de calor na direção 2 em uma placa plana com contorno rugoso.

Em uma primeira aproximação obteve-se o resultado mostrado na Figura - 4. 50

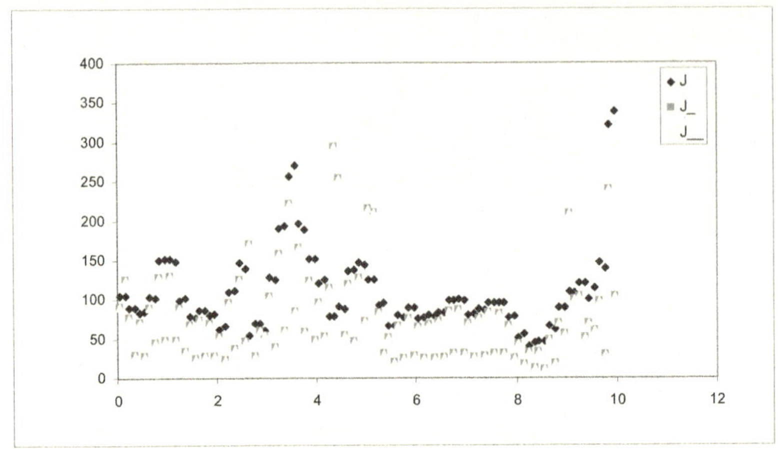

Figura - 4. 55. Comparação entre os fluxos de calor real e obtido por aproximação como uma correção ao problema euclidiano de acordo com a equação (4. 181).

O erro relativo das medidas obtidas para o fluxo rugoso do problema P2 em relação ao problema equivalente e mostrado na Figura - 4. 51

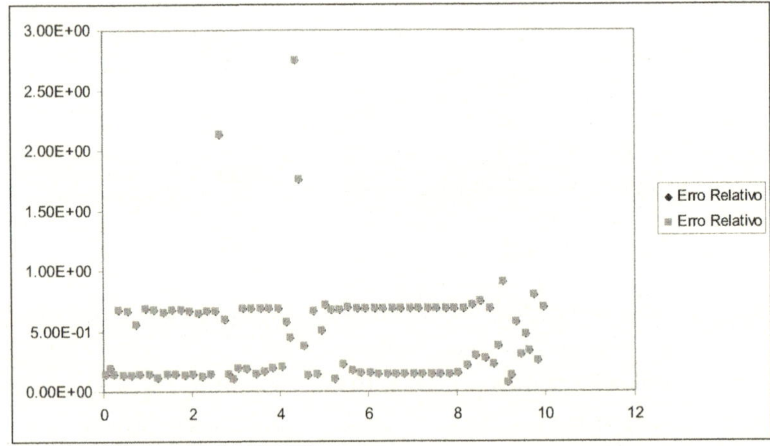

Figura - 4. 56. Espectro do erro relativo do valor do fluxo em função coordenada x1.

Caso 2 - Condições de contorno (1[10],5[0])

Aplicando-se as seguintes condições de contorno (iguais as do problema liso) para o problema rugoso, obtivemos os resultados de distribuição de temperatura conforme mostra do na Figura - 4. 47.

$$
\begin{aligned}
& u(x=0,y)=0\ ;\ u(x,y=0)=?\\
& u(x=L,y)=10\ ;\ u(x,y=L)=?\\
& \frac{du(x,y=0)}{dn_x}=0\ ;\ \frac{du(x,y=0)}{dn_y}=0\\
& \frac{du(x,y=L)}{dn_x}=0\ ;\ \frac{du(x,y=L)}{dn_y}=0
\end{aligned}
\qquad (4.\ 158)
$$

Observe as linhas isotérmicas definidas pelas cores desde o branco até o vermelho conforme mostra do na Figura - 4. 47.

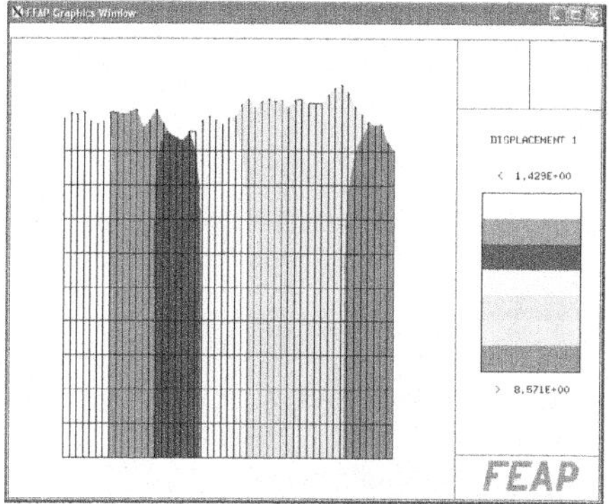

Malha PlacaRugosa1(tang,,1/tang,,1/Plot/cont,1)

Figura - 4. 57. Distribuição de temperatura em uma placa plana com contorno rugoso.

Utilizando-se o comando stre,1 do FEAP obteve-se o fluxo de calor na direção x_1, onde as linhas de isofluxos são definidas pelas cores desde o branco até o vermelho conforme mostra a Figura - 4. 48.

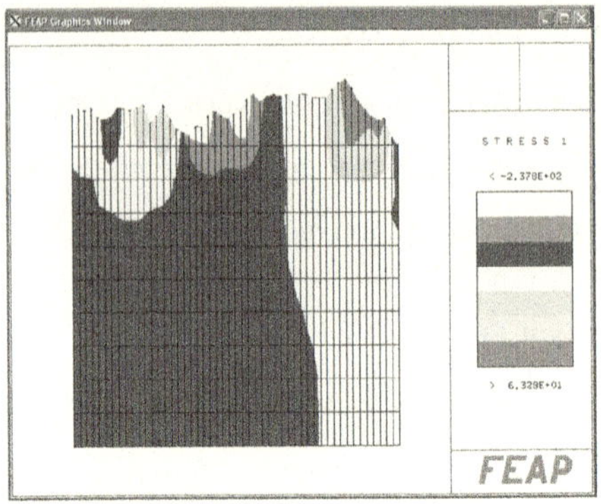

Malha Placa Rugosa1 (tang,,1/tang,,1/Plot/stre,1)

Figura - 4. 58. Fluxo de calor na direção 1 em uma placa plana com contorno rugoso

Novamente, utilizando-se agora o comando stre,2 do FEAP obteve-se o fluxo de calor na direção x_2, onde as linhas de isofluxos são definidas pelas cores desde o branco até o vermelho conforme mostra a Figura - 4. 49.

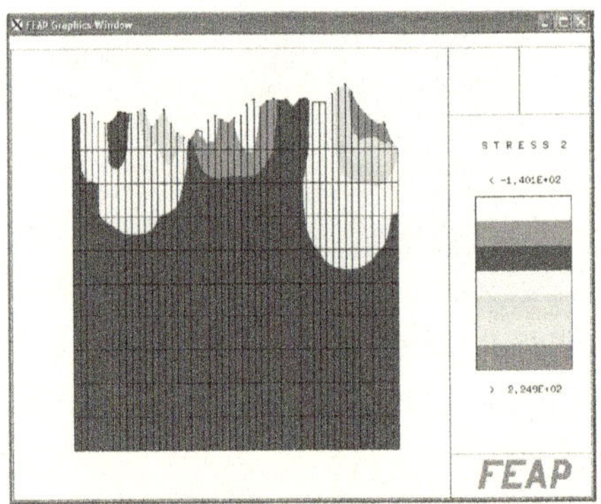

Malha Placa Rugosa1 (tang,,1/tang,,1/Plot/stre,2)

Figura - 4. 59. Fluxo de calor na direção 2 em uma placa plana com contorno rugoso.

Em uma primeira aproximação obteve-se o resultado mostrado na Figura - 4. 50

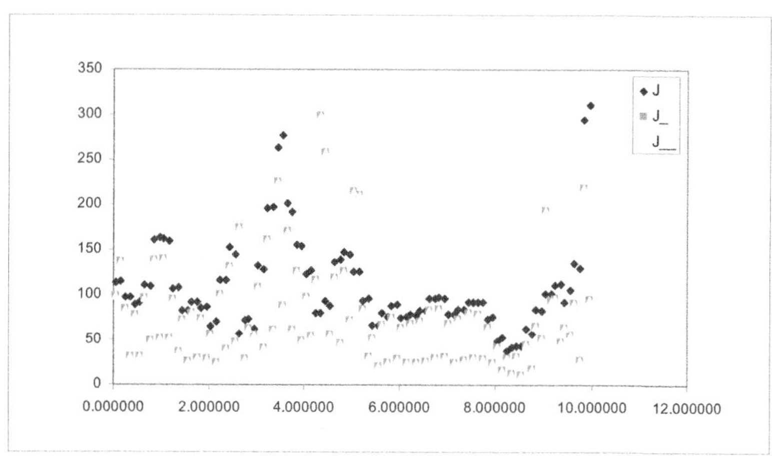

Figura - 4. 60. Comparação entre os fluxos de calor real e obtido por aproximação como uma correção ao problema euclidiano de acordo com a equação (4. 181).

O erro relativo das medidas obtidas para o fluxo rugoso do problema P2 em relação ao problema equivalente e mostrado na Figura - 4. 51

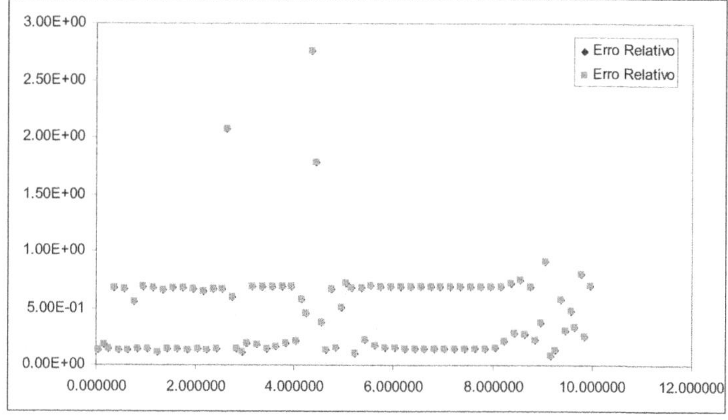

Figura - 4. 61. Espectro do erro relativo do valor do fluxo em função coordenada x1.

4. 7 – Discussão Análise dos Resultados

Em uma primeira aproximação obteve-se o resultado mostrado na Figura - 4. 50

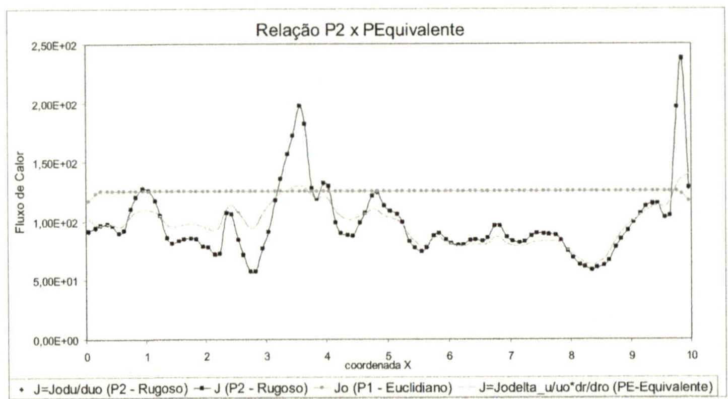

Figura - 4. 62. Comparação entre os fluxos de calor real e obtido por aproximação como uma correção ao problema euclidiano de acordo com a equação (4. 73) e (4. 114).

O erro relativo das medidas obtidas para o fluxo rugoso do problema P2 em relação ao problema equivalente e mostrado na Figura - 4. 51

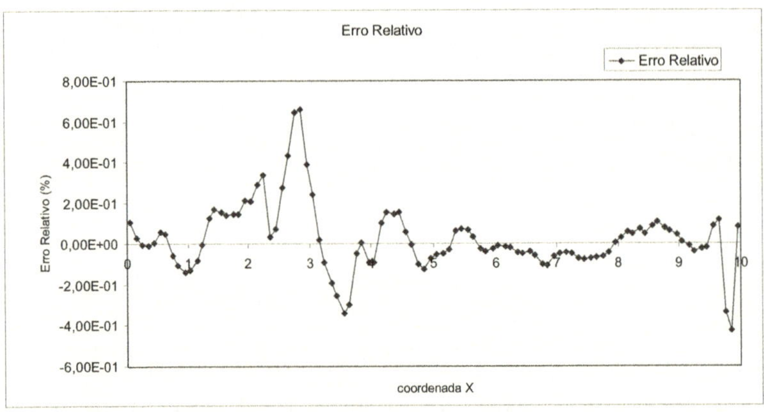

Figura - 4. 63. Espectro do erro relativo do valor do fluxo em função coordenada x1.

Observou-se que o o erro relativo possuía um comportamento idêntico ao perfil do fluxo desejado conforme mostra a Figura - 4. 64

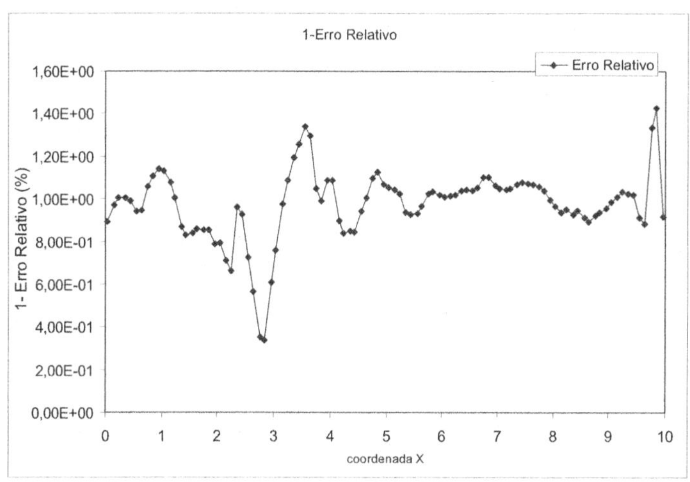

Figura - 4. 64. Espectro do de 1- erro relativo em função da coordenada x1.

Esta informação for utilizada para corrigir a expressão da aproximação proposta obtendo-se uma nova aproximação cujo resultado para o valor do fluxo no contorno foi dado pela Figura - 4. 65

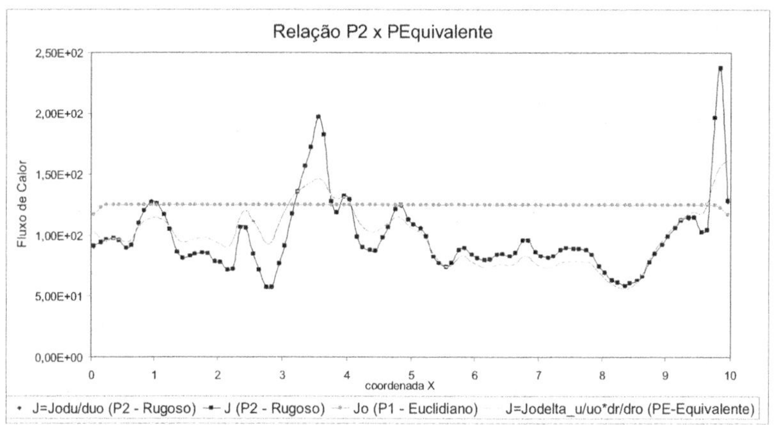

Figura - 4. 65. Comparação entre os fluxos de calor real e obtido por aproximação como uma correção ao problema euclidiano de acordo com a equação (4. 73) e (4. 114).

Novamente o erro relativo em cada ponto foi calculado obtendo-se o gráfico da Figura - 4. 66, que desta vez não possuía correlação direta com o valor do potencial calculado.

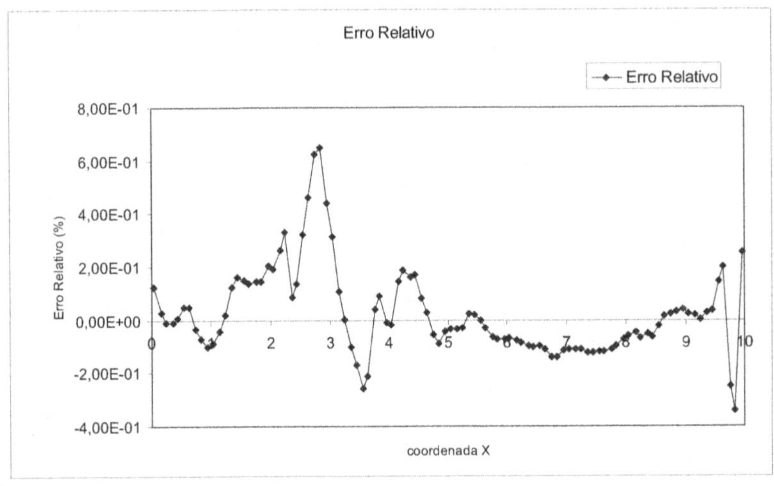

Figura - 4. 66. Espectro do erro relativo do valor do fluxo em função coordenada x1.

Ajustando-se os valores do fluxo em termos dos valore da nova aproximação proposta obteve-se um uma correlação quase linear, conforme mostra a Figura - 4. 67

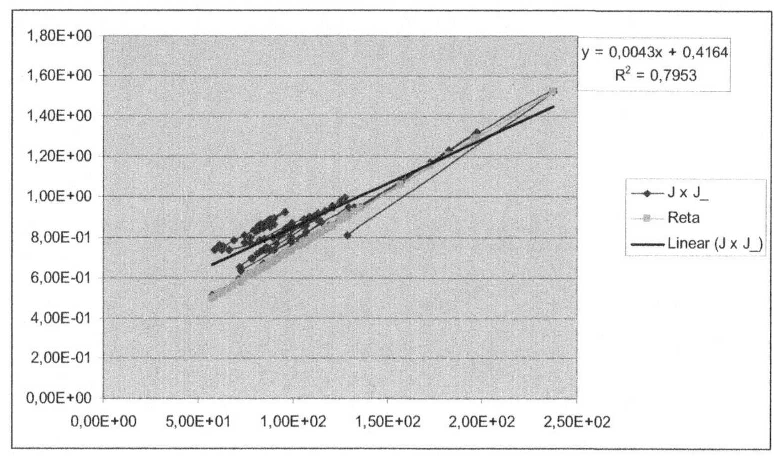

Figura - 4. 67. Ajuste linear entre o valor real do fluxo e o valor aproximado.

Para um outro caso, em uma primeira aproximação obteve-se o resultado mostrado na Figura - 4. 50.

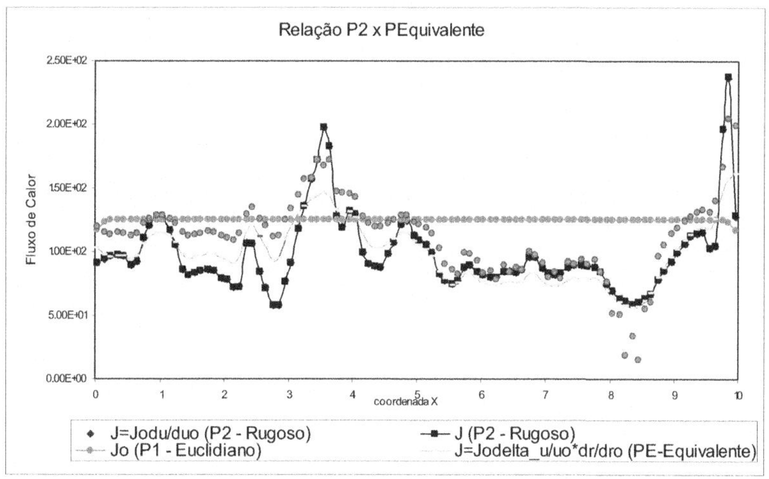

Figura - 4. 68. Comparação entre os fluxos de calor real e obtido por aproximação como uma correção ao problema euclidiano de acordo com a equação (4. 73) e (4. 114).

O erro relativo das medidas obtidas para o fluxo rugoso do problema P2 em relação ao problema equivalente e mostrado na Figura - 4. 51

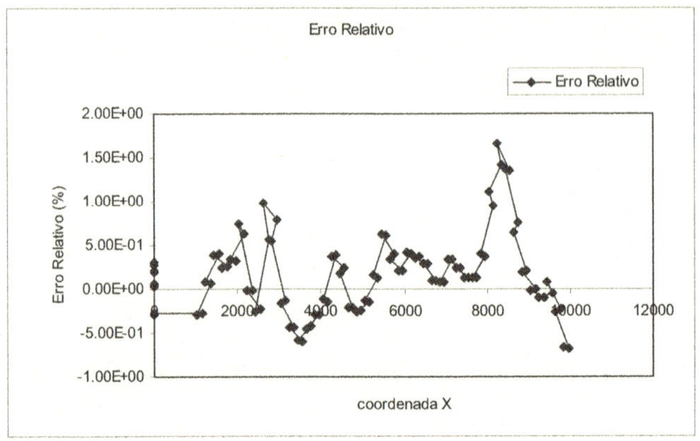

Figura - 4. 69. Espectro do erro relativo do valor do fluxo em função coordenada x1.

4.7.1 - Comparação dos Problemas de Condução de Calor em Placa Lisa Euclidiana e Rugosa Fractal

Comparando-se os resultados dos Problemas P1, P2 e PE, percebe-se que a margem de erro relativo da aproximação em relação ao problema real foi de 1%.

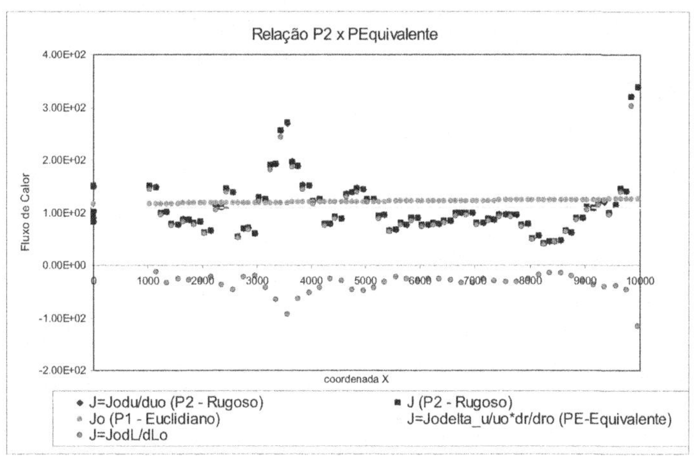

Figura - 4. 70. Comparação entre os fluxos de calor real e obtido por aproximação como uma correção ao problema euclidiano de acordo com a equação (4. 73) e (4. 114).

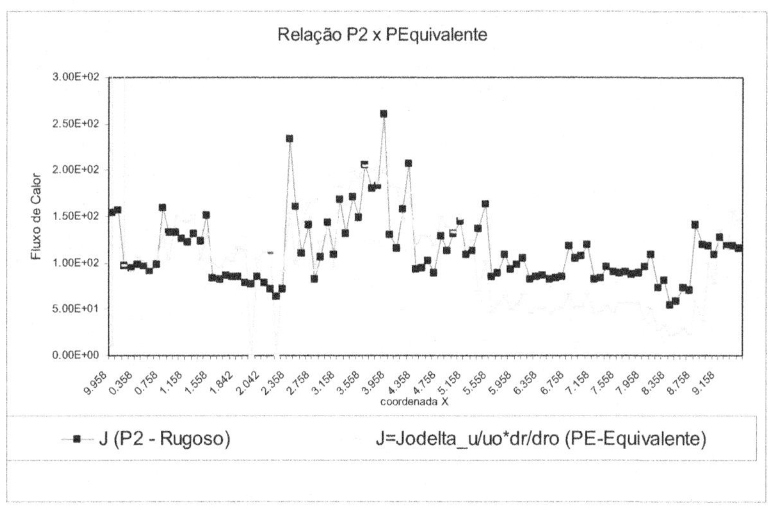

Figura - 4. 71. Comparação entre os fluxos de calor real e obtido por aproximação como uma correção ao problema euclidiano de acordo com a equação (4. 73) e (4. 114).

4. 8 – Desenvolvimento de Modelos de Aproximação para o Campo Vetorial em Meios Elásticos

4.8.1 – Fluxo Proveniente do Gradiente de um Potencial Vetorial em Geometrias Irregulares

O problema da fratura $\vec{J}_{\vec{u}} = \lambda[\nabla.\vec{u}] + \frac{\mu}{2}\left[\nabla\vec{u} + \nabla^T\vec{u}\right]$, como o da Lei de Hooke, devido ao gradiente de um potencial, pode ser generalizado para um potencial, $\vec{u} = \vec{u}(x,y)$, qualquer da seguinte forma:

$$\vec{J}_{\vec{u}} = \lambda[\nabla.\vec{u}] + \frac{\mu}{2}\left[\nabla\vec{u} + \nabla^T\vec{u}\right]. \qquad (4.\ 159)$$

sendo $\nabla \equiv \left(\frac{\partial}{\partial x} + \frac{\partial}{\partial y}\right)$ temos:

$$\nabla\vec{u} = \frac{\partial\vec{u}}{\partial x}\hat{i} + \frac{\partial\vec{u}}{\partial y}\hat{j} \qquad (4.\ 160)$$

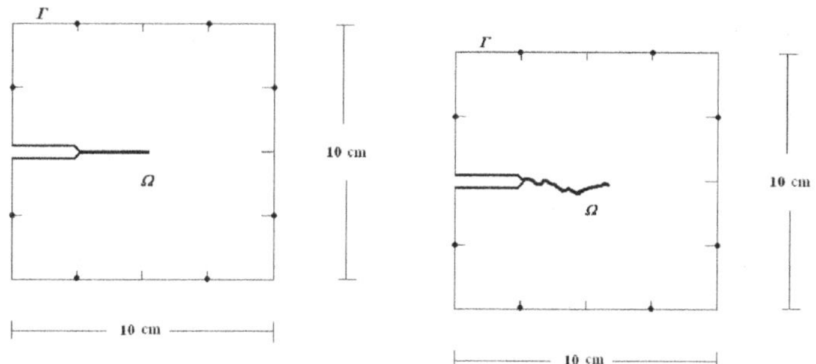

Figura - 4. 72. Placa plana bidimensional quadrada de tamanhos (10,0m x 10,0m) sujeitos as condições de contorno de potencial constante $u=\overline{u}$ e fluxo constante $q=\overline{q}$ a) Problema P1; b) Problema P2.

Estamos interessados em descrever a forma do fluxo, $\vec{J}$, em um contorno rugoso de coordenadas (x,y)a partir do fluxo, $\vec{J}_o$ em um contorno liso de coordenadas (x_o,y_o), para um mesmo material, conforme mostra a Figura - 4. 72, onde vale também uma relação do tipo,

$$\vec{J}_{\vec{u}_0}=\lambda\left[\nabla.\vec{u}_0\right]+\frac{\mu}{2}\left[\nabla\vec{u}_0+\nabla^T\vec{u}_0\right]. \qquad (4.\ 161)$$

onde $\vec{u}_o=\vec{u}_o(x_o,y_o)$ e $\nabla_o\equiv\left(\dfrac{\partial}{\partial x_o}+\dfrac{\partial}{\partial y_o}\right)$. Os fluxos $\vec{J}_o$ e $\vec{J}$ apenas se distinguem pela geometria rugosa em uma ou mais das bordas do corpo, chamaremos de problema P1 e de problema P2, respectivamente, conforme mostra a Figura - 4. 72.

Considere o contorno rugoso sobre uma placa plana com uma linha de referência euclidiana correspondente a projeção deste contorno sobre a direção horizontal, conforme mostra a Figura - 4. 73

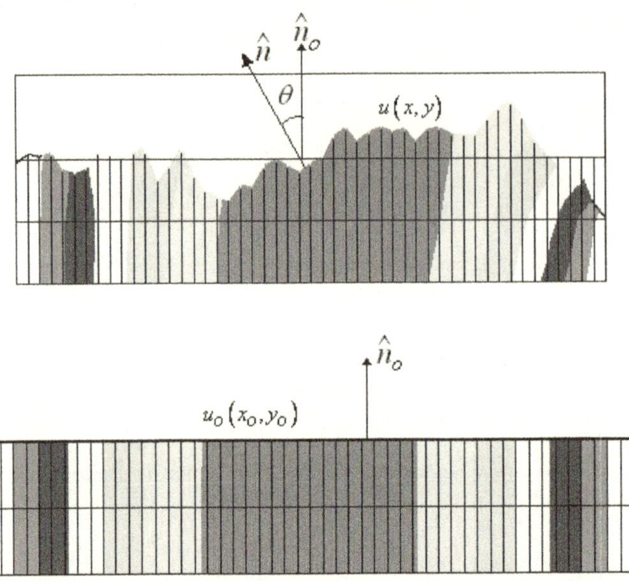

Figura - 4. 73. Contorno rugoso sobre uma placa plana com geometria regular e seu contorno projetado correspondente.

Para se escrever o problema P2 em função do problema P1 reescreveremos a equação (4. 159) a partir das seguintes derivadas:

$$\frac{\partial \vec{u}}{\partial x} = \frac{du_x}{du_{ox}} \frac{\partial u_{ox}}{\partial x_o} \frac{\partial x_o}{\partial x} \hat{e}_1 + \frac{du_y}{du_{oy}} \frac{\partial u_{oy}}{\partial x_o} \frac{\partial x_o}{\partial x} \hat{e}_2 \, . \qquad (4.\ 162)$$

e

$$\frac{\partial \vec{u}}{\partial y} = \frac{du_x}{du_{ox}} \frac{\partial u_{ox}}{\partial y_o} \frac{\partial y_o}{\partial y} \hat{e}_1 + \frac{du_y}{du_{oy}} \frac{\partial u_{oy}}{\partial y_o} \frac{\partial y_o}{\partial y} \hat{e}_2 \, . \qquad (4.\ 163)$$

onde (x, y) são as coordenadas do potencial e do fluxo na placa rugosa e (x_o, y_o) são as coordenadas do potencial e do fluxo sobre a placa lisa. Uma vez que as coordenadas (x, y) podem não ser as mesmas podemos escrever:

$$\nabla\vec{u} = \frac{\partial\vec{u}}{\partial x}\hat{e}_1 + \frac{\partial\vec{u}}{\partial y}\hat{e}_2 = \begin{bmatrix} \left(\frac{du_x}{du_{ox}}\frac{\partial u_{ox}}{\partial x} + \frac{du_x}{du_{ox}}\frac{\partial u_{ox}}{\partial y}\right) & \left(\frac{du_y}{du_{ox}}\frac{\partial u_{ox}}{\partial x} + \frac{du_y}{du_{ox}}\frac{\partial u_{ox}}{\partial y}\right) \\ \left(\frac{du_x}{du_{oy}}\frac{\partial u_{oy}}{\partial x} + \frac{du_x}{du_{oy}}\frac{\partial u_{oy}}{\partial y}\right) & \left(\frac{du_y}{du_{oy}}\frac{\partial u_{oy}}{\partial x} + \frac{du_y}{du_{oy}}\frac{\partial u_{oy}}{\partial y}\right) \end{bmatrix} \quad (4.\ 164)$$

.

ou

$$\nabla\vec{u} = \begin{bmatrix} \left(\frac{du_x}{du_{ox}}\frac{\partial u_{ox}}{\partial x_o}\left(\frac{\partial x_o}{\partial x} + \frac{\partial x_o}{\partial y}\right) + \frac{du_x}{du_{ox}}\frac{\partial u_{ox}}{\partial y_o}\left(\frac{\partial y_o}{\partial x} + \frac{\partial y_o}{\partial y}\right)\right) & \left(\frac{du_y}{du_{ox}}\frac{\partial u_{ox}}{\partial x_o}\left(\frac{\partial x_o}{\partial x} + \frac{\partial x_o}{\partial y}\right) + \frac{du_y}{du_{ox}}\frac{\partial u_{ox}}{\partial y_o}\left(\frac{\partial y_o}{\partial x} + \frac{\partial y_o}{\partial y}\right)\right) \\ \left(\frac{du_x}{du_{oy}}\frac{\partial u_{oy}}{\partial x_o}\left(\frac{\partial x_o}{\partial x} + \frac{\partial x_o}{\partial y}\right) + \frac{du_x}{du_{oy}}\frac{\partial u_{oy}}{\partial y_o}\left(\frac{\partial y_o}{\partial x} + \frac{\partial y_o}{\partial y}\right)\right) & \left(\frac{du_y}{du_{oy}}\frac{\partial u_{oy}}{\partial x_o}\left(\frac{\partial x_o}{\partial x} + \frac{\partial x_o}{\partial y}\right) + \frac{du_y}{du_{oy}}\frac{\partial u_{oy}}{\partial y_o}\left(\frac{\partial y_o}{\partial x} + \frac{\partial y_o}{\partial y}\right)\right) \end{bmatrix} \quad (4.\ 165)$$

.

ou

$$\nabla\vec{u} = \frac{\partial\vec{u}}{\partial y}\hat{e}_1 + \frac{\partial\vec{u}}{\partial y}\hat{e}_2 = \begin{bmatrix} \frac{du_x}{du_{ox}} \\ \frac{du_y}{du_{oy}} \end{bmatrix} \otimes \begin{bmatrix} \frac{\partial u_{ox}}{\partial x_o} & \frac{\partial u_{oy}}{\partial x_o} \\ \frac{\partial u_{ox}}{\partial y_o} & \frac{\partial u_{oy}}{\partial y_o} \end{bmatrix} \otimes \begin{bmatrix} \frac{\partial x_o}{\partial x} \\ \frac{\partial y_o}{\partial y} \end{bmatrix}. \quad (4.\ 166)$$

Ou escrevendo de forma resumida temos:

$$\nabla\vec{u} = \left(\frac{d\vec{u}}{d\vec{u}_o}\right) \otimes \nabla_o\vec{u}_o \otimes \left(\frac{\partial x_o}{\partial x}\hat{e}_1 + \frac{\partial y_o}{\partial y}\hat{e}_2\right). \quad (4.\ 167)$$

Chamando de

$$\nabla r_o = \frac{\partial x_o}{\partial x}\hat{i} + \frac{\partial y_o}{\partial y}\hat{j}\ . \quad (4.\ 168)$$

Temos:

$$\nabla\vec{u} = \left(\frac{d\vec{u}}{d\vec{u}_o}\right) \otimes \nabla_o\vec{u}_o \otimes \nabla r_o\ . \quad (4.\ 169)$$

Podemos escrever:

$$\boxed{\|\nabla u\| = \left\|\frac{d\vec{u}}{d\vec{u}_o}\right\| \otimes \|\nabla_o\vec{u}_o\| \otimes \|\nabla\vec{r}_o\|}. \quad (4.\ 170)$$

Calculando o módulo do gradiente temos:

$$\|\nabla u\| = \left\|\frac{d\vec{u}}{d\vec{u}_o}\right\| \otimes \|\nabla_o\vec{u}_o\| \sqrt{\left(\frac{\partial x_o}{\partial x}\right)^2 + \left(\frac{\partial y_o}{\partial y}\right)^2}\ . \quad (4.\ 171)$$

Vamos a partir de agora descobrir qual é a relação entre as coordenadas sobre o contorno rugoso e o contorno liso.

4.8.2 – Relação entre os Fluxos Projetado e Rugoso

Considere a Figura - 4. 74 como sendo um detalhe da Figura - 4. 18.

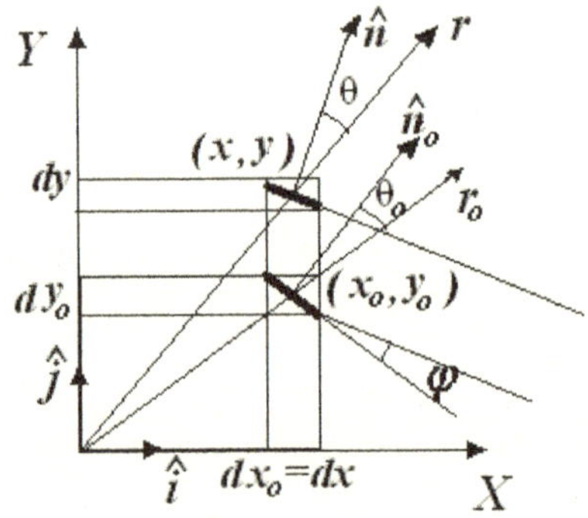

Figura - 4. 74. Ângulos de referência entre os elementos infinitesimais de um contorno rugoso e projetado.

O fluxo no problema P2 é dado por:

$$\vec{J} = J_x\hat{i} + J_y\hat{j}\ . \tag{4. 172}$$

Sendo:

$$\begin{aligned} J_x &= k\frac{du_x}{dx} \\ J_y &= k\frac{du_y}{dy} \end{aligned}\ . \tag{4. 173}$$

temos que:

$$\left\|\vec{J}\right\| = k\sqrt{\left(\frac{du_x}{dx}\right)^2 + \left(\frac{du_y}{dy}\right)^2}\ . \tag{4. 174}$$

E ainda

$$J_x = k\left(\frac{du_x}{du_{ox}}\right)\frac{du_{ox}}{dx_o}\frac{dx_o}{dx}$$
$$J_y = k\left(\frac{du_y}{du_{ox}}\right)\frac{du_{oy}}{dy_o}\frac{dy_o}{dy} \quad . \tag{4. 175}$$

Sabendo que:

$$J_{ox} = k\frac{du_{ox}}{dx_o}$$
$$J_{oy} = k\frac{du_{oy}}{dy_o} \quad . \tag{4. 176}$$

podemos escrever:

$$J_x = J_{ox}\left(\frac{du_x}{du_{ox}}\right)\frac{dx_o}{dx}$$
$$J_y = J_{oy}\left(\frac{du_y}{du_{oy}}\right)\frac{dy_o}{dy} \quad . \tag{4. 177}$$

logo

$$\vec{J} = J_{ox}\left(\frac{du_x}{du_{ox}}\right)\frac{dx_o}{dx}\hat{i} + J_{oy}\left(\frac{du_y}{du_{oy}}\right)\frac{dy_o}{dy}\hat{j} \ . \tag{4. 178}$$

Sendo

$$\frac{dx_o}{dx} = \frac{1}{\cos\varphi}$$
$$\frac{dy_o}{dy} = \frac{1}{\cos\varphi} \quad . \tag{4. 179}$$

temos:

$$J_x = J_{ox}\left(\frac{du_x}{du_{ox}}\right)\frac{1}{\cos\varphi}$$
$$J_y = J_{oy}\left(\frac{du_y}{du_{oy}}\right)\frac{1}{\cos\varphi} \quad . \tag{4. 180}$$

Logo

$$\|\vec{J}\| = \sqrt{\left(J_{ox}\left(\frac{du_x}{du_{ox}}\right)\right)^2 + \left(J_{oy}\left(\frac{du_y}{du_{oy}}\right)\right)^2}\ \frac{1}{\cos\varphi} \ . \tag{4. 181}$$

Como as componentes do fluxo pode ser escrita a seguinte forma:

$$J_{ox} = J_o \cos\alpha$$
$$J_{oy} = J_o \operatorname{sen}\alpha \quad . \tag{4. 182}$$

temos:

$$\|\vec{J}\| = \|\vec{J}_o\| \sqrt{\left(\cos\alpha\left(\frac{du_x}{du_{ox}}\right)\right)^2 + \left(\operatorname{sen}\alpha\left(\frac{du_y}{du_{oy}}\right)\right)^2} \frac{1}{\cos\varphi} \,. \qquad (4.\ 183)$$

Considerando que $dL_o / dL = \cos\varphi$ podemos escrever:

$$\|\vec{J}\| = \|\vec{J}_o\| \sqrt{\left(\cos\alpha\left(\frac{du_x}{du_{ox}}\right)\right)^2 + \left(\operatorname{sen}\alpha\left(\frac{du_x}{du_{ox}}\right)\right)^2} \frac{dL}{dL_o} \,. \qquad (4.\ 184)$$

e ainda considerando que:

$$\begin{aligned} u_{ox} &= u_o \cos\varphi \\ u_{oy} &= u_o \operatorname{sen}\varphi \end{aligned} \,. \qquad (4.\ 185)$$

Temos:

$$\|\vec{J}\| = \|\vec{J}_o\| \sqrt{(\cos\alpha\cos\varphi)^2 + (\operatorname{sen}\alpha\operatorname{sen}\varphi)^2} \frac{1}{\cos\varphi} \,. \qquad (4.\ 186)$$

Observe que conforme a rugosidade varia no contorno o valor dos ângulos α e φ também variam.

4. 9 – O Cálculo da rugosidade nos contornos pelos Métodos Numéricos

Os dados desses contornos lisos e rugosos serão foram fornecidos na entrada dos códigos. Os resultados fornecidos pelo programa de qualquer um dos métodos numéricos serão utilizados para relacionar a solução numérica com o modelo proposto.

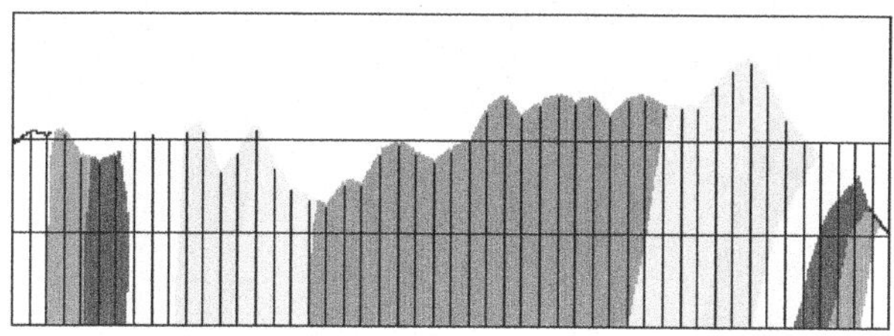

Figura - 4. 75. Aparência do campo escalar nas proximidades de um contorno rugoso.

4.9.1 - Modelamento Geométrico de uma Linha ou Superfície Rugosa

Considere uma linha (ou superfície) rugosa conforme a mostrada na Figura - 4. 76, Vamos subdividir toda sua extensão dessa linha em segmentos de tamanho fixos, para cada iteração, todos iguais a l_k e deixar o tamanho de suas projeções sobre o eixo horizontal livre para variar seu comprimento conforme o ângulo de projeção θ, como mostra a Figura - 4. 76.

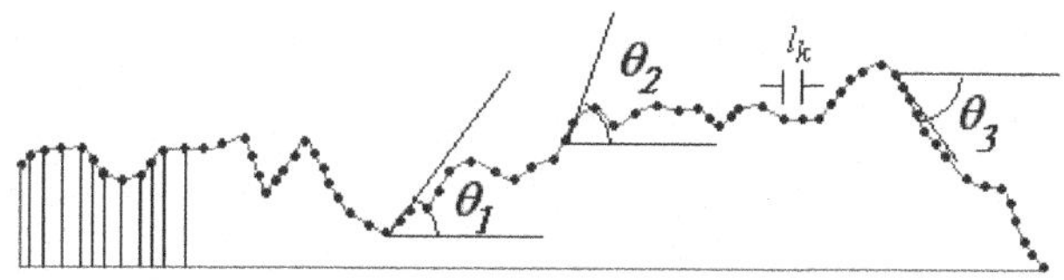

Figura - 4. 76. Linha rugosa subdividida em segmentos de tamanho único igual a l_k.

O comprimento aproximado da linha rugosa será dado por:

$$L_k = \sum_{k=1}^{N_k} l_k = N_k l_k \qquad (4.\ 187)$$

Observe, que embora o tamanho dos segmentos sobre a linha rugosa são iguais, o tamanho de suas projeções sobre o eixo horizontal são variáveis.

Agora, por outro lado, vamos subdividir esta mesma linha em segmentos de comprimento, l_r tais que suas projeções horizontais sejam todas fixas e iguais a l_o, ou seja,

$$l_o = l_r \cos\theta_r \ ; -\frac{\pi}{2} \leq \theta_r \leq \frac{\pi}{2} \ ; \ r = 1,2,...N_o \tag{4. 188}$$

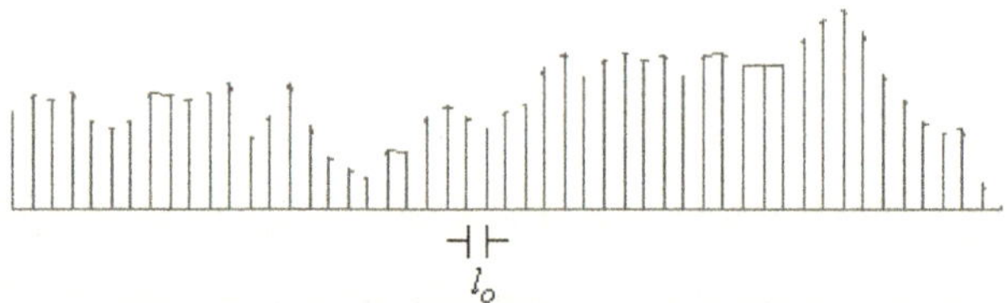

Figura - 4. 77. Linha rugosa subdividida em tamanhos l_r, cujas projeções sobre a linha horizontal são todas iguais a l_o.

Observe, que embora o tamanho de suas projeções sobre o eixo horizontal são todas iguais a l_o, o tamanho dos segmentos sobre a linha rugosa são variáveis.

Neste caso, teremos que o comprimento total da linha lisa é dado por:

$$L_o = \sum l_o \tag{4. 189}$$

onde o número total de segmentos de tamanho l_o sobre a projeção de comprimento L_o é:

$$N_o = \frac{L_o}{l_o} \tag{4. 190}$$

De forma análoga ao primeiro caso teremos que o comprimento total da linha rugosa é:

$$L_r = \sum_{r=1}^{N_o} l_r \tag{4. 191}$$

Sendo

$$l_o = l_r \cos\theta_r \tag{4. 192}$$

logo a partir de (4. 189) temos:

$$L_o = \sum_{r=1}^{N_o} l_r \cos\theta_r \tag{4. 193}$$

Por outro lado temos que:

$$L_r = \sum_{r=1}^{(L_o/l_o)} \frac{l_o}{\cos\theta_r} \tag{4. 194}$$

Ou

$$L_r = l_o \sum_{r=1}^{(L_o/l_o)} \frac{1}{\cos\theta_r} \tag{4. 195}$$

Observe que o cosseno do ângulo, formado pelo segmento sobre a linha rugosa em relação ao segmento de projeção, l_o, sobre a linha horizontal, flutua a cada pequeno trecho da linha rugosa.

Considerando que os valores dos comprimentos L_k em (4. 187) e L_r em (4. 194) são aproximadamente iguais temos que:

$$N_k l_k = \sum_{r=1}^{(L_o/l_o)} \frac{l_o}{\cos\theta_r} \tag{4. 196}$$

Logo

$$N_k = \left(\frac{l_o}{l_k}\right) \sum_{r=1}^{(L_o/l_o)} \frac{1}{\cos\theta_r} \tag{4. 197}$$

Observe que a relação entre os tamanhos liso e rugoso não participa da somatório, mas apenas o cosseno do ângulo formado entre eles. Esses cossenos podem ser agrupados entre si por diferentes critérios de renormalização.

4.9.2 - A rugosidade geométrica de uma Linha ou Superfície Rugosa

A diferentes definições de rugosidade escalar e vetorial são dadas por:

i) Para a rugosidade escalar:

$$\frac{dL_i}{dL_{oi}} = \frac{\sqrt{dx_i^2 + dy_i^2}}{dx_{oi}}$$
$$\frac{dL_i}{dL_{oi}} = \frac{\sqrt{(x_i - x_{i-1})^2 + (y_i - y_{i-1})^2}}{(x_{oi} - x_{oi-1})} \qquad (4.\ 198)$$
$$\frac{dL_i}{dL_{oi}} = \sqrt{1 + \left(\frac{y_i - y_{i-1}}{x_{oi} - x_{oi-1}}\right)^2}$$

ii) Para a rugosidade vetorial:

$$\frac{dr_i}{dr_{oi}} = \frac{dx_i}{dx_{oi}}\hat{i} + \frac{dy_i}{dy_{oi}}\hat{j}$$
$$\frac{dr_i}{dr_{oi}} = \frac{x_i - x_{i-1}}{x_{oi} - x_{oi-1}}\hat{i} + \frac{y_i - y_{i-1}}{y_{oi} - y_{oi-1}}\hat{j} \qquad (4.\ 199)$$
$$\frac{dr_i}{dr_{oi}} = 1\hat{i} + \frac{y_i - y_{i-1}}{y_{oi} - y_{oi-1}}\hat{j}$$

O modelo da rugosidade proposto anteriormente necessita de dados e informações que podem ser fornecidos pelo Método dos Elementos Finitos. As grandezas necessárias ao cálculo da função de aproximação fractal estão representadas conforme mostra a Figura - 4. 81. De acordo com esta figura as coordenadas e os comprimentos de cada elemento do contorno discretizado são dados pelas equações (2. 23) a (2. 30).

4.9.3 – Medida Aproximada da Rugosidade pelo Método dos Elementos Finitos

Para se resolver o problema pelo Método dos Elementos Finitos, o domínio e os contornos lisos e rugosos da placa foram discretizados em elementos de comprimentos fixos e variáveis, respectivamente, conforme mostra a Figura - 4. 78.

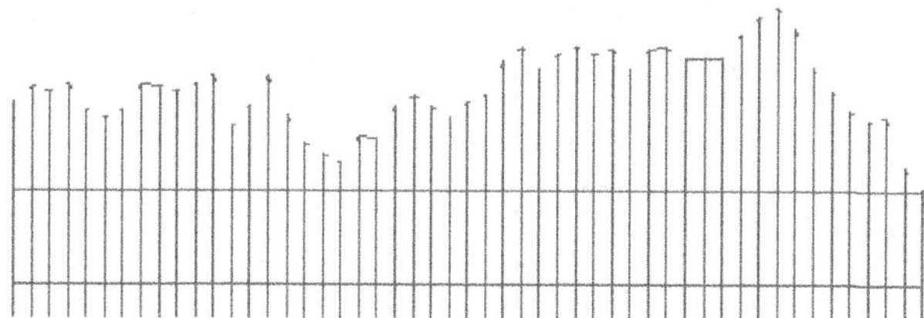

Figura - 4. 78. Discretização de um contorno rugoso para medida pelo Métodos dos Elementos Finitos usando elementos quadrilaterais.

As grandezas necessárias ao cálculo da função de aproximação fractal, estão representadas conforme mostra a Figura - 4. 79. Elas foram extraídas do arquivo de saída que continha os resultados da simulação e foram lançadas tabelas para a geração dos gráficos do potencial e do fluxo em função da coordenada do contorno.

Baseado na Figura - 4. 79 nós podemos extrair as informações necessárias para o cálculo da rugosidade a partir dos dados do arquivo do Método dos Elementos Finitos. Nesse método os pontos sobre os elementos são tomados diretamente sobre os pontos de Gauss no interior do elemento, pois para este método o cálculo no nos pontos de Gauss possui erro menor. No interior de cada elemento finito retangular de quatro pontos os pontos de Gauss estão distribuídos de acordo com a Figura - 4. 80 .

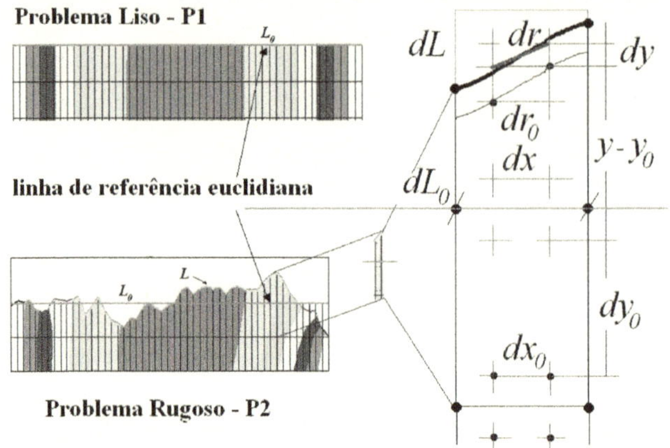

Figura - 4. 79. Detalhe do esquema metodológico de cálculo pelo Método dos Elementos Finitos dos elementos infinitesimais sobre um contorno rugoso.

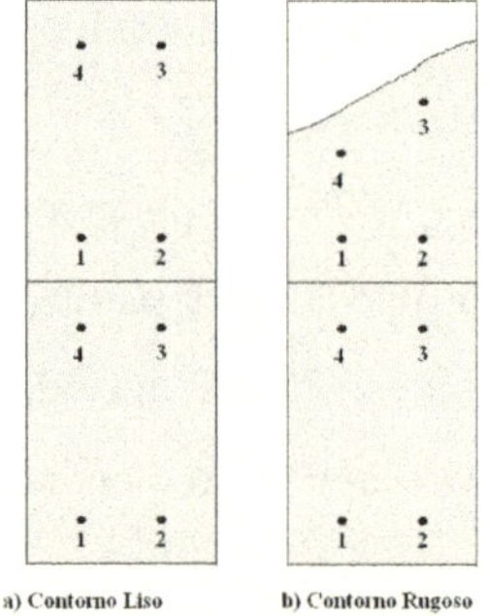

Figura - 4. 80. Detalhe dos elementos finitos de um contorno liso e de um contorno rugoso.

Os pontos de Gauss do domínio são internos aos elementos da malha. Por isso a rugosidade associada aos pontos de Gauss mais externos de cada elemento que está posicionado no contorno possui valores de potencial e fluxo ligeiramente diferentes daqueles pontos dos nós que estão exatamente sobre o contorno, (vide a Figura - 4. 80). Portanto, no caso do Método dos Elementos Finitos os cálculos sobre os pontos do contorno devem ser extrapolados a partir dos dados calculados obtidos sobre os pontos de Gauss mais próximos a este, conforme mostra a Figura - 4. 81, porque de acordo com a fundamentação teórica desse método os dados fornecidos pela saída do programa FEAP possui erros inferiores aos dos pontos de Gauss que são os pontos ótimos de erro mínimo sobre a malha.

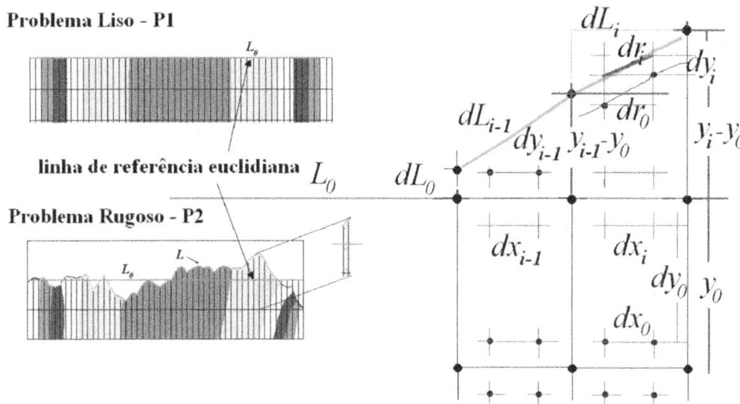

Figura - 4. 81. Medida aproximada dos elementos infinitesimais de comprimento nas proximidades de um contorno rugoso.

Para esse problema de rugosidade no contorno em especifico talvez o Método de Elementos de Contorno possa oferecer resultados melhores para os pontos que estão exatamente sobre o contorno enquanto que o método de elementos finitos pode servir muito bem para problemas de "rugosidades" devido a vazios ou porosidade interna no interior do corpo, isto é, no domínio. Contudo, como o erro sobre os pontos de Gauss é minimizado, observa-se que um melhor ajuste para a função de aproximação foi obtido nesses pontos em relação aos pontos do contorno, que no método dos elementos finitos possuem erros maiores do que os pontos de Gauss internos.

4.9.4 – Medida Aproximada da Rugosidade pelo Método dos Elementos de Contorno

Para se resolver o problema pelo Método dos Elementos de Contorno, os contornos lisos e rugosos da placa foram discretizados em elementos de comprimentos fixos e variáveis, respectivamente, conforme mostra a Figura - 4. 82.

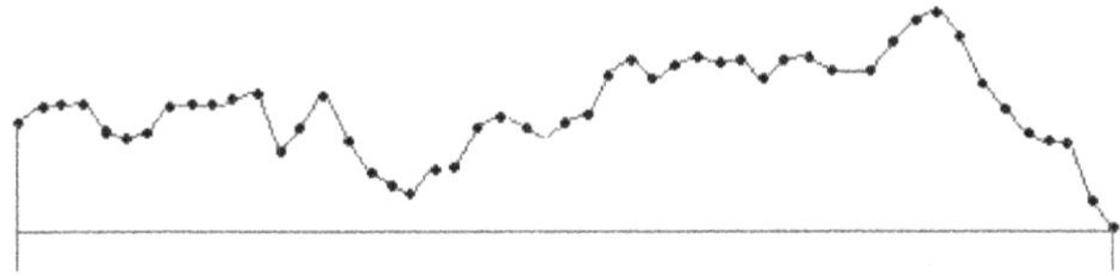

Figura - 4. 82. Discretização de um contorno rugoso para medida pelo Métodos dos Elementos de Contorno.

O modelo da rugosidade proposto anteriormente necessita de dados e informações que podem ser fornecidos pelo Método dos Elementos de Contorno.

As grandezas necessárias ao cálculo da função de aproximação fractal, estão representadas conforme mostra a Figura - 4. 83. Elas foram extraídas do arquivo de saída que continha os resultados da simulação e foram lançadas tabelas para a geração dos gráficos do potencial e do fluxo em função da coordenada do contorno.

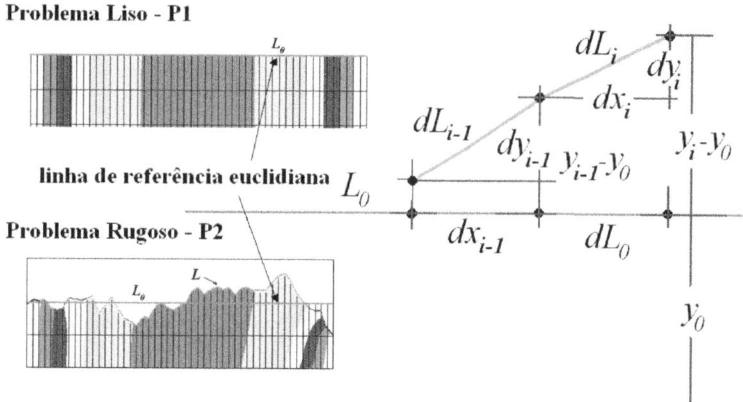

Figura - 4. 83. Medida aproximada dos elementos infinitesimais de comprimento sobre um contorno rugoso.

Na Figura - 4. 83 vemos o detalhe do esquema metodológico de cálculo pelo Método dos Elementos de Contorno dos elementos infinitesimais sobre um contorno rugoso. Baseado na Figura - 4. 83 nós podemos extrair as informações necessárias para o cálculo da rugosidade a partir dos dados do arquivo do Método dos Elementos de Contorno. No Método dos Elementos de Contorno os pontos sobre o elementos são tomados diretamente sobre o contorno, pois para este método o cálculo no contorno possui erro menor.

4. 10 – Metodologia e Técnicas Numéricas empregada na Solução do Problema Elastico

Nesta secção apresenta-se a metodologia dos resultados analíticos, numéricos de solução das equações, bem como as etapas que foram utilizadas na solução do problema proposto. Um campo de tensão na ponta de uma trinca rugosa foi simulado utilizando-se um código executável em FORTRAN denominado FRANC2D (Cornell University) para o MEF. Analisou-se o efeito da *rugosidade* sobre esse campo variando-se vários parâmetros como o comprimento da trinca, a rugosidade e o raio de curvatura.. Simulou-se diferentes rugosidades entre elas, rugosidades periódicas (ou senoidias), e aleatórias. O intuito foi conhecer qual a influência da rugosidade sobre o campo de tensão na ponta da trinca e nas suas vizinhanças e sobre a taxa de liberação de energia dado pela curva J-R.

Para comparação entre os problemas geométricos lisos e rugosos manteve-se formulações equivalentes destas condições de contorno, conforme a metodologia e a sistemática proposta neste capítulo. Os objetivos destas simulações são: i) Verificar a influência do raios de curvatura e do comprimento da trinca na tensão de fratura e na tenacidade a fratura com e sem rugosidade; ii) Verificar a influência da variação da rugosidade pela flutuação da freqüência e amplitude senoidal da superfície da trinca eliptica no campo de tensão na ponta da trinca; iii) estabelecer um critério de fratura por meio de uma relação entre o raio de curvatura ρ e a rugosidade $\xi = dL/dL_0$.

Os resultados analíticos clássicos do campo de tensão/deformação ao redor de uma trinca são tomados como referencia para a análise dos efeitos que surgem no caso desse campo ser influenciado pelas seguintes variações:

i) variação no comprimento da trinca com e sem rugosidade

ii) variação no raio de curvatura da trinca com e sem rugosidade

iii) variação na rugosidade da trinca.

iv) campo de tensão na ponta da trinca com e sem rugosidade

v) curva J-R com e sem rugosidade

Com a variação desses parâmetros investigou-se a influência da rugosidade no campo de tensão elástico de problemas de fratura.

Para a variação no comprimento da trinca com e sem rugosidade procurou-se identificar a influencia dessa rugosidade ao longo da borda da trinca sobre o campo de tensão. Para a variação no raio de curvatura da trinca com e sem rugosidade procurou-se identificar a influencia dessa rugosidade sobre o campo de tensão na ponta da trinca. E para a variação na rugosidade da trinca em absoluto procurou-se identificar a influência da intensidade dessa sobre o campo de tensão.

Os resultados das tensões e das deformações são obtidos, avaliados e discutidos para diferentes refinamentos de malhas utilizadas. O aspecto das malhas foi mantido o mesmo para todos os problemas aqui resolvidos, a fim de evitar as variações das quantidades calculadas numericamente devido ao refinamento fornecido pela malha. Isto é, considerou-se um valor de convergência igual para todas as malhas aqui utilizadas nos cálculos para que a comparação entre os problemas P1-liso e P2-rugoso pudesse ser perceptível sem a influência dos desvios devido a convergências do valores pelo refinamento das malhas.

Análises do campo de tensão ao redor e na ponta de um entalhe com e sem rugosidade, para diversos comprimento de trinca e raios de curvatura, foram analisados. Mediu-se a Energia de Fratura e o Fator de Intensidade de Tensão (SIF) em função do comprimento da trinca, com e sem rugosidade para se obter uma estimativa matemática do comportamento da curva J-R a fim de comparar com o modelo fractal proposto para uma trinca rugosa.

4. 11 – Resultados Numéricos – Influência da rugosidade no Campo de Tensões em uma análise de fratura

Apresenta-se nesta secção a aplicação dos métodos numéricos e técnicas empregados na solução do problema das equações da mecânica do contínuo regular e irregular. A simulação do campo de tensão na ponta de uma trinca rugosa foi feita utilizando-se o código MEF denominado FRANC2D (Cornell University). Analisou-se o efeito da *rugosidade* sobre esse campo variando-se parâmetros como o comprimento da trinca, a rugosidade e o raio de curvatura para verificar a validade das soluções analíticas obtidas nas secções 2.8.3, 2.8.4 e 2.8.5. As condições de restrição foram aplicadas de tal forma que a borda direita de cada corpo simulado foi fixada nas direções (X,Y), conforme mostra Figura - 4. 84. O carregamento foi aplicado sobre a borda superior e inferior do lado esquerdo do corpo proporcionalmente ao comprimento da trinca, mantendo-se a mesma tensão), conforme mostra Figura - 4. 84.

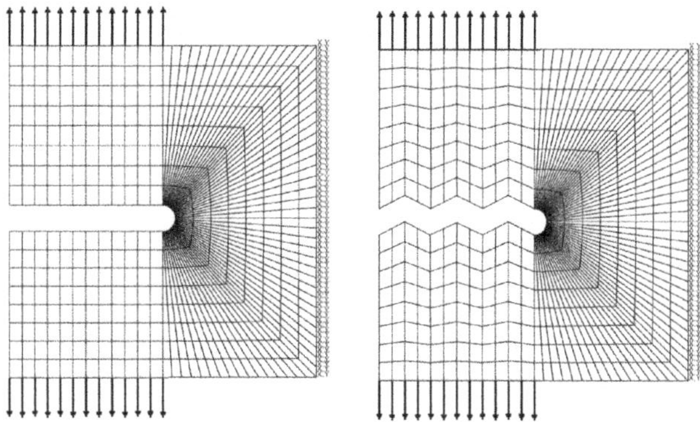

Figura - 4. 84. Condições de contorno e carregamento aplicado a malha de simulação de uma placa com uma trinca de comprimento variável, válida tanto para o caso liso como rugoso.

Apresenta-se os resultados da simulação numérica da solução de um problema de fratura em uma placa com um contorno liso e outra placa equivalente, porém com contorno rugoso em duas dimensões (2-D). Apresenta-se também o aspecto geral do campo de tensão ao redor de uma trinca lisa e rugosa para diferentes parâmetros da trinca.

Analisando-se agora o efeito da rugosidade de uma trinca sobre o campo de tensão elástico em um material frágil, observa-se o que era esperado pelas Eqs. (3. 97) e (3. 109), ou seja, uma perturbação geométrica na intensidade do campo ao redor da falha, mas que se atenua à medida que se afasta da rugosidade da trinca na direção do interior do material conforme mostra a Figura - 4.85 para a componente σ_{XX}.

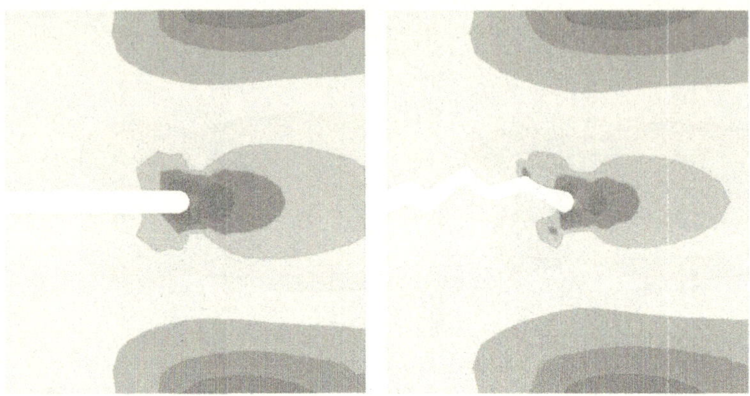

Figura - 4.85. Imagem do resultado da simulação numérica do campo de tensão sem rugosidade. Sigma XX sem rugosidade e com rugosidade.

Para grandes distancias longe do efeito da rugosidade superficial espera-se que os valores do campo elástico para o caso sem e com rugosidade se aproxime um do outro. O mesmo observa-se para as outras componentes do campo como no caso do cisalhamento dado pela intensidade da componente σ_{XY}, conforme mostra a

Figura - 4.86.

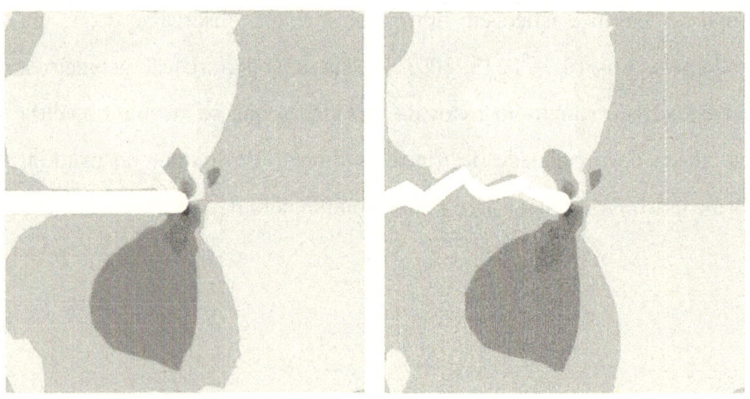

Figura - 4.86. Imagem do resultado da simulação numérica do campo de tensão sem rugosidade. Sigma XY sem rugosidade e com rugosidade.

A componente do campo que apresentou menor variação quanto a sua forma foi a componente σ_{YY}, conforme mostra a Figura - 4.87. Mesmo para as direções principais σ_1 e σ_2 as formas do campo sofrem o mesmo tipo de perturbação na sua intensidade devido a geometria rugosa da trinca. Quando se gráfica a intensidade da componente σ_{YY} do campo em função do raio na frente da trinca para um ângulo $\theta = 0°$ obtém-se os gráficos da Figura - 4.88. Esta figura mostra o campo de tensão sofreu um efeito na sua intensidade devido a geometria rugosa da trinca.

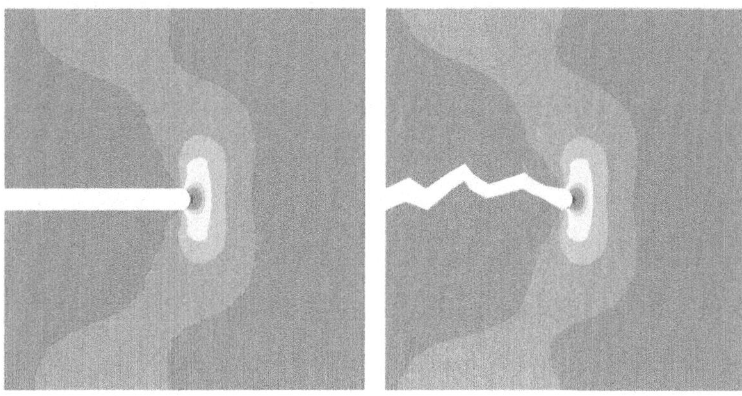

Figura - 4.87. Imagem do resultado da simulação numérica do campo de tensão sem rugosidade. Sigma YY sem rugosidade e com rugosidade.

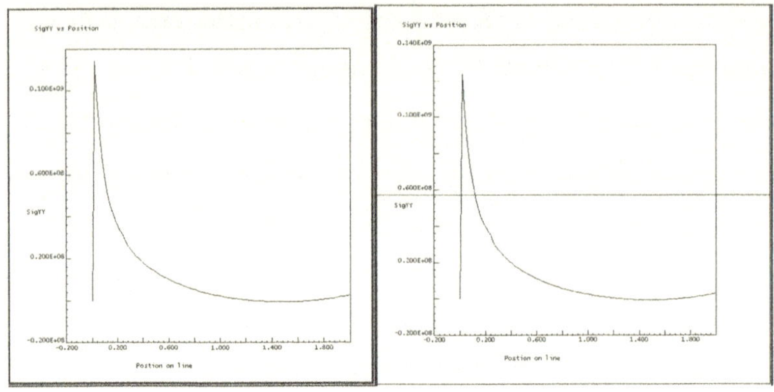

Figura - 4.88. Gráfico da intensidade do campo de tensão na ponta da trinca em função da distancia *r* sem e com rugosidade.

Uma vez que a rugosidade afastada da região de campo de tensão mais intensa, a rugosidade só influencia o campo de tensão σ_{yy} se esta acontecer na direção perpendicular ao raio de curvatura na ponta de uma trinca.

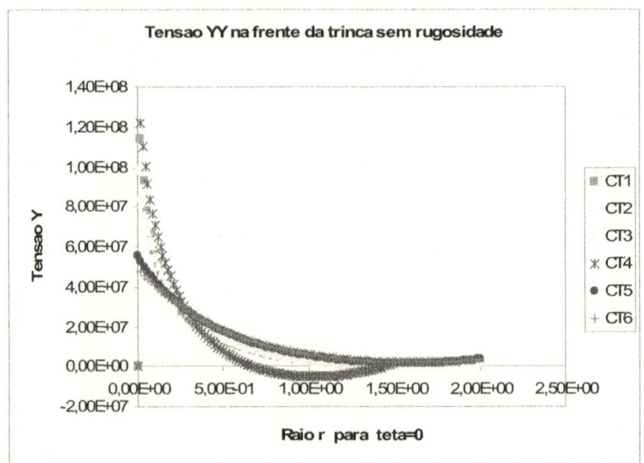

Figura - 4.89. Gráfico da intensidade do campo de tensão na ponta da trinca em função do raio de curvatura sem rugosidade.

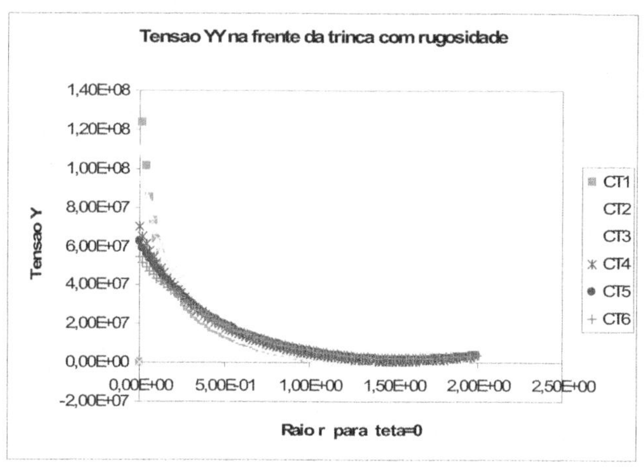

Figura - 4.90. Gráfico da intensidade do campo de tensão na ponta da trinca em função do raio de curvatura com rugosidade.

4.11.1 – Campo ao redor de uma trinca com comprimento $L_0 = 2,4,6,8,10,12$ *: Modo I*

A Figura - 4. 91 mostra o aspecto das malhas utilizadas na solução do problema do campo de tensão elástico linear. As condições de restrição foram todas aplicadas da mesma forma, ou seja, a borda direita de cada corpo simulado foi fixada nas direções (X,Y). E o carregamento foi aplicado proporcionalmente ao comprimento da trinca, mantendo-se a mesma tensão.

O aspecto de montagem das malhas foi mantido dentro de um mesmo padrão para que pudesse ser feito uma compração tanto visual quanto numérica dos resultados. Observa-se que os elementos ao redor da ponta do entalhe são mais concentrados para poder retratar melhor as sensíveis variações do campo nessa região. O comprimento projetado do entalhe rugoso foi feito propositadamente igual ao comprimento do entalhe liso para que o efeito da rugosidade do entalhe fosse evidente de forma comparativa com o entalhe liso.

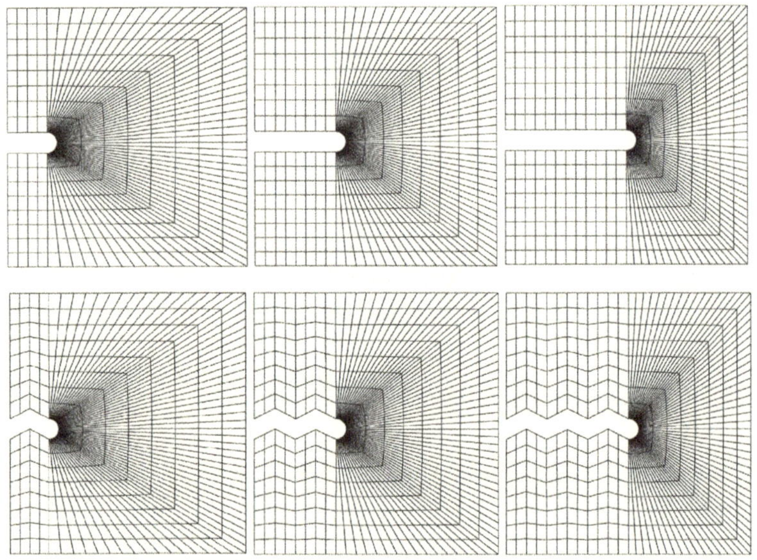

Figura - 4. 91. Malha de simulação de uma placa com uma trinca de comprimento $L_0 = 4,8,12$; a) trinca lisa b) trinca rugosa.

Observa-se na Figura - 4. 92 o avanço da componente σ_{xx} do campo de tensão ao redor de um entalhe com o seu comprimento, para uma geometria de entalhe liso e rugoso. A medida que o comprimento do entalhe aumenta, observa-se que o tamanho da região de concentração de tensão ao redor do entalhe diminui, tanto para a situação de geometria lisa como rugosa. Os aspectos da componente do campo de tensão σ_{xx} nas situações de entalhe liso e rugoso são muito parecidos. Contudo, observa-se pequenas deformações no aspecto desse campo da situação de entalhe rugoso em relação ao entalhe liso.

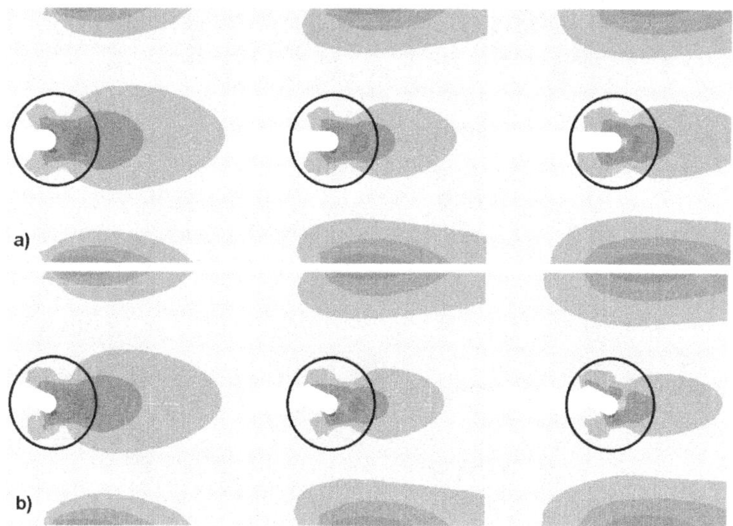

Figura - 4. 92. Campo de Tensão σ_{xx} ao redor de uma trinca de comprimento $L_0 = 4,8,12$; a) trinca lisa b) trinca rugosa.

Observa-se a partir das Figura - 4. 92 e Figura - 4. 93 que o campo em torno da trinca rugosa não é simétrico, ou seja campos paralelos a propagação da trinca como as tensões σ_{xx} são mais afetadas pela rugosidade da trinca. O carregamento simétrico produz campo simétrico. Contudo, como a rugosidade de uma face da trinca é a complementar da outra, observa-se uma ligeira assimetria do campo em relação a uma linha horizontal passando pelo meio da placa.

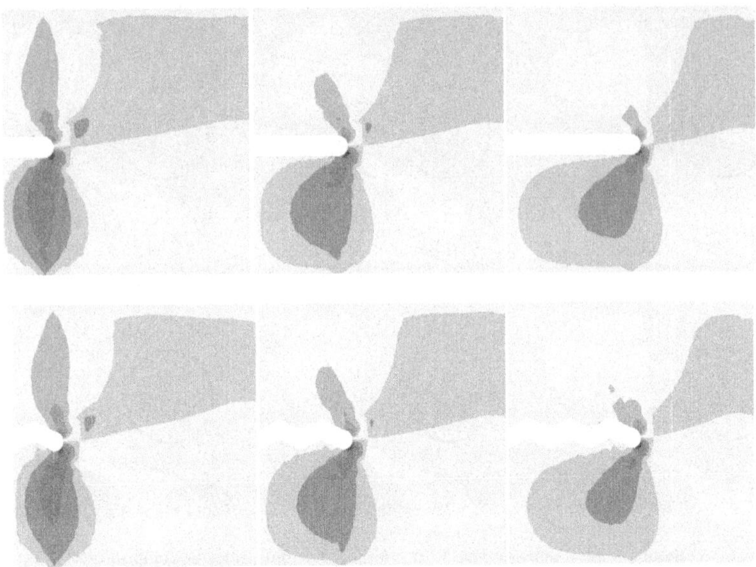

Figura - 4. 93. Campo de Tensão σ_{xy} ao redor de uma trinca de comprimento $L_0 = 4,8,12$; a) trinca lisa b) trinca rugosa.

Na Figura - 4. 93 observa-se o avanço da componente σ_{xy} do campo de tensão ao redor de um entalhe com o seu comprimento, para uma geometria de entalhe liso e rugoso. A medida que o comprimento do entalhe aumenta, observa-se uma movimentação da região de concentração de tensão ao redor do entalhe, tanto para a situação de geometria lisa como rugosa. Novamente observa-se que os aspectos da componente do campo de tensão σ_{xy} nas situações de entalhe liso e rugoso são muito parecidos. Apenas, observa-se algumas pequenas modificações no aspecto da componente σ_{xy} desse campo na situação de entalhe rugoso em relação ao entalhe liso. Isto devido ao efeito da rugosidade.

Observa-se em todas a figuras cujo campo depende da direção x que a medida que a trinca penetra no material o campo de tensão se move para frente se deformando até apresentar um padrão típico semelhante as soluções analitica de uma placa infinita com um entalhe na borda.

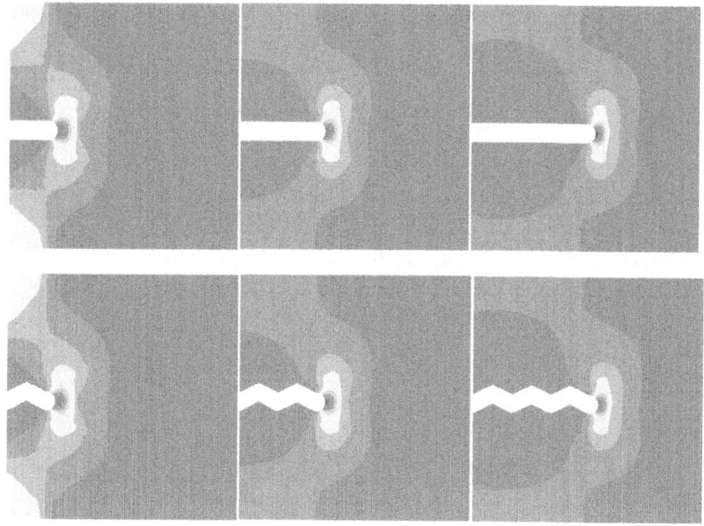

Figura - 4. 94. Campo de Tensão σ_{yy} ao redor de uma trinca de comprimento $L_0 = 4,8,12$; a) trinca lisa b) trinca rugosa.

Na Figura - 4. 94 mostra-se o aspecto geral da componente σ_{yy} do campo de tensão ao redor de um entalhe liso e rugoso a medida que aumenta o seu comprimento. Essa componente do campo de tensão é responsável pelo crescimento da trinca para essa configuração de ensaio (geometria do corpo e carregamento) simulado nessa figura. Contudo, a rugosidade da trinca que fica atrás da região de concentração do campo de tensão parece ter pouca ou quase nenhuma influência sobre essa componente do campo que está a frente do entalhe, conforme era esperado segundo a análise efetuada na secção 2.8.5. Talvez se a rugosidade fosse presente junto a ponta do entalhe pudesse haver alguna influência sobre a forma do campo de tensão. Simulações preliminares realizadas por

Chiquito (2010) utilizando-se o programa ANSYS com uma trinca eliptica completamente rugosa mostraram uma modificação no aspecto do campo.

Observa-se da Figura - 4. 94 que a componente σ_{yy} do campo de tensão é a menos afetado pelo efeito de uma rugosidade ao longo de uma trinca. A análise numérica da componente do campo de tensão σ_{yy} foi feita de diversas formas (tensão no ponto, tensão no elemento e tensão meida ao longo de uma linha). Os resultados obtidos foram muito próximos e apresentaram a mesma tendência em função da variação do comprimento.

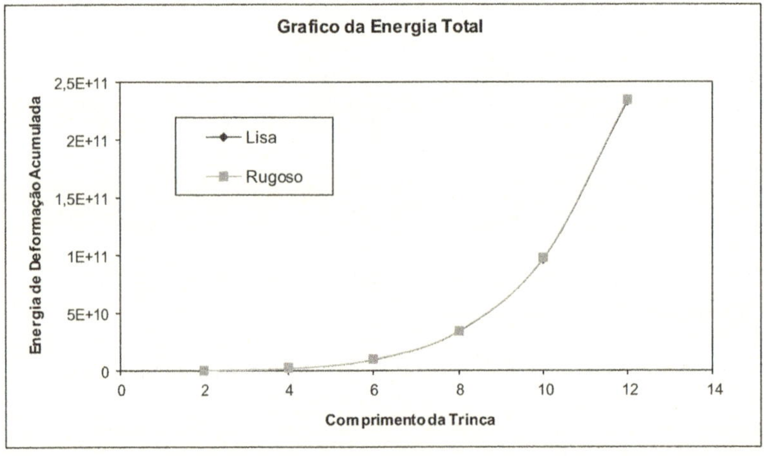

Figura - 4. 95. Energia total de deformação U_L em função do comprimento de uma trinca lisa e rugosa.

Graficando-se os dados de energia total de deformação em função do comprimento da trinca obteve-se o gráfico mostrado na Figura - 4. 95.

O gráfico da Figura - 4. 95 mostra que houve pouca diferença entre os valores da energia total de deformação em função do comprimento de uma trinca para uma placa contendo uma trinca lisa ou rugosa.

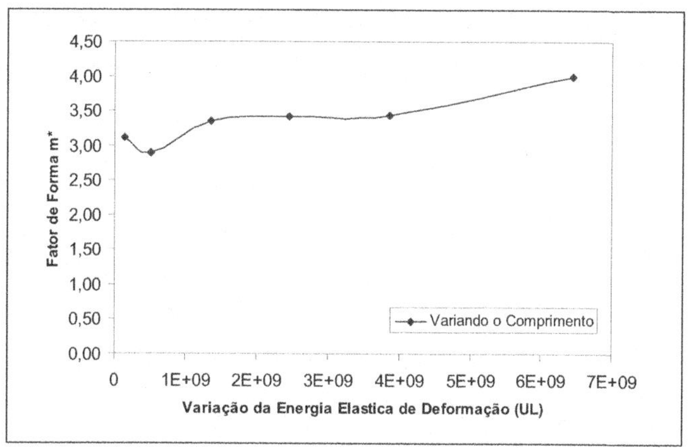

Figura - 4. 96. Energia total de deformação U_L em função do fator de forma m^* para diferentes comprimento de trinca rugosa.

O gráfico da Figura - 4. 96 mostra a variação da energia elástica total de deformação em função do fator de forma m^* para diferentes comprimento de uma trinca para uma placa contendo uma trinca rugosa. Este resultado mostra que a rugosidade e o comprimento da trinca afetam a variação da energia elástica de deformação para uma trinca em crescimento.

Este resultado mostra que a rugosidade precisa ser considerada no processo de propagação para poder se evidenciar o seu efeito no campo de tensão na frente da trinca e coinsequentemente na energia de fratura.

Conclusões semelhantes foram obtidas ao se variar a rugosidade ou o raio de curvatura da ponta da trinca.

4.11.2 – CorpoCT1 – Raio de curvatura $\rho = 1,2,3,4,5,6$ *e trinca lisa e rugosa*

Nesta secção apresenta-se o aspecto geral do campo de tensão ao redor de uma trinca lisa e rugosa para diferentes valores do raio de curvatura da trinca. Analisou-sea princípio a influência do raio de curvatura no campo de tensão em uma placa de Inglis (em tensão plana) utilizando o software livre FRANC2D®. A motivação desse trabalho é a utilização do mesmo problema de Inglis inserindo uma rugosidade ao redor de toda a trinca para medir a influência desta no campo de tensão.

Para se ter uma idéia da influencia do raio de curvatura de uma trinca lisa no campo de tensão, simulou-se um campo elástico ao redor de uma falha com diferentes raios de curvatura.

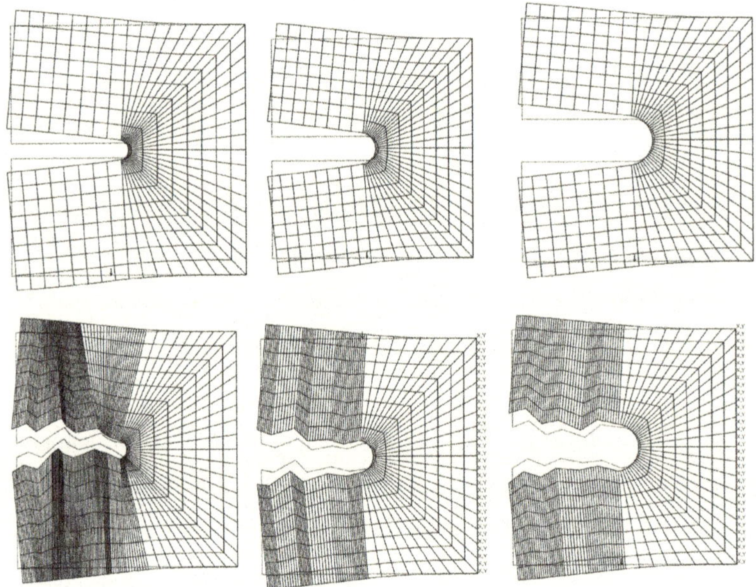

Figura - 4. 97. Aspecto da Malha deformada com trinca de raio de curvatura $\rho = 1,2,3$.

As fixações das malhas foram feitas também da mesma forma, ou seja, a borda direita de cada corpo simulado foram fixadas nas direções (X,Y). Foi feito um carregamento proporcional ao comprimento projetado da trinca, mantendo-se a mesma tensão aplicada.

A título de exemplo dos resultados obtidos tem-se o comportamento mostrado na Figura - 4. 98, para a componente σ_{XX} do campo elástico. Observa-se da Figura - 4. 98 que a medida que o raio de curvatura ρ aumenta o campo de tensão, embora mantenha o mesmo padrão, se espalha e se alarga para dentro do material.

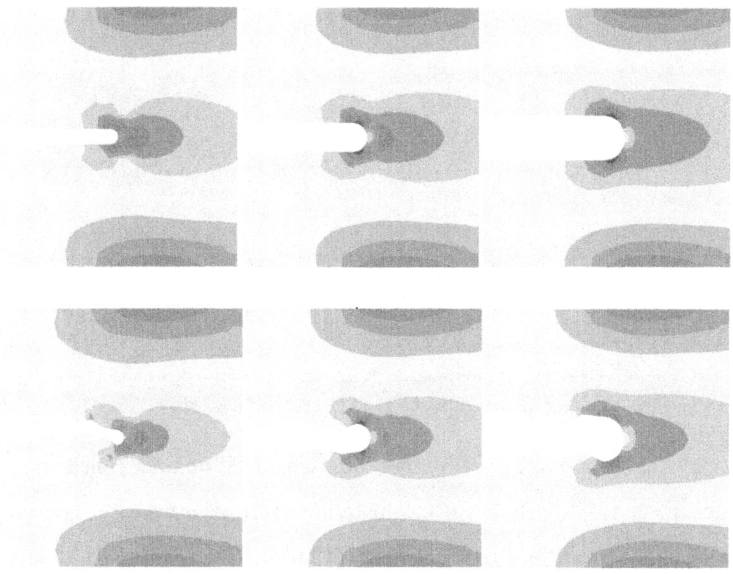

Figura - 4. 98. Imagem do resultado da simulação numérica do campo de tensão σ_{xx} para $\rho = 1,2,3$ no Modo I de Fratura sem rugosidade e com rugosidade

Novamente neste caso observa-se que a rugosidade perturba o campo mais fortemente nas componentes que são na mesma direção do comprimento da trinca rugosa.

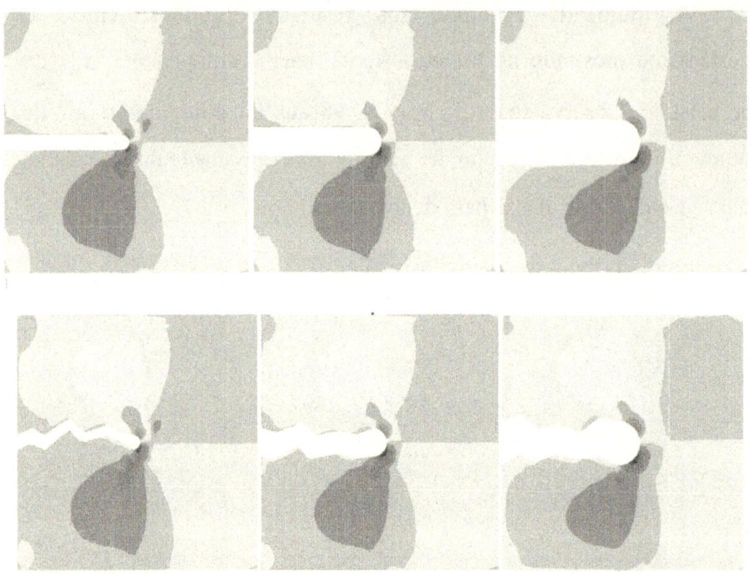

Figura - 4. 99. Imagem do resultado da simulação numérica do campo de tensão σ_{xy} para $\rho = 1, 2, 3$ no Modo I de Fratura sem rugosidade e com rugosidade.

Analisando-se agora o efeito da rugosidade de uma trinca sobre o campo de tensão elástico em um material frágil, observa-se o que era esperado pelas equações (3. 97), (3. 98), (3. 109) e (3. 112), ou seja, uma perturbação geométrica (rugosidade) produz na intensidade do campo ao redor da falha uma variação oscilante que acompanha a rugosidade da superfície do entalhe, mas que se atenua à medida que se afasta da rugosidade da trinca na direção do interior do material. Para grandes distancias, longe do efeito da rugosidade superficial, espera-se que os valores do campo elástico para o caso sem e com rugosidade se aproxime um do outro. O mesmo observa-se para as outras componentes do campo como no caso do cisalhamento dado pela intensidade da componente σ_{XY}, conforme mostra a Figura - 4. 99.

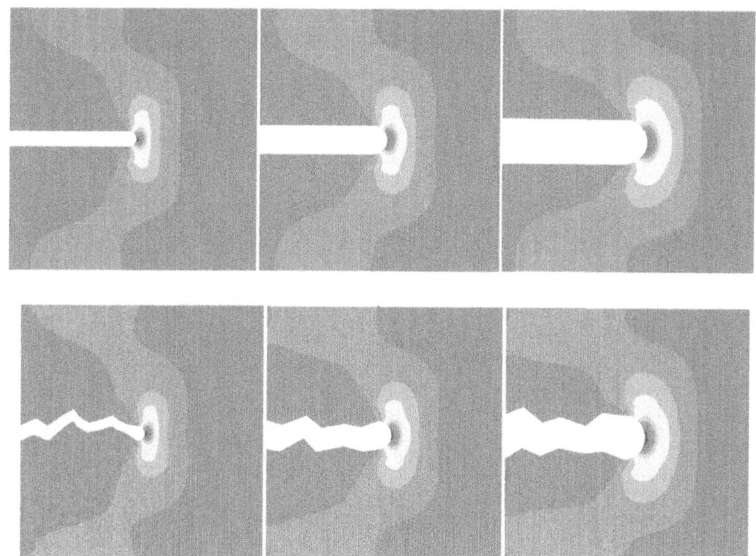

Figura - 4. 100. Imagem do resultado da simulação numérica do campo de tensão σ_{yy} para $\rho = 1,2,3$ no Modo I de Fratura sem rugosidade e com rugosidade.

A componente do campo que apresentou menor variação quanto a sua forma foi a componente σ_{YY}, conforme mostra a Figura - 4. 100. Observa-se dessa figura que naturalmente o raio de curvatura da trinca afeta o perfil da componente de tensão σ_{yy} na frente da trinca.

Graficando-se os dados de energia total de deformação, em função do raio de curvatura da trinca obteve-se o gráfico mostrado na Figura - 4. 101.

O gráfico da Figura - 4. 101 mostra que houve uma flutuação entre os valores da energia total de deformação em função do comprimento de uma trinca para uma placa contendo uma trinca lisa ou rugosa.

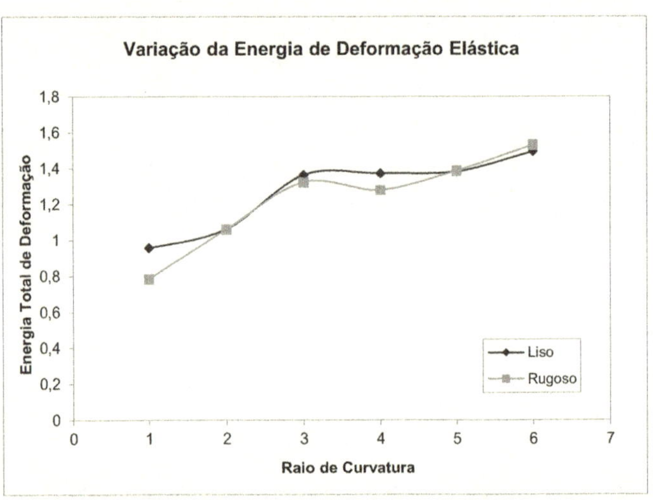

Figura - 4. 101. Variação da Energia de Deformação com o raio de curvatura no Modo I de Fratura

4.11.3 – Resultados Numéricos pelo Método dos Elementos Finitos com variação da rugosidade

Nesta secção apresenta-se o aspecto geral do campo de tensão ao redor de uma trinca lisa e rugosa para diferentes valores de rugosidade da trinca.

Na Figura - 4. 102 mostra-se as malhas utilizadas na simulação do problema do campo de tensão elástico ao redor de uma trinca rugosa, variando-se o grau desssa rugosidade.

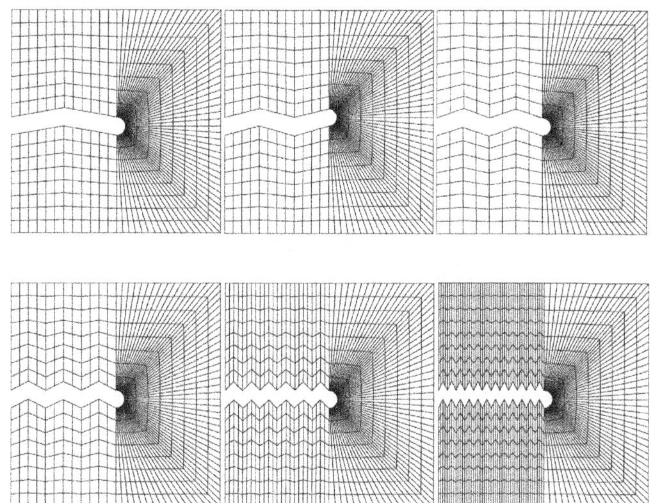

Figura - 4. 102. Malha de simulação de um placa uma trinca com uma rugosidade suave de ordem 1,2,3,4, 5, 6.

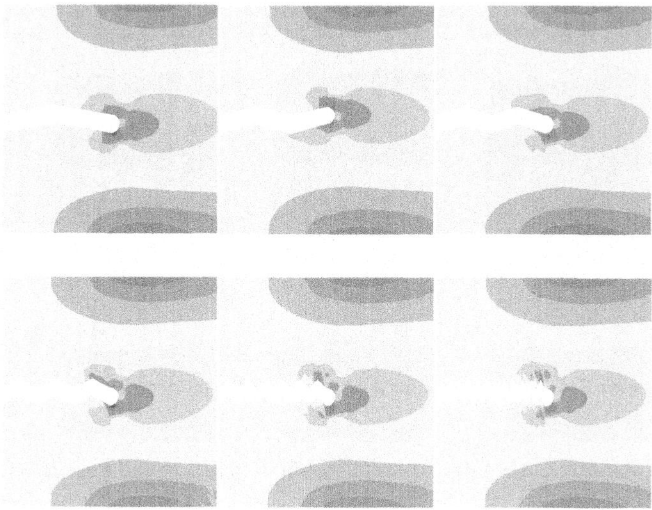

Figura - 4. 103. Campo de Tensão σ_{xx} ao redor de uma trinca com uma rugosidade suave de ordem 1,2,3,4, 5, 6.

Observa-se a partir da Figura - 4. 103 que a medida que a rugosidade da trinca é mais intensa o campo de tensão apresenta perturbações que podem ter origem na solução numérica aproximada, ou na própria influência da perturbação geometria introduzida pela rugosidade. Para uma rugosidade suave como a mostrada na Figura - 4. 103a onde os erros de aproximação são menores observa-se que o campo paralelo ao comprimento rugoso da trinca é realmente afetado pela rugosidade da mesma.

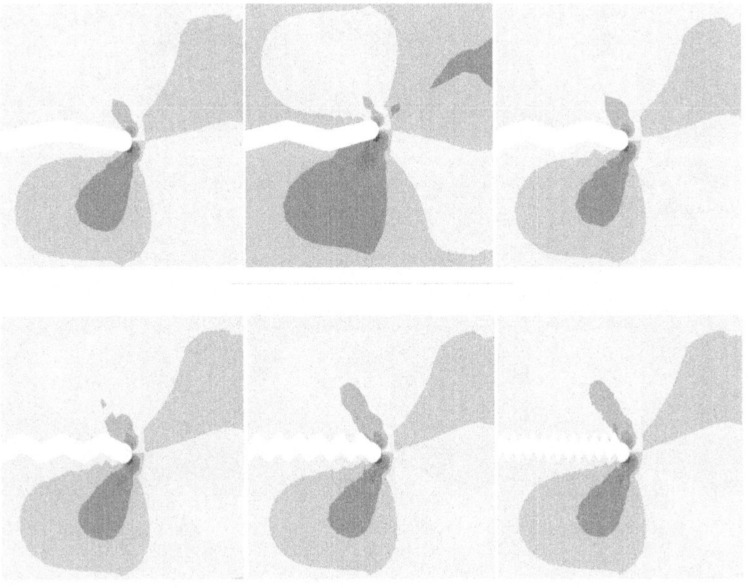

Figura - 4. 104. Campo de Tensão σ_{xy} ao redor de uma trinca com uma rugosidade suave de ordem 1,2,3, 4, 5, 6.

As diferentes energias totais obtidas para os campos de tensão simulados em função da rugosidade são mostrados no gráfico da Figura - 4. 106.

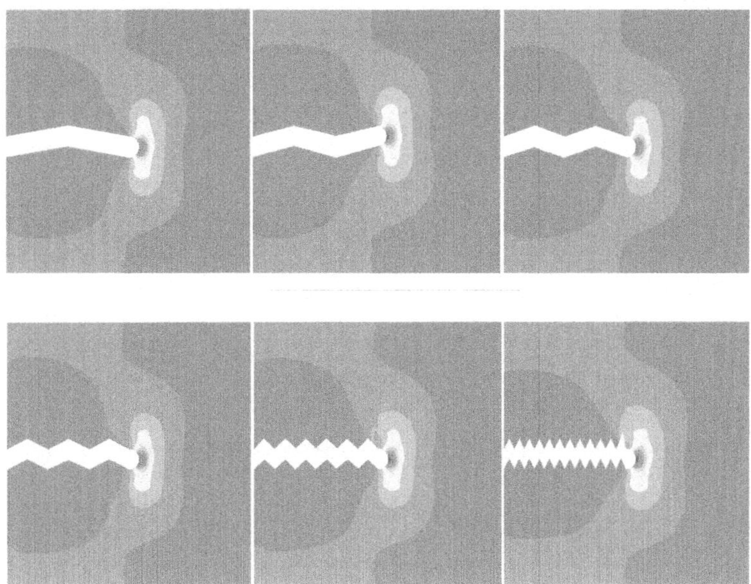

Figura - 4. 105. Campo de Tensão σ_{yy} ao redor de uma trinca com uma rugosidade suave de ordem 1,2,3, 4, 5, 6.

Observa-se a partir da Figura - 4. 103 que o campo σ_{yy} é pouco afetado pela rugosidade da trinca. Isto porque esse campo é perpendicular ao comprimento rugoso da trinca.

Observa-se na Figura - 4. 106 que o grau de rugosidade afetou em muito os valores da energia total de deformação. Isto era esperado porque quanto mais rugosa é uma trinca mais energia foi dissipada para formar a sua superfície para um campo de tensão gerado nas mesmas condições físicas e geométricas.

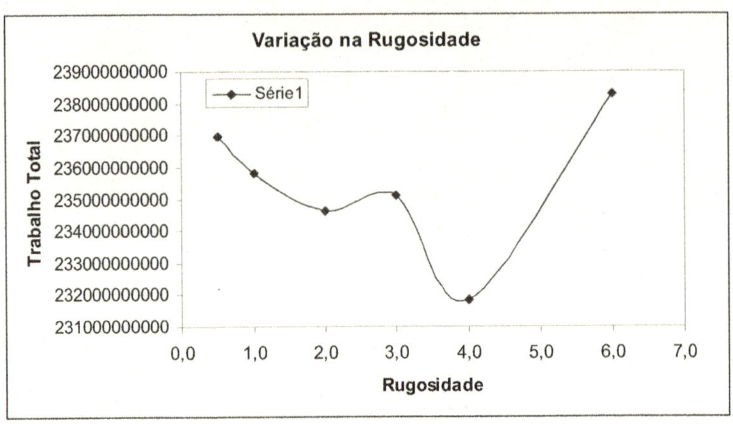

Figura - 4. 106. Campo de Tensão σ_{eff} ao redor de uma trinca com uma rugosidade suave de ordem 4, 5, 6.

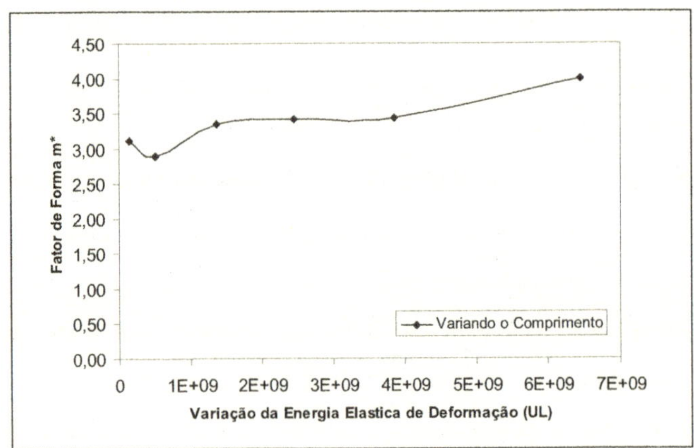

Figura - 4. 107. Energia total de deformação ΔU_L em função do fator de forma m^* para diferentes rugosidade de uma trinca.

O gráfico da Figura - 4. 107 mostra a variação da energia elástica total de deformação em função do fator de forma m^* para uma placa contendo diferentes graus rugosidades de uma trinca. Este resultado mostra que a rugosidade afeta a variação da energia elástica de deformação para uma trinca.

4.11.4 - Análise comparativa entre os campos liso e rugoso

Nesta secção apresenta-se uma análise comparativa entre os aspectos gerais do campo de tensão ao redor de uma trinca lisa e rugosa.

Para se fazer uma comparação quantitativa entre os campos de tensão liso e rugoso nas mesmas condições de carregamento e material, analisou-se os valores desse campo ao longo de uma linha perpendicular ao comprimento da trinca próximo a ponta da trinca na região inferior e superior na Figura - 4. 108. Os resultados da análise de intensidade do campo ao longo dessas linhas são mostrados nas Figura - 4. 109 e Figura - 4. 110.

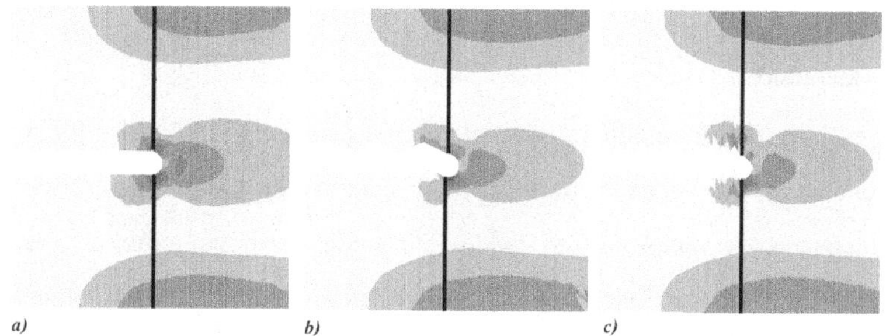

Figura - 4. 108. Campos de tensão σ_{xx} para corpos com comprimento $L_0 = 12$ e raio de curvatura da troinca $\rho = 2$;a) liso; b) rugosidade 2 c) rugosidade 0,5.

A Figura - 4. 108 mostra que quanto mais rugosa é a trinca mais pertubado será o campo de tensão. Contudo, deve-se observar que, além da pertubação proveniente da rugosidade da trinca, há também uma flutuação nos valores de intensidade do campo em função das coordenadas próximas a rugosidade devido a erros numérico de aproximação. Pois os elementos nas regiões próximas a trinca rugosa são mais deformados e por isso as funções de interpolação dentro desses elemento apresentam maiores erros de aproximação.

Nas Figura - 4. 109 e Figura - 4. 110 mostra-se que a rugosidade de uma trinca insere na componente σ_{xx} do campo de tensão uma pertubação do tipo oscilação amortecida. Isto já havia sido previsto nas soluções analíticas do campo de tensão elástica com rugosidade apresentada nas secções 2.8.3, 2.8.4 e 2.8.5.

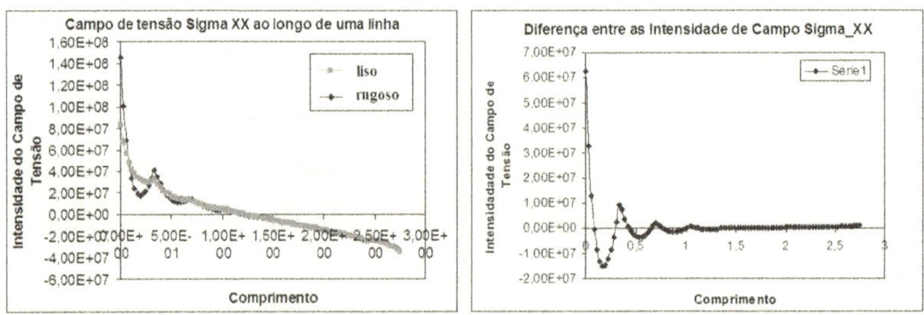

Figura - 4. 109. Diferença da Intensidade do campo σ_{xx} para uma linha inferior perpendicular a trinca.

A solução analítica apresentada nas secções 2.8.3, 2.8.4 e 2.8.5 previa que a rugosidade pertubaria o campo de tensão de forma exponencial por meio de um "vetor de onda" $\vec{k}$ cuja natureza era desconhecida. Nesse capítulo observa-se por meios dos resultados mostrados nas Figura - 4. 109 e Figura - 4. 110 que esse vetor de onda $\vec{k}$ pode ser até mesmo complexo, para poder dá origem a um resultado "oscilatório amortecido" como este. Isto por que a solução desses campos carregam as informações de um mapeamento conforme oscilatório na região da rugosidade quando comparado com o campo do entalhe liso.

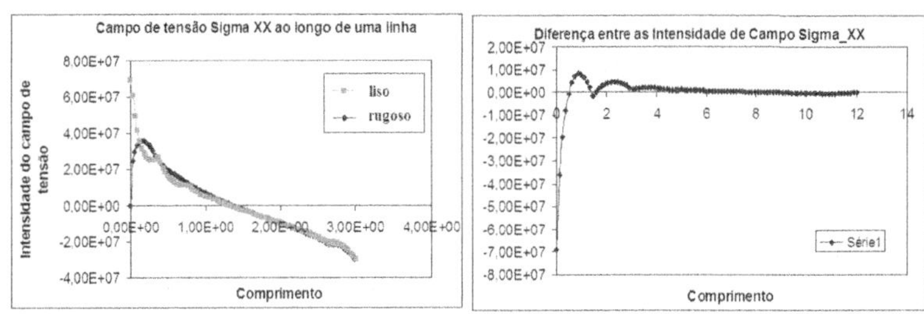

Figura - 4. 110. Diferença da Intensidade do campo σ_{xx} para uma linha superior perpendicular a trinca.

Uma vez que as rugosidades simuladas estão afastada da ponta da trinca onde ocorre a região de campo de tensão mais intensa, essa rugosidade só pode influenciar o campo de tensão σ_{yy} se esta não acontecer na direção perpendicular ao raio de curvatura na ponta de uma trinca.

4. 12 – Discussão dos Resultados Numéricos

Pode-se prever a partir dos resultados obtidos aqui que a rugosidade não influenciou o campo se este acontecer na direção perpendicular a direção normal da superfíce rugosa, como por exemplo na elasticidade o campo σ_{yy} não é afetado pela rugosidade na direção normal ao raio de curvatura da ponta da trinca, conforme ilustra a Figura - 4. 111.

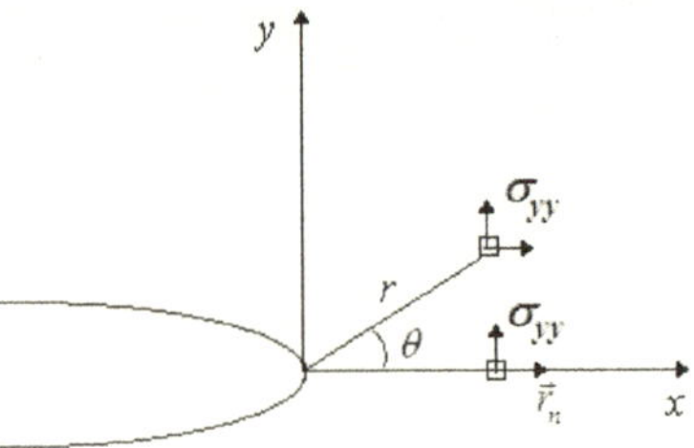

Figura - 4. 111. Representação do campo de tensão σ_{yy} a uma distância $\vec{r}$ da ponta da trinca.

4.12.1 - Aspecto geral do campo de tensão ao redor de uma trinca em um meio irregular

Simulações preliminares realizadas por Chiquito (2010) por Elementos Finitos utilizando-se o programa ANSYS com uma trinca elíptica completamente rugosa com rugosidade senoidal inserida em toda a trinca incluindo a região da ponta, mostraram uma modificação no aspecto do campo de tensões. Esses resultados preliminares do estudo numérico do campo de tensão na ponta de um entalhe com uma *rugosidade* senoidal inserida nessa ponta, para o problema elástico sem propagação de trinca, mostraram que o campo de tensão na ponta do entalhe possui uma dependência assintótica com a posição r na frente da trinca que varia desde uma valor α máximo que depende do material até um valor α mínimo igual a $1/2$, que corresponde ao valor clássico. Ou seja, esse estudo preliminar, mostra que a singularidade do campo de tensão na ponta da trinca varia como se fosse um multifractal e que não há um único expoente fractal na ponta da trinca, e este varia com a posição r.

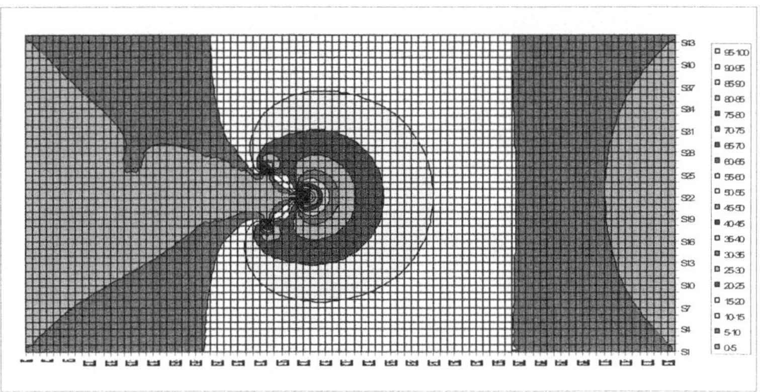

Figura - 4.112. Exemplo preliminar de pontas de *rugosidade* penetrando em regiões intensas da vizinhança de um campo escalar ou vetorial de tensão da ponta principal gerando outras zonas plásticas (cardióide para tensão plana) simulado pelo método de Diferenças Finitas para um campo escalar.

Um outro resultado preliminar simulado por Diferenças Finitas mostra que pontas de *rugosidade* que penetram regiões intensas da vizinhança dos campos escalares (térmicos), vetoriais ou tensoriais, ou seja, campos de tensão da ponta principal da trinca podem gerar outras zonas térmicas ou plásticas (cardióide para tensão plana e leminiscata para deformação plana) conforme mostra a Figura - 4.112.

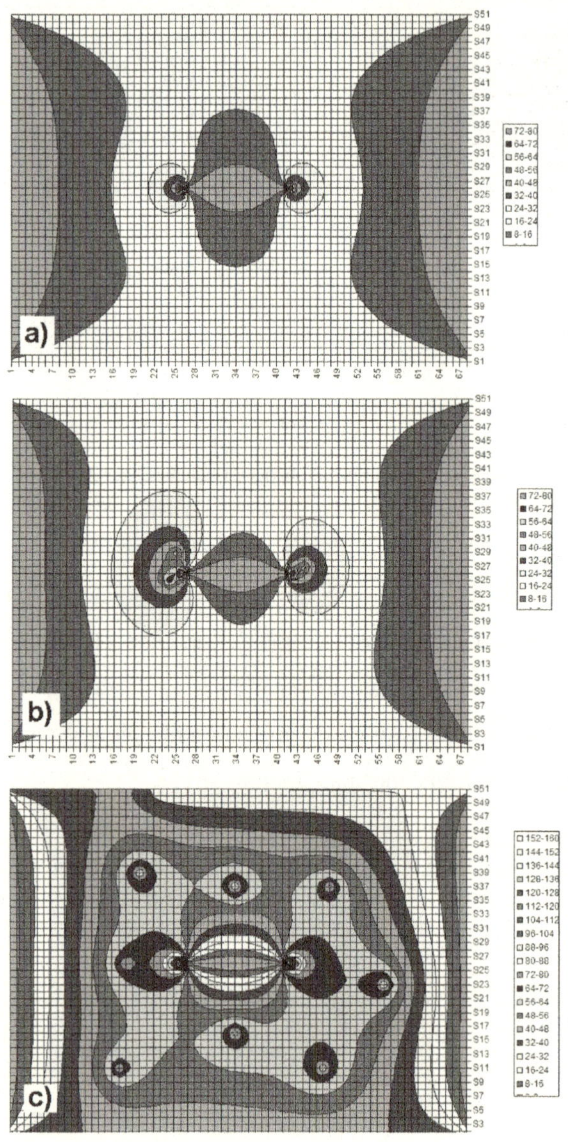

Figura - 4.113. Campo de tensão ao redor de uma trinca, em uma placa de Griffith, calculado pela equação Bi-harmônica usando o Método de Diferenças Finitas a) Material regular sem defeitos concentradores de tensão; b) e c) material irregular com defeitos concentradores de tensão aleatóriamente distribuídos na frentes da trinca e c) aumentado-se o número de concentradores de tensão.

Nos estudos realizados nas secções 4. 11 e 4. 12, e da Figura - 4.113 observou-se que a rugosidade atrás da trinca possui pouca influência no campo de tensões na ponta da trinca e, consequentemente, no processo instantâneo de crescimento.

Para uma trinca crescer com rugosidade em um meio irregular ela precisa interagir com a microestrutura do material e pontos concentradores de tensão a sua frente que contribuem para o aspecto rugoso final da trinca. Na Figura - 4.113 mostra-se o aspecto (exagerado) de um campo irregular com concentradores de tensões em locais próximo a ponta da trinca,mostrando que é a rugosidade na ponta da trinca que vai se formar, devido aos defeitos da microestrutura na frente da trinca, que causa grande influência no surgimento de um campo de tensão irregular e consequentemente o surgimento de uma trinca rugosa.

4. 13 – Referências

Alves Lucas Máximo, Silva Rosana Vilarim da, Mokross Bernhard Joachim, The influence of the crack fractal geometry on the elastic plastic fracture mechanics. *Physica A: Statistical Mechanics and its Applications*. 295, 1/2:144-148, 12 June 2001.

Alves Lucas Máximo, Fractal geometry concerned with stable and dynamic fracture mechanics. *Journal of Theorethical and Applied Fracture Mechanics*, 44/1:44-57, 2005.

Alves, Lucas Máximo, Silva, Rosana Vilarim da, Lacerda, Luiz Alkimin De, Fractal modeling of the *J-R* curve and the influence of the rugged crack growth on the stable elastic-plastic fracture mechanics, *Engineering Fracture Mechanics*, 77:2451-2466, 2010.

Alves – Alves, Lucas Máximo; et al., Verificação de um Modelo Fractal do Perfil de Fratura de Argamassa de Cimento, *48º Congresso Brasileiro de Cerâmica*, realizado no período de 28 de junho a 1º de julho de 2004, em Curitiba – Paraná.

Alves, Lucas Máximo; Lacerda, Luiz Alkimin De, Application of a generalized fractal model for rugged fracture surface to profiles of brittle materials , artigo em preparação, 2010.

Bammann, D. J. and Aifantis, E. C., On a proposal for a Continuum with Microstructure, *Acta Mechanica*, 45:91-121, 1982.

Balankin , A.S and P. Tamayo, *Revista Mexicana de Física* 40, 4:506-532, 1994.

Barenblatt, G. I. The mathematical theory of equilibrium cracks in brittle fracture, *Advances in Applied Mechanics*, 7:55-129, 1962.

Blyth, M. G. , Pozrikidis, C., Heat conduction across irregular and fractal-like surfaces,

International Journal of Heat and Mas Transfer, 46: 1329-1339, 2003.

Carpinteri, A.; Puzzi, S., Complexity: a new paradigm for fracture mechanics, *Frattura ed Integrità Strutturale*,10, 3-11, 2009, DOI:10.3221/IGF-ESIS.1001

Dyskin, A. V., Effective characteristics and stress concetrations in materials with self-similar microstructure, International Journal of Solids and Structures, 42:477-502, 2005

Duda, Fernando Pereira; Souza, Angela Crisina Cardoso, On a continuum theory of brittle materials with microstructure, *Computacional and Applied Mathemathics*, 23, 2-3:327-343, 2007.

Engelbrecht, J., Complexity in Mechanics, *Rend. Sem. Mat. Univ. Pol. Torino*, 67, 3:293-325, 2009

Fineberg, Jay; Gross; Steven Paul; Marder, Michael and Swinney, Harry L. Instability in dynamic fracture, *Physical Review Letters*, 67, 4:457-460, 22 July 1991.

Fineberg, Jay; Steven Paul Gross, Michael Marder, and Harry L. Swinney, Instability in the propagation of fast cracks. *Physical Review B*, 45, 10:5146-5154 (1992-II), 1 March, 1992.

Forest, S. Mechanics of generalized continua: construction by homogenization, *J. Phys. IV, France*, 8:39-48, 1998.

Hyun, S. L.; Pei, J. –F.; Molinari, and Robbins, M. O., Finite-element analysis of contact between elastic self-affine surfaces, *Physical Review E*, 70:026117, 2004.

Hornbogen, E.; Fractals in microstructure of metals; *International Materials Reviews*, 34. 6:277-296, 1989.

Hutchinson, J.W., Plastic Stress and Strain Fields at a Crack Tip., *J. Mech. Phys. Solids*, 16:337-347, 1968.

Irwin, G. R., “Fracture Dynamics”, *Fracturing of Metals*, American Society for Metals, Cleveland, 147-166, 1948.

Lazarev, V. B., Balankin, A. S. and Izotov, A. D., Synergetic and fractal thermodynamics of inorganic materials. III. Fractal thermodynamics of fracture in solids, Inorganic materials, 29, 8:905-921,1993.

Mariano Paolo Maria o, Influence of the material substructure on crack propagation: a unified treatment, arXiv:math-ph/0305004v1, May 2003.

Morel, Sthéphane, Jean Schmittbuhl, Juan M.Lopez and Gérard Valentin, Size effect in fracture, *Phys. Rev. E*, 58, 6, Dez 1998.

Mosolov, A. B., *Zh. Tekh. Fiz.* 61, 7, 1991. (*Sov. Phys. Tech. Phys.*, 36, 75, 1991).

Mosolov, A. B. and F. M. Borodich Fractal fracture of brittle bodies during compression, *Sovol. Phys. Dokl.*, 37, 5:263-265, May 1992.

Mosolov, A. B., Mechanics of fractal cracks in brittle solids, *Europhysics Letters*, 24, n. 8:673-678, 10 December 1993.

Muskhelisvili, N. I., Some basic problems in the mathematical theory of elasticity, Nordhoff, The Netherlands, 1954.

Panagiotopoulos, P.D. Fractal geometry in solids and structures, *Int. J. Solids Structures*, 29, 17:2159-2175, 1992.

Panin, V. E., The physical foundations of the mesomechanics of a medium with structure, Institute of Strength Physics and Materials Science, Siberian Branch of the Russian Academy of Sciences. Translated from *Izvestiya Vysshikh Uchebnykh Zavedenii, Fizika*, 4:5-18, Plenum Publishing Corporation, 305 - 315, April, 1992.

Ponson, L., D. Bonamy, H. Auradou, G. Mourot, S. Morel, E. Bouchaud, C. Guillot, J. P. Hulin, Anisotropic self-affine properties of experimental fracture surfaces, *arXiv:cond-mat/0601086*, 1, 5 Jan 2006.

Rice, J. R., A path independent integral and the approximate analysis of strain concentrations by notches and cracks, *Journal of Applied Mechanics*, 35:379-386, 1968.

Rupnowski, Przemysław; Calculations of J integrals around fractal defects in plates, *International Journal of Fracture*, 111: 381–394, 2001.

Su, Yan; LEI, Wei-Cheng, *International Journal of Fracture*, 106:L41-L46, 2000.

Tarasov, Vasily E. Continuous medium model for fractal media, *Physics Leters A* 336:167-174, 2005..

Trovalusci, P. and Augusti, G., A continuum model with microstructure for materials with flaws and inclusions, *J. Phys. IV, France*, 8:353-, 1998.

Xie, Heping; Effects of fractal cracks, *Theor. Appl. Fract. Mech.*, 23:235-244, 1995.

Xie, J. F., S. L. Fok and A. Y. T. Leung, A parametric study on the fractal finite element method for two-dimensional crack problems, *International Journal for Numerical Methods in Engineering*, 58:631-642, 2003. (DOI: 10.1002/nme.793)

Yavari, Arash, The fourth mode of fracture in fractal fracture mechanics, *International Journal of Fracture,* 101:365-384, 2000.

Yavari, Arash, The mechanics of self-similar and self-affine fractal cracks, *International Journal of Fracture*, 114:1-27, 2002,

Yavari, Arash, On spatial and material covariant balance laws in elasticity, *Journal of Mathematical Physics*, 47, 042903:1-53, 2006.

Weiss, Jérôme; Self-affinity of fracture surfaces and implications on a possible size effect on fracture energy, *International Journal of Fracture*, 109: 365–381, 2001.

Capítulo V

CONSIDERAÇÕES FINAIS, CONCLUSÕES E PERPECTIVAS FUTURAS

No primeiro dia tomareis para vós o fruto de árvores formosas, folhas de palmeiras, ramos de árvores frondosas e salgueiros de ribeiras; e vos alegrareis perante o Senhor vosso Deus por sete dias (Lv 23, 40).

5. 1 - Considerações finais e objetivos alcançados por este trabalho

A proposta do projeto de doutorado foi utilizar o Método dos Elementos Finitos, incorporando a técnica de cálculo da rugosidade fractal, para calcular a nova integral-J, assim como outras grandezas da mecânica da Fratura as quais foram redefinidas por (Alves 2005, 2010) para envolver a rugosidade da superfície de fratura. Essa proposta de utilização do Métodos Numéricos para simular um processo de fratura onde a rugosidade da superfície de fratura foi considerada inovadora porque os modelos fractais em que o trabalho está baseado são de autoria do próprio candidato e do seu orientador. Este trabalho de tese de doutorado tratou de uma proposta de uma metodologia de cálculo inédita. Ele correspondeu a um trabalho onde outras situações importantes e de interesse ainda poderão ser incluídas, tais como: o estudo da influência da rugosidade em processos de dissipação de energia fora do regime estacionário, a formação de rugosidade por um processo dinâmico de dissipação de energia como em uma fratura, por exemplo, onde se deseja entender o efeito da instabilidade dinâmica na formação de uma trinca rugosa, etc.

Este trabalho proporcionou uma ampliação da visão do mecanismo de fratura. Através desta pesquisa foi possível entender melhor os mecanismos de dissipação de energia elástica, plástica armazenada num sólido através da formação de uma superfície rugosa de fratura. Uma vez que se busca sempre melhorar as propriedades de um material, todo estudo realizado aqui proporcionará, uma melhor quantificação dos resultados de uma pesquisa neste sentido e consequentemente a otimização das propriedades dos materiais, sendo inclusive possível projetar novos materiais com base nos modelos aqui apresentados.

5. 2 – Conclusões do Resultados Analíticos da Mecânica dos Meios Irregulares

5.2.1 - A solução analítica para o modelo de fratura baseado na Mecânica dos Meios Irregulares

Os resultados analíticos obtidos a partir das equações do campo elástico com irregularidades geométricas, apresentados no capítulo III, mostram que uma irregularidade, quer na superfície (rugosidade), quer no interior do domínio (porosidade), produz uma perturbação no campo que se esvai exponencialmente à medida que se afasta da irregularidade para o interior do meio. O fato desse resultado de decaimento da perturbação do campo ser exponencial com a distância, é porque essas irregularidades consideradas são estáticas, no espaço e no tempo. Caso contrário, se elas se movessem, ou se elas oscilassem de tamanho no tempo, sua perturbação dinâmica interagiria diretamente com o campo produzindo efeitos não-lineares produzindo ondas elásticas de tensão/deformação que se propagariam pelo meio.

Todos esses resultados apontados pela descrição analítica do problema parecem confirmar a intuição tida anteriormente. Pois se uma trinca é a inserção de uma perturbação geométrica estática no campo elástico, que produz uma singularidade no campo à medida que o raio de curvatura tende a zero. Torna plausível pensar que se essa "perturbação" ou irregularidade geométrica possuam efeitos esvanescente uma vez que ela é estática. Para o caso dinâmico, que embora não tenha sido simulado, nem estudado e nem simulado nesse trabalho pode ser inferido a priori como sendo de uma perturbação dinâmica que interagem como campo de na forma de ondas elásticas, podendo levar as instabilidades já apontada experimentalmente por alguns autores (Fineberg et al 1991, 1992).

5. 3 - Conclusões dos Resultados Numéricos de Simulação

Os resultados obtidos são promissores, mas ainda necessita-se uma análise mais acurada da resposta de Elementos Finitos para o Problema P2. Mas, se o Problema – P2 pode ser resolvido computacionalmente por que utilizar o Problema Equivalente – PE ?. A resposta é reduzir o custo computacional.

Nesse trabalho foi possível verificar alguns fenômenos superficiais e volumétricos que anteriormente não poderiam ser observados analiticamente. Também foi feita a separação do problema físico do geométrico, foi feitoa a análise para diferentes rugosidades e a análise variando alguns parâmetros de controle. Dessas análises concluímos que:

1 - Carregamento simétrico produz campo simétrico;

2 - Portanto como a rugosidade de uma face da trinca é a complementar da outra, Logo, campos assimétricos são mais afetados pela rugosidade do que campos simétricos.

3 - As tensões perpendicular a propagação da trinca como SIGMAYY, SIGMA1, são pouco afetadas pela rugosidade da trinca em qualquer caso,

4 - Mas campos paralelos a propagação da trinca como as tensões SIGMAXX e SIGMA2 são mais afetadas pela rugosidade da trinca;

5 - Rugosidade que possuem pontas que penetram o campo de tensão produzem efeitos análogos a ponta principal (formação de leminiscata para tensão plana e cardióide para tensão plana). Para uma trinca rugosa, observa-se que novas cardióides surgem além daquela da trinca principal, quando protuberâncias dessa rugosidade penetram dentro de uma região mais intensa do campo de tensão na ponta da trinca. Isto os leva a concluir que a rugosidade permite uma forma alternativa de dissipação que pode levar a bifurcação da trinca em processo de altas taxas de deformação para trincas rápidas, por exemplo. Este resultado corrobora o que já havia sido demonstrado experimentalmente por Fineberg (1992).

7 - A variação do raio de curvatura alarga o campo de tensão mantendo o padrão de variação de intensidade.

8 - A singularidade do campo de tensão na ponta da trinca não possui uma única dimensão fractal de rugosidade, mas depende da posição na frente da ponta da trinca.

5. 4 - Comparação dos Resultados Analíticos da Mecânica dos Meios Irregulares com os Resultados Numéricos

Para o modelo matemático analítico utilizou-se as equações (3. 97) do Capítulo II e comparou-se os resultados previstos por estas equações com os resultados numéricos obtidos nas Figura - 4. 109 e Figura - 4. 110. Os resultados fornecidos código FRANC2D não são genuinamente resultados obtidos sobre o contorno, mas utilizou-se os resultados obtidos sobre os pontos de Gauss mais próximo deste. Isto pode ter acarretado algum tipo de erro sistemático que se propagou ao longo do comprimento de toda a malha, mas mesmo assim sem se fazer nenhuma extrapolação os resultados indicam um concordância com o modelo analítico.

5. 5 - Perspectivas resultantes deste trabalho e Propostas de Trabalhos futuros

5.5.1 – Para o Meios Irregulares e Simulações Numéricas

Sugere-se como trabalho futuro um estudo com diferentes tipos de rugosidades desde as analíticas com uma expressão definida do tipo senoidal até outras rugosidades com diferentes graus de fractalidade.

Sugere-se aplicar o mesmo modelo matemático de rugosidade aqui utilizado em problemas de potenciais os quais foram resolvidos neste trabalho pelo Método dos Elementos Finitos em comparação com os resultados obtidos pelo Método dos Elementos de Contorno.

Sugere-se também a análise do problema Elástico Linear para verificação da validade do modelo de rugosidade proposto, a fim de se utilizar a aproximação sugerida como uma forma de economia do custo computacional não só em problemas mecânicos como de em problemas térmicos. Além disso, existem outros vários problemas interessantes da Teoria Elástica Linear em corpos com superfície rugosa que podem ser analisados com o intuito de se extrair informações de interesse sobre o efeito da rugosidade em problemas de tensão, deformação, contato e até mesmo fratura.

Complementando o problema Elástico Linear uma Análise Elasto-Plástica deve ser feita como uma extensão do problema Elástico Linear para se investigar o efeito da relação entre a plasticidade e a formação de rugosidades em superfícies submetidas a regime de carga, deformação com o possível o surgimento de falhas.

A área de Transmissão do Calor, da Teoria da Elasticidade e da Mecânica da Fratura possui muitos atrativos científicos e tecnológicos devido a sua abrangência e utilização em outras áreas da Engenharia. Diante dos problemas globais de aquecimento e mudança no clima podemos, particularmente, pensar, por exemplo, em um problema térmico onde a distribuição de temperatura sobre uma linha da costa marítima influência consideravelmente no habitat da vida marinha. Com isso a modelagem de uma costa via geometria euclidiana torna-se inviável. A proposta de utilização da descrição do campo escalar (térmico ou elétrico) é deixada para um outro trabalhos futuros.

Uma campo com irregularidades foi simulado com pontos concentradores de campo aleatoriamente distribuídos. Na Figura - 1 observa-se a simulação desse um campo escalar onde cada ponto no meio irregular recebeu um valor aleatório intensidade de campo. O problema como um todo foi solucionado numericamente pela equação de Laplace $\nabla^2 \rho_X = 0$, cuja solução para o meio irregular simulado mostra uma dispersão local do tipo gaussiano ao redor de cada ponto concentrador.

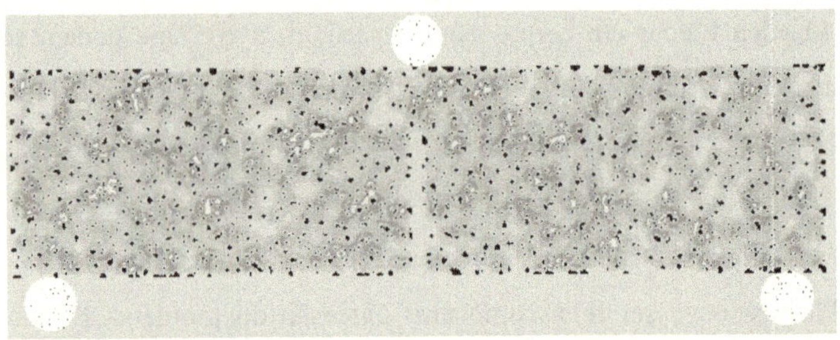

Figura - 1. Campo escalar com pontos concentradores de campo aleatoriamente distribuídos no meio mostrando a dispersão deste campo ao redor de cada ponto concentrador

Na Figura - 2 observa-se o mesmo campo anterior, porém, com uma gama de cores diferente da representação anterior

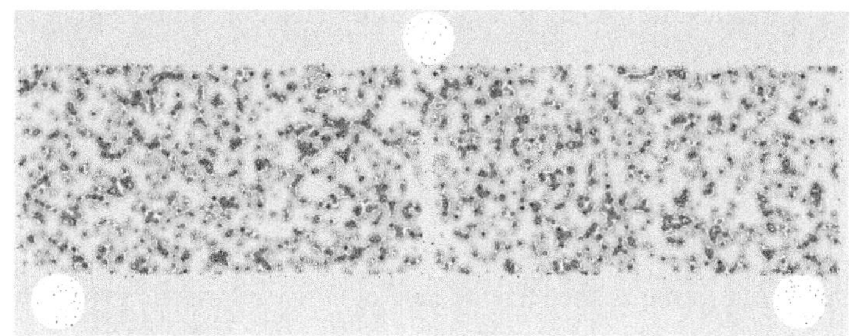

Figura - 2. Campo escalar com pontos concentradores de campo aleatoriamente distribuídos no meio mostrando a dispersão deste campo ao redor de cada ponto concentrador, com outra escala de cores

Observe nesta simulação a dispersão do campo ao redor de cada concentrador de tensão dada pela equação do Laplaciano:

$$\nabla^2\phi = 0 \qquad (5.\ 1)$$

Isso significa que na simulação de uma fratura deve-se considerar, além do critério ennergético do campo, o critério geométrico para se obter um critério de fratura mais realista, a fim de retratar o processo de crescimento de uma trinca em um meio irregular.

Em uma outra instância, decorrente da proposta deste trabalho seria desenvolver um método numérico baseado nos métodos numéricos convencionais mas que leve em conta a influência da rugosidade no processo de dissipação de energia de tal forma que a geometria fractal possa ser identificada nesse processo de simulação. Uma opção que tem sido usada por outros autores (LEUNG, et al), mas que não foi executada por nós, consiste na solução do problema por Métodos Numéricos como o Método dos Elementos Finito Fractal (MEFF). Este método consiste na estruturação da malha utilizando a propriedade de invariância por transformação de escala (auto-similaridade ou auto-afinidade fractal) nas equações matriciais do método, para se obter uma solução melhorada, válida em várias escalas de ampliação. Outros métodos como o MDF, ou MEC podem também receber uma formulação fractal nos seus elementos e na sua malha (quando possível) de forma a executar um papel similar àquele proposto por LEUNG no MEFF. Esta opção pode gerar um MDFF e um MECF ou qualquer outro método que possa ser modificado para levar em conta na sua formulação a fractalidade ou a irregularidade geométrica do problema. Estas propostas podem ser implementadas e sendo deixada para trabalhos futuros.

APÊNDICES

A1 – Operadores Diferenciais e Equações Clássicas da Mecânica dos Sólidos e da Teoria da Elasticidade na versão continua e discreta

A.1.1 – Versão discreta das diferencias parciais para o MDF

i) Derivadas parciais primeiras

$$\begin{aligned}
\frac{\partial u_x}{\partial x} &= \frac{u_x(x+h,y)-u_x(x-h,y)}{2h}\\
\frac{\partial u_x}{\partial y} &= \frac{u_x(x,y+h)-u_x(x,y-h)}{2h}\\
\frac{\partial u_y}{\partial x} &= \frac{u_y(x+h,y)-u_y(x-h,y)}{2h}\\
\frac{\partial u_y}{\partial y} &= \frac{u_y(x,y+h)-u_y(x,y-h)}{2h}
\end{aligned} \qquad \text{(A1. 1)}$$

ii) Derivadas parciais segundas

$$\begin{aligned}
\frac{\partial^2 u_x}{\partial x^2} &= \left(\frac{u_x(x+h,y)-2u_x(x,y)+u_x(x-h,y)}{h^2}\right)\\
\frac{\partial^2 u_x}{\partial y^2} &= \frac{u_x(x,y+h)-2u_x(x,y)+u_x(x,y-h)}{h^2}\\
\frac{\partial^2 u_x}{\partial x\partial y} &= \frac{u_x(x+h,y+h)-u_x(x-h,y+h)}{4h^2}-\frac{u_x(x+h,y-h)-u_x(x-h,y-h)}{4h^2}\\
\frac{\partial^2 u_y}{\partial y\partial x} &= \frac{u_y(x+h,y+h)-u_y(x-h,y+h)}{4h^2}-\frac{u_y(x+h,y-h)-u_y(x-h,y-h)}{4h^2}\\
\frac{\partial^2 u_y}{\partial x^2} &= \frac{u_y(x+h,y)-2u_y(x,y)+u_y(x-h,y)}{h^2}\\
\frac{\partial^2 u_y}{\partial y^2} &= \left(\frac{u_y(x,y+h)-2u_y(x,y)+u_y(x,y-h)}{h^2}\right)
\end{aligned} \qquad \text{(A1. 2)}$$

e

$$\begin{aligned}
\frac{\partial^2 u_x}{\partial x^2}+\frac{\partial^2 u_x}{\partial y^2} &= \left(\frac{u_x(x+h,y)-2u_x(x,y)+u_x(x-h,y)}{h^2}+\frac{u_x(x,y+h)-2u_x(x,y)+u_x(x,y-h)}{h^2}\right)+\\
\frac{\partial^2 u_y}{\partial x^2}+\frac{\partial^2 u_y}{\partial y^2} &= \left(\frac{u_y(x+h,y)-2u_y(x,y)+u_y(x-h,y)}{h^2}+\frac{u_y(x,y+h)-2u_y(x,y)+u_y(x,y-h)}{h^2}\right)
\end{aligned} \qquad \text{(A1. 3)}$$

iii) O gradiente de um escalar

$$\nabla u = \frac{\partial u}{\partial x} i + \frac{\partial u}{\partial y} j = \frac{u(x+h,y) - u(x-h,y)}{2h} i + \frac{u(x,y+h) - u(x,y-h)}{2h} j \qquad \text{(A1. 4)}$$

iv) O divergente de um vetor

$$\nabla . \vec{u} = tr \nabla \vec{u} = tr \begin{bmatrix} \frac{\partial u_x}{\partial x} ii & \frac{\partial u_x}{\partial y} ij \\ \frac{\partial u_y}{\partial x} ji & \frac{\partial u_y}{\partial y} jj \end{bmatrix} \qquad \text{(A1. 5)}$$

Ou

$$\nabla . \vec{u} = \begin{bmatrix} \frac{\partial}{\partial x} i & \frac{\partial}{\partial y} j \end{bmatrix} . \begin{bmatrix} u_x i \\ u_y j \end{bmatrix} = \frac{\partial u_x}{\partial x} i.i + \frac{\partial u_y}{\partial x} i.j + \frac{\partial u_x}{\partial y} j.i + \frac{\partial u_y}{\partial y} j.j \qquad \text{(A1. 6)}$$

Ou finalmente

$$\nabla . \vec{u} = \frac{\partial u_x}{\partial x} + \frac{\partial u_y}{\partial y} \qquad \text{(A1. 7)}$$

cuja versão discreta é:

$$\nabla . \vec{u} = \frac{u_x(x+h,y) - u_x(x-h,y)}{2h} + \frac{u_y(x,y+h) - u_y(x,y-h)}{2h} \qquad \text{(A1. 8)}$$

v) O gradiente de um vetor

$$\nabla \vec{u} = \frac{\partial \vec{u}}{\partial x} i + \frac{\partial \vec{u}}{\partial y} j = \begin{bmatrix} \frac{\partial}{\partial x} i & \frac{\partial}{\partial y} j \end{bmatrix} \otimes \begin{bmatrix} u_x i & u_y j \end{bmatrix} = \begin{bmatrix} \frac{\partial u_x}{\partial x} ii & \frac{\partial u_x}{\partial y} ij \\ \frac{\partial u_y}{\partial x} ji & \frac{\partial u_y}{\partial y} jj \end{bmatrix} \qquad \text{(A1. 9)}$$

cuja versão discreta é:

$$\begin{aligned} \frac{\partial u_x}{\partial x} &= \frac{u_x(x+h,y) - u_x(x-h,y)}{2h} \\ \frac{\partial u_x}{\partial y} &= \frac{u_x(x,y+h) - u_x(x,y-h)}{2h} \\ \frac{\partial u_y}{\partial x} &= \frac{u_y(x+h,y) - u_y(x-h,y)}{2h} \\ \frac{\partial u_y}{\partial y} &= \frac{u_y(x,y+h) - u_y(x,y-h)}{2h} \end{aligned} \qquad \text{(A1. 10)}$$

colocados dentro do arranjo da matriz

vi) O divergente do divergente de um vetor

a)

$$\nabla.(\nabla.\vec{u})\mathbf{I} = \begin{bmatrix} \frac{\partial}{\partial x}i & \frac{\partial}{\partial y}j \end{bmatrix} . \begin{bmatrix} \frac{\partial}{\partial x}i & \frac{\partial}{\partial y}j \end{bmatrix} . \begin{bmatrix} u_x i \\ u_y j \end{bmatrix}$$
$$= \begin{bmatrix} \frac{\partial}{\partial x}i & \frac{\partial}{\partial y}j \end{bmatrix} \left(. \frac{\partial u_x}{\partial x} i.i + \frac{\partial u_y}{\partial x} i.j + \frac{\partial u_x}{\partial y} j.i + \frac{\partial u_y}{\partial y} j.j \right) \quad \text{(A1. 11)}$$

Ou

$$\nabla.(\nabla.\vec{u})\mathbf{I} = \frac{\partial}{\partial x} i. \left(\frac{\partial \vec{u}}{\partial x}.i + \frac{\partial \vec{u}}{\partial y}.j \right) + \frac{\partial}{\partial y} j. \left(\frac{\partial \vec{u}}{\partial x}.i + \frac{\partial \vec{u}}{\partial y}.j \right) \quad \text{(A1. 12)}$$

ou

$$\nabla.(\nabla.\vec{u})\mathbf{I} = \begin{bmatrix} \frac{\partial}{\partial x}i & \frac{\partial}{\partial y}j \end{bmatrix} . \left(\frac{\partial u_x}{\partial x} 1 + \frac{\partial u_y}{\partial x} 0 + \frac{\partial u_x}{\partial y} 0 + \frac{\partial u_y}{\partial y} 1 \right)$$
$$\nabla.(\nabla.\vec{u})\mathbf{I} = \begin{bmatrix} \frac{\partial}{\partial x}i & \frac{\partial}{\partial y}j \end{bmatrix} . \left(\frac{\partial u_x}{\partial x} + \frac{\partial u_y}{\partial y} \right) \quad \text{(A1. 13)}$$

Ou

$$\nabla.(\nabla.\vec{u})\mathbf{I} = \frac{\partial}{\partial x} \left(\frac{\partial u_x}{\partial x} + \frac{\partial u_y}{\partial y} \right) i + \frac{\partial}{\partial y} \left(\frac{\partial u_x}{\partial x} + \frac{\partial u_y}{\partial y} \right) j \quad \text{(A1. 14)}$$

Logo

$$\nabla.(\nabla.\vec{u})\mathbf{I} = \left(\frac{\partial}{\partial x} \frac{\partial u_x}{\partial x} + \frac{\partial}{\partial x} \frac{\partial u_y}{\partial y} \right) i + \left(\frac{\partial}{\partial y} \frac{\partial u_x}{\partial x} + \frac{\partial}{\partial y} \frac{\partial u_y}{\partial y} \right) j \quad \text{(A1. 15)}$$

ou

$$\nabla.(\nabla.\vec{u})\mathbf{I} = \left(\frac{\partial^2 u_x}{\partial x^2} + \frac{\partial^2 u_y}{\partial x \partial y} \right) i + \left(\frac{\partial^2 u_x}{\partial y \partial x} + \frac{\partial^2 u_y}{\partial y^2} \right) j \quad \text{(A1. 16)}$$

b) Ou de outra forma

$$\nabla.(\nabla.\vec{u})\mathbf{I} = \frac{\partial}{\partial x} i. \left(\frac{\partial \vec{u}}{\partial x}.i + \frac{\partial \vec{u}}{\partial y}.j \right) + \frac{\partial}{\partial y} j. \left(\frac{\partial \vec{u}}{\partial x}.i + \frac{\partial \vec{u}}{\partial y}.j \right) = tr\left(\nabla \left(tr\left(\nabla \vec{u} \right) \right) \right) \quad \text{(A1. 17)}$$

$$\nabla.(\nabla.\vec{u})\mathbf{I} = \nabla.\left(tr\left(\begin{bmatrix} \frac{\partial u_x}{\partial x} i.i & \frac{\partial u_x}{\partial y} i.j \\ \frac{\partial u_y}{\partial x} j.i & \frac{\partial u_y}{\partial y} j.j \end{bmatrix} \right) \right) = tr\left(\nabla\left(tr\left(\begin{bmatrix} \frac{\partial u_x}{\partial x} i.i & \frac{\partial u_x}{\partial y} ij \\ \frac{\partial u_y}{\partial x} ji & \frac{\partial u_y}{\partial y} jj \end{bmatrix} \right) \right) \right) = \qquad \text{(A1. 18)}$$

$$\nabla.(\nabla.\vec{u})\mathbf{I} = \frac{\partial}{\partial x} i. \begin{bmatrix} \frac{\partial u_x}{\partial x} i.i & \frac{\partial u_x}{\partial y} i.j \\ \frac{\partial u_y}{\partial x} j.i & \frac{\partial u_y}{\partial y} j.j \end{bmatrix} + \frac{\partial}{\partial y} j. \begin{bmatrix} \frac{\partial u_x}{\partial x} i.i & \frac{\partial u_x}{\partial y} i.j \\ \frac{\partial u_y}{\partial x} j.i & \frac{\partial u_y}{\partial y} j.j \end{bmatrix} = \qquad \text{(A1. 19)}$$

Ou

$$\nabla.(\nabla.\vec{u})\mathbf{I} = \frac{\partial}{\partial x} i. \begin{bmatrix} \frac{\partial u_x}{\partial x} 1 & \frac{\partial u_x}{\partial y} 0 \\ \frac{\partial u_y}{\partial x} 0 & \frac{\partial u_y}{\partial y} 1 \end{bmatrix} + \frac{\partial}{\partial y} j. \begin{bmatrix} \frac{\partial u_x}{\partial x} 1 & \frac{\partial u_x}{\partial y} 0 \\ \frac{\partial u_y}{\partial x} 0 & \frac{\partial u_y}{\partial y} 1 \end{bmatrix} = \qquad \text{(A1. 20)}$$

ou

$$\nabla.(\nabla.\vec{u})\mathbf{I} = \frac{\partial}{\partial x} i. \begin{bmatrix} \frac{\partial u_x}{\partial x} & 0 \\ 0 & \frac{\partial u_y}{\partial y} \end{bmatrix} + \frac{\partial}{\partial y} j. \begin{bmatrix} \frac{\partial u_x}{\partial x} & 0 \\ 0 & \frac{\partial u_y}{\partial y} \end{bmatrix} = \qquad \text{(A1. 21)}$$

Ou

$$\nabla.(\nabla.\vec{u})\mathbf{I} = \frac{\partial}{\partial x} i. \left(\frac{\partial u_x}{\partial x} + \frac{\partial u_y}{\partial y} \right) + \frac{\partial}{\partial y} j. \left(\frac{\partial u_x}{\partial x} + \frac{\partial u_y}{\partial y} \right) = \qquad \text{(A1. 22)}$$

Ou

$$\nabla.(\nabla.\vec{u})\mathbf{I} = i. \left(\frac{\partial^2 u_x}{\partial x^2} + \frac{\partial^2 u_y}{\partial x \partial y} \right) + j. \left(\frac{\partial^2 u_x}{\partial y \partial x} + \frac{\partial^2 u_y}{\partial y^2} \right) \qquad \text{(A1. 23)}$$

c) Ou ainda de outra forma

$$\nabla.(\nabla.\vec{u})\mathbf{I} = \begin{bmatrix} \frac{\partial}{\partial x}\frac{\partial u_x}{\partial x} i.i.i & \frac{\partial}{\partial x}\frac{\partial u_x}{\partial y} i.i.j \\ \frac{\partial}{\partial x}\frac{\partial u_y}{\partial x} i.j.i & \frac{\partial}{\partial x}\frac{\partial u_y}{\partial y} i.j.j \end{bmatrix} + \begin{bmatrix} \frac{\partial}{\partial y}\frac{\partial u_x}{\partial x} j.i.i & \frac{\partial}{\partial y}\frac{\partial u_x}{\partial y} j.i.j \\ \frac{\partial}{\partial y}\frac{\partial u_y}{\partial x} j.j.i & \frac{\partial}{\partial y}\frac{\partial u_y}{\partial y} j.j.j \end{bmatrix} \qquad \text{(A1. 24)}$$

Ou

$$\nabla.(\nabla.\vec{u})\mathbf{I} = \begin{bmatrix} \frac{\partial}{\partial x}\frac{\partial u_x}{\partial x} i.1 & \frac{\partial}{\partial x}\frac{\partial u_x}{\partial y} i.0 \\ \frac{\partial}{\partial x}\frac{\partial u_y}{\partial x} i.0 & \frac{\partial}{\partial x}\frac{\partial u_y}{\partial y} i.1 \end{bmatrix} + \begin{bmatrix} \frac{\partial}{\partial y}\frac{\partial u_x}{\partial x} j.1 & \frac{\partial}{\partial y}\frac{\partial u_x}{\partial y} j.0 \\ \frac{\partial}{\partial y}\frac{\partial u_y}{\partial x} j.0 & \frac{\partial}{\partial y}\frac{\partial u_y}{\partial y} j.1 \end{bmatrix} \quad \text{(A1. 25)}$$

ou

$$\nabla.(\nabla.\vec{u})\mathbf{I} = \begin{bmatrix} \frac{\partial}{\partial x}\frac{\partial u_x}{\partial x} i & 0 \\ 0 & \frac{\partial}{\partial x}\frac{\partial u_y}{\partial y} i \end{bmatrix} + \begin{bmatrix} \frac{\partial}{\partial y}\frac{\partial u_x}{\partial x} j & 0 \\ 0 & \frac{\partial}{\partial y}\frac{\partial u_y}{\partial y} j \end{bmatrix} \quad \text{(A1. 26)}$$

Ou

$$\nabla.(\nabla.\vec{u})\mathbf{I} = \left(\frac{\partial}{\partial x}\frac{\partial u_x}{\partial x} + \frac{\partial}{\partial x}\frac{\partial u_y}{\partial y} \right) i + \left(\frac{\partial}{\partial y}\frac{\partial u_x}{\partial x} + \frac{\partial}{\partial y}\frac{\partial u_y}{\partial y} \right) j \quad \text{(A1. 27)}$$

$$\nabla.(\nabla.\vec{u})\mathbf{I} = \left(\frac{\partial^2 u_x}{\partial x^2} + \frac{\partial^2 u_y}{\partial x \partial y} \right) i + \left(\frac{\partial^2 u_x}{\partial y \partial x} + \frac{\partial^2 u_y}{\partial y^2} \right) j \quad \text{(A1. 28)}$$

d) Ou ainda de outra forma

$$\nabla.(\nabla.\vec{u})\mathbf{I} = \begin{bmatrix} \frac{\partial}{\partial x}\frac{\partial u_x}{\partial x} i.i.i & \frac{\partial}{\partial x}\frac{\partial u_x}{\partial y} i.i.j \\ \frac{\partial}{\partial x}\frac{\partial u_y}{\partial x} i.j.i & \frac{\partial}{\partial x}\frac{\partial u_y}{\partial y} i.j.j \end{bmatrix} + \begin{bmatrix} \frac{\partial}{\partial y}\frac{\partial u_x}{\partial x} j.i.i & \frac{\partial}{\partial y}\frac{\partial u_x}{\partial y} j.i.j \\ \frac{\partial}{\partial y}\frac{\partial u_y}{\partial x} j.j.i & \frac{\partial}{\partial y}\frac{\partial u_y}{\partial y} j.j.j \end{bmatrix} \quad \text{(A1. 29)}$$

Ou

$$\nabla.(\nabla.\vec{u})\mathbf{I} = \begin{bmatrix} \frac{\partial}{\partial x}\frac{\partial u_x}{\partial x} 1.i & \frac{\partial}{\partial x}\frac{\partial u_x}{\partial y} 1.j \\ \frac{\partial}{\partial x}\frac{\partial u_y}{\partial x} 0.i & \frac{\partial}{\partial x}\frac{\partial u_y}{\partial y} 0.j \end{bmatrix} + \begin{bmatrix} \frac{\partial}{\partial y}\frac{\partial u_x}{\partial x} 0.i & \frac{\partial}{\partial y}\frac{\partial u_x}{\partial y} 0.j \\ \frac{\partial}{\partial y}\frac{\partial u_y}{\partial x} 1.i & \frac{\partial}{\partial y}\frac{\partial u_y}{\partial y} 1.j \end{bmatrix} \quad \text{(A1. 30)}$$

Ou

$$\nabla.(\nabla.\vec{u})\mathbf{I} = \begin{bmatrix} \frac{\partial}{\partial x}\frac{\partial u_x}{\partial x} 1.i & \frac{\partial}{\partial x}\frac{\partial u_x}{\partial y} 1.j \\ 0 & 0 \end{bmatrix} + \begin{bmatrix} 0 & 0 \\ \frac{\partial}{\partial y}\frac{\partial u_y}{\partial x} 1.i & \frac{\partial}{\partial y}\frac{\partial u_y}{\partial y} 1.j \end{bmatrix} \quad \text{(A1. 31)}$$

$$\nabla.(\nabla.\vec{u})\mathbf{I} = \left(\frac{\partial^2 u_x}{\partial x^2} + \frac{\partial^2 u_y}{\partial y \partial x}\right)i + \left(\frac{\partial^2 u_x}{\partial x \partial y} + \frac{\partial^2 u_y}{\partial y^2}\right)j \quad \text{(A1. 32)}$$

cuja versão discreta é

$$\begin{aligned}
&\frac{\partial^2 u_x}{\partial x^2} = \left(\frac{u_x(x+h,y) - 2u_x(x,y) + u_x(x-h,y)}{h^2}\right) + \\
&\frac{\partial^2 u_x}{\partial x \partial y} = \frac{\partial^2 u_x}{\partial y \partial x} = \frac{u_x(x+h,y+h) - u_x(x-h,y+h)}{4h^2} - \frac{u_x(x+h,y-h) - u_x(x-h,y-h)}{4h^2} \\
&\frac{\partial^2 u_y}{\partial y \partial x} = \frac{\partial^2 u_y}{\partial x \partial y} = \frac{u_y(x+h,y+h) - u_y(x-h,y+h)}{4h^2} - \frac{u_y(x+h,y-h) - u_y(x-h,y-h)}{4h^2} \\
&\frac{\partial^2 u_y}{\partial y^2} = \left(\frac{u_y(x,y+h) - 2u_y(x,y) + u_y(x,y-h)}{h^2}\right)
\end{aligned} \quad \text{(A1. 33)}$$

vii) <u>O divergente do gradiente transposto de um vetor</u>

<u>a)</u>

$$\nabla.\nabla^T\vec{u} = \frac{\partial}{\partial x} i.\left(\frac{\partial \vec{u}}{\partial x} i + \frac{\partial \vec{u}}{\partial y} j\right) + \frac{\partial}{\partial y} j.\left(\frac{\partial \vec{u}}{\partial x} i + \frac{\partial \vec{u}}{\partial y} j\right) = \nabla.\begin{bmatrix} \frac{\partial u_x}{\partial x} ii & \frac{\partial u_y}{\partial x} ij \\ \frac{\partial u_x}{\partial y} ji & \frac{\partial u_y}{\partial y} jj \end{bmatrix} = \quad \text{(A1. 34)}$$

$$\nabla.\nabla^T\vec{u} = \nabla.\left(\frac{\partial u_x}{\partial x} ii + \frac{\partial u_y}{\partial y} jj\right) = \frac{\partial}{\partial x} i.\left(\frac{\partial u_x}{\partial x} ii + \frac{\partial u_y}{\partial y} jj\right) + \frac{\partial}{\partial y} j.\left(\frac{\partial u_x}{\partial x} ii + \frac{\partial u_y}{\partial y} jj\right) \quad \text{(A1. 35)}$$

$$\nabla.\nabla^T\vec{u} = \nabla.\nabla.\vec{u} = \left(\frac{\partial^2 u_x}{\partial x^2} + \frac{\partial^2 u_y}{\partial y \partial x}\right)i + \left(\frac{\partial^2 u_x}{\partial x \partial y} + \frac{\partial^2 u_y}{\partial y^2}\right)j \quad \text{(A1. 36)}$$

<u>ou</u>

$$\nabla.\nabla^T.\vec{u} = \left(\frac{\partial^2 u_x}{\partial x^2} + \frac{\partial^2 u_y}{\partial x \partial y}\right)i + \left(\frac{\partial^2 u_x}{\partial y \partial x} + \frac{\partial^2 u_y}{\partial y^2}\right)j \quad \text{(A1. 37)}$$

b) uma outra forma

$$\nabla.\nabla\vec{u} = \begin{bmatrix} \frac{\partial}{\partial x}i & \frac{\partial}{\partial y}j \end{bmatrix} . \begin{bmatrix} \frac{\partial u_x}{\partial x}ii & \frac{\partial u_x}{\partial y}ij \\ \frac{\partial u_y}{\partial x}ji & \frac{\partial u_y}{\partial y}jj \end{bmatrix} = \tag{A1. 38}$$

$$\nabla.\nabla\vec{u} = \begin{bmatrix} \frac{\partial}{\partial x}i\frac{\partial u_x}{\partial x}ii + \frac{\partial}{\partial y}j\frac{\partial u_y}{\partial x}ji \\ \frac{\partial}{\partial x}i\frac{\partial u_x}{\partial y}ij + \frac{\partial}{\partial y}j\frac{\partial u_y}{\partial y}jj \end{bmatrix} \tag{A1. 39}$$

$$\nabla.\nabla\vec{u} = \begin{bmatrix} \frac{\partial^2 u_x}{\partial x^2}i.ii + \frac{\partial^2 u_y}{\partial y \partial x}j.ji \\ \frac{\partial^2 u_x}{\partial x \partial y}i.ij + \frac{\partial^2 u_y}{\partial y^2}j.jj \end{bmatrix} \tag{A1. 40}$$

$$\nabla.\nabla\vec{u} = \begin{bmatrix} \frac{\partial^2 u_x}{\partial x^2}1i + \frac{\partial^2 u_y}{\partial y \partial x}1i \\ \frac{\partial^2 u_x}{\partial x \partial y}1j + \frac{\partial^2 u_y}{\partial y^2}1j \end{bmatrix} \tag{A1. 41}$$

Logo,

$$\nabla.\nabla\vec{u} = \left(\frac{\partial^2 u_x}{\partial x^2} + \frac{\partial^2 u_y}{\partial y \partial x} \right) i + \left(\frac{\partial^2 u_x}{\partial x \partial y} + \frac{\partial^2 u_y}{\partial y^2} \right) j \tag{A1. 42}$$

c) Ou ainda de outra forma

$$\nabla.\nabla\vec{u} = \begin{bmatrix} \frac{\partial}{\partial x}i & \frac{\partial}{\partial y}j \end{bmatrix} . \begin{bmatrix} \frac{\partial u_x}{\partial x}ii & \frac{\partial u_x}{\partial y}ij \\ \frac{\partial u_y}{\partial x}ji & \frac{\partial u_y}{\partial y}jj \end{bmatrix} = \tag{A1. 43}$$

$$\nabla.\nabla^T\vec{u} = \begin{bmatrix} \frac{\partial}{\partial x} i\left(\frac{\partial u_x}{\partial x} ii + \frac{\partial u_y}{\partial x} ji\right) + \frac{\partial}{\partial x} i\left(\frac{\partial u_x}{\partial y} ij + \frac{\partial u_y}{\partial y} jj\right) \\ \frac{\partial}{\partial y} j\left(\frac{\partial u_x}{\partial x} ii + \frac{\partial u_y}{\partial x} ji\right) + \frac{\partial}{\partial y} j\left(\frac{\partial u_x}{\partial y} ij + \frac{\partial u_y}{\partial y} jj\right) \end{bmatrix} \quad \text{(A1. 44)}$$

Ou

$$\nabla.\nabla^T\vec{u} = \begin{bmatrix} \frac{\partial}{\partial x} i \frac{\partial u_x}{\partial x} ii + \frac{\partial}{\partial x} i \frac{\partial u_y}{\partial x} ji + \frac{\partial}{\partial x} i \frac{\partial u_x}{\partial y} ij + \frac{\partial}{\partial x} i \frac{\partial u_y}{\partial y} jj \\ \frac{\partial}{\partial y} j \frac{\partial u_x}{\partial x} ii + \frac{\partial}{\partial y} j \frac{\partial u_y}{\partial x} ji + \frac{\partial}{\partial y} j \frac{\partial u_x}{\partial y} ij + \frac{\partial}{\partial y} j \frac{\partial u_y}{\partial y} jj \end{bmatrix} \quad \text{(A1. 45)}$$

Ou

$$\nabla.\nabla^T\vec{u} = \begin{bmatrix} \frac{\partial^2 u_x}{\partial x^2} i.ii + \frac{\partial^2 u_y}{\partial x^2} i.ji + \frac{\partial^2 u_x}{\partial x \partial y} i.ij + \frac{\partial^2 u_y}{\partial x \partial y} i.jj \\ \frac{\partial^2 u_x}{\partial y \partial x} j.ii + \frac{\partial^2 u_y}{\partial y \partial x} j.ji + \frac{\partial^2 u_x}{\partial y^2} j.ij + \frac{\partial^2 u_y}{\partial y^2} j.jj \end{bmatrix} \quad \text{(A1. 46)}$$

Ou

$$\nabla.\nabla^T\vec{u} = \begin{bmatrix} \frac{\partial^2 u_x}{\partial x^2} 1i + \frac{\partial^2 u_y}{\partial x^2} 0i + \frac{\partial^2 u_x}{\partial x \partial y} 1j + \frac{\partial^2 u_y}{\partial x \partial y} 0j \\ \frac{\partial^2 u_x}{\partial y \partial x} 0i + \frac{\partial^2 u_y}{\partial y \partial x} 1i + \frac{\partial^2 u_x}{\partial y^2} 0j + \frac{\partial^2 u_y}{\partial y^2} 1j \end{bmatrix} \quad \text{(A1. 47)}$$

Ou

$$\nabla.\nabla^T\vec{u} = \begin{bmatrix} \frac{\partial^2 u_x}{\partial x^2} 1i + \frac{\partial^2 u_y}{\partial y \partial x} 1i \\ \frac{\partial^2 u_x}{\partial x \partial y} 1j + \frac{\partial^2 u_y}{\partial y^2} 1j \end{bmatrix} \quad \text{(A1. 48)}$$

Ou

$$\nabla.\nabla^T\vec{u} = \left(\frac{\partial^2 u_x}{\partial x^2} + \frac{\partial^2 u_y}{\partial y \partial x}\right) i + \left(\frac{\partial^2 u_x}{\partial x \partial y} + \frac{\partial^2 u_y}{\partial y^2}\right) j \quad \text{(A1. 49)}$$

d) ou ainda

$$\nabla.\nabla^T \vec{u} = \begin{bmatrix} \frac{\partial^2 u_x}{\partial x^2} i.ii + \frac{\partial^2 u_y}{\partial x^2} i.ji + \frac{\partial^2 u_x}{\partial x \partial y} i.ij + \frac{\partial^2 u_y}{\partial x \partial y} i.jj \\ \frac{\partial^2 u_x}{\partial y \partial x} j.ii + \frac{\partial^2 u_y}{\partial y \partial x} j.ji + \frac{\partial^2 u_x}{\partial y^2} j.ij + \frac{\partial^2 u_y}{\partial y^2} j.jj \end{bmatrix} \tag{A1. 50}$$

$$\nabla.\nabla^T \vec{u} = \begin{bmatrix} \frac{\partial^2 u_x}{\partial x^2} i.1 + \frac{\partial^2 u_y}{\partial x^2} i.0 + \frac{\partial^2 u_x}{\partial x \partial y} i.0 + \frac{\partial^2 u_y}{\partial x \partial y} i.1 \\ \frac{\partial^2 u_x}{\partial y \partial x} j.1 + \frac{\partial^2 u_y}{\partial y \partial x} j.ji + \frac{\partial^2 u_x}{\partial y^2} j.0 + \frac{\partial^2 u_y}{\partial y^2} j.1 \end{bmatrix} \tag{A1. 51}$$

Ou

$$\nabla.\nabla \vec{u} = \begin{bmatrix} \frac{\partial^2 u_x}{\partial x^2} 1i & \frac{\partial^2 u_y}{\partial x \partial y} i1 \\ \frac{\partial^2 u_x}{\partial y \partial x} j1 & \frac{\partial^2 u_y}{\partial y^2} 1j \end{bmatrix} \tag{A1. 52}$$

Ou

$$\nabla.\nabla \vec{u} = \left(\frac{\partial^2 u_x}{\partial x^2} + \frac{\partial^2 u_y}{\partial x \partial y} \right) i + \left(\frac{\partial^2 u_x}{\partial y \partial x} + \frac{\partial^2 u_y}{\partial y^2} \right) j \tag{A1. 53}$$

viii) <u>O divergente do gradiente ou o laplaciano de um vetor</u>

<u>a)</u>

$$\nabla.\nabla\vec{u} = \frac{\partial}{\partial x}i\left(\frac{\partial\vec{u}}{\partial x}i + \frac{\partial\vec{u}}{\partial y}j\right) + \frac{\partial}{\partial y}j\left(\frac{\partial\vec{u}}{\partial x}i + \frac{\partial\vec{u}}{\partial y}j\right) = \nabla.\begin{bmatrix} \frac{\partial u_x}{\partial x}ii & \frac{\partial u_x}{\partial y}ij \\ \frac{\partial u_y}{\partial x}ji & \frac{\partial u_y}{\partial y}jj \end{bmatrix} = \quad \text{(A1. 54)}$$

$$\nabla.\nabla\vec{u} = tr\left(\nabla\begin{bmatrix} \frac{\partial u_x}{\partial x}ii & \frac{\partial u_x}{\partial y}ij \\ \frac{\partial u_y}{\partial x}ji & \frac{\partial u_y}{\partial y}jj \end{bmatrix}\right) = \quad \text{(A1. 55)}$$

$$\nabla.\nabla\vec{u} = \begin{bmatrix} \frac{\partial}{\partial x}i & \frac{\partial}{\partial y}j \end{bmatrix}.\begin{bmatrix} \frac{\partial u_x}{\partial x}ii & \frac{\partial u_x}{\partial y}ij \\ \frac{\partial u_y}{\partial x}ji & \frac{\partial u_y}{\partial y}jj \end{bmatrix} = \quad \text{(A1. 56)}$$

$$\nabla.\nabla\vec{u} = \begin{bmatrix} \frac{\partial}{\partial x}i\frac{\partial u_x}{\partial x}ii + \frac{\partial}{\partial x}i\frac{\partial u_x}{\partial y}ij \\ \frac{\partial}{\partial y}j\frac{\partial u_y}{\partial x}ji + \frac{\partial}{\partial y}j\frac{\partial u_y}{\partial y}jj \end{bmatrix} \quad \text{(A1. 57)}$$

$$\nabla.\nabla\vec{u} = \begin{bmatrix} \frac{\partial^2 u_x}{\partial x^2}i.ii + \frac{\partial^2 u_x}{\partial x\partial y}i.ij \\ \frac{\partial^2 u_y}{\partial y\partial x}j.ji + \frac{\partial^2 u_y}{\partial y^2}j.jj \end{bmatrix} \quad \text{(A1. 58)}$$

$$\nabla.\nabla\vec{u} = \begin{bmatrix} \frac{\partial^2 u_x}{\partial x^2}1i + \frac{\partial^2 u_x}{\partial x\partial y}1j \\ \frac{\partial^2 u_y}{\partial y\partial x}1i + \frac{\partial^2 u_y}{\partial y^2}1j \end{bmatrix} \quad \text{(A1. 59)}$$

Portanto,

$$\nabla.\nabla\vec{u} = \left(\frac{\partial^2 u_x}{\partial x^2} + \frac{\partial^2 u_y}{\partial y \partial x}\right) i + \left(\frac{\partial^2 u_x}{\partial x \partial y} + \frac{\partial^2 u_y}{\partial y^2}\right) \qquad \text{(A1. 60)}$$

b) ou ainda de outra forma

$$\nabla.\nabla\vec{u} = \begin{bmatrix} \frac{\partial}{\partial x} i & \frac{\partial}{\partial y} j \end{bmatrix} . \begin{bmatrix} \frac{\partial u_x}{\partial x} ii & \frac{\partial u_x}{\partial y} ij \\ \frac{\partial u_y}{\partial x} ji & \frac{\partial u_y}{\partial y} jj \end{bmatrix} = \qquad \text{(A1. 61)}$$

ou

$$\nabla.\nabla\vec{u} = \frac{\partial}{\partial x} i. \begin{bmatrix} \frac{\partial u_x}{\partial x} ii & \frac{\partial u_x}{\partial y} ij \\ \frac{\partial u_y}{\partial x} ji & \frac{\partial u_y}{\partial y} jj \end{bmatrix} + \frac{\partial}{\partial y} j. \begin{bmatrix} \frac{\partial u_x}{\partial x} ii & \frac{\partial u_x}{\partial y} ij \\ \frac{\partial u_y}{\partial x} ji & \frac{\partial u_y}{\partial y} jj \end{bmatrix} = \qquad \text{(A1. 62)}$$

$$\nabla.\nabla\vec{u} = \begin{bmatrix} \frac{\partial}{\partial x} i. \frac{\partial u_x}{\partial x} ii & \frac{\partial}{\partial x} i. \frac{\partial u_x}{\partial y} ij \\ \frac{\partial}{\partial x} i. \frac{\partial u_y}{\partial x} ji & \frac{\partial}{\partial x} i. \frac{\partial u_y}{\partial y} jj \end{bmatrix} + \begin{bmatrix} \frac{\partial}{\partial y} j. \frac{\partial u_x}{\partial x} ii & \frac{\partial}{\partial y} j. \frac{\partial u_x}{\partial y} ij \\ \frac{\partial}{\partial y} j. \frac{\partial u_y}{\partial x} ji & \frac{\partial}{\partial y} j. \frac{\partial u_y}{\partial y} jj \end{bmatrix} = \qquad \text{(A1. 63)}$$

$$\nabla.\nabla\vec{u} = \begin{bmatrix} \frac{\partial}{\partial x} \frac{\partial u_x}{\partial x} i.ii & \frac{\partial}{\partial x} \frac{\partial u_x}{\partial y} i.ij \\ \frac{\partial}{\partial x} \frac{\partial u_y}{\partial x} i.ji & \frac{\partial}{\partial x} \frac{\partial u_y}{\partial y} i.jj \end{bmatrix} + \begin{bmatrix} \frac{\partial}{\partial y} \frac{\partial u_x}{\partial x} j.ii & \frac{\partial}{\partial y} \frac{\partial u_x}{\partial y} j.ij \\ \frac{\partial}{\partial y} \frac{\partial u_y}{\partial x} j.ji & \frac{\partial}{\partial y} \frac{\partial u_y}{\partial y} j.jj \end{bmatrix} \qquad \text{(A1. 64)}$$

$$\nabla.\nabla\vec{u} = \begin{bmatrix} \frac{\partial}{\partial x} i. \frac{\partial u_x}{\partial x} ii + \frac{\partial}{\partial y} j. \frac{\partial u_x}{\partial x} ii & \frac{\partial}{\partial x} i. \frac{\partial u_x}{\partial y} ij + \frac{\partial}{\partial y} j. \frac{\partial u_x}{\partial y} ij \\ \frac{\partial}{\partial x} i. \frac{\partial u_y}{\partial x} ji + \frac{\partial}{\partial y} j. \frac{\partial u_y}{\partial x} ji & \frac{\partial}{\partial x} i. \frac{\partial u_y}{\partial y} jj + \frac{\partial}{\partial y} j. \frac{\partial u_y}{\partial y} jj \end{bmatrix} \qquad \text{(A1. 65)}$$

$$\nabla.\nabla\vec{u} = \begin{bmatrix} \frac{\partial^2 u_x}{\partial x^2} i.ii + \frac{\partial^2 u_x}{\partial y \partial x} j.ii & \frac{\partial^2 u_x}{\partial x \partial y} i.ij + \frac{\partial^2 u_x}{\partial y^2} j.ij \\ \frac{\partial^2 u_y}{\partial x^2} i.ji + \frac{\partial^2 u_y}{\partial y \partial x} j.ji & \frac{\partial^2 u_y}{\partial x \partial y} i.jj + \frac{\partial^2 u_y}{\partial y^2} j.jj \end{bmatrix} \qquad \text{(A1. 66)}$$

Logo,

$$\nabla.\nabla\vec{u} = \begin{bmatrix} \frac{\partial^2 u_x}{\partial x^2}1i + \frac{\partial^2 u_x}{\partial y \partial x}0i & \frac{\partial^2 u_x}{\partial x \partial y}1j + \frac{\partial^2 u_x}{\partial y^2}0j \\ \frac{\partial^2 u_y}{\partial x^2}0i + \frac{\partial^2 u_y}{\partial y \partial x}1i & \frac{\partial^2 u_y}{\partial x \partial y}0j + \frac{\partial^2 u_y}{\partial y^2}1j \end{bmatrix} \tag{A1. 67}$$

ou

$$\nabla.\nabla\vec{u} = \begin{bmatrix} \frac{\partial^2 u_x}{\partial x^2}1i & \frac{\partial^2 u_x}{\partial x \partial y}1j \\ \frac{\partial^2 u_y}{\partial y \partial x}1i & \frac{\partial^2 u_y}{\partial y^2}1j \end{bmatrix} \tag{A1. 68}$$

Portanto,

$$\nabla.\nabla\vec{u} = \left(\frac{\partial^2 u_x}{\partial x^2} + \frac{\partial^2 u_y}{\partial y \partial x} \right) i + \left(\frac{\partial^2 u_x}{\partial x \partial y} + \frac{\partial^2 u_y}{\partial y^2} \right) j \tag{A1. 69}$$

Ou ainda

$$\nabla.\nabla\vec{u} = \begin{bmatrix} \frac{\partial^2 u_x}{\partial x^2}i.ii + \frac{\partial^2 u_x}{\partial y \partial x}j.ii & \frac{\partial^2 u_x}{\partial x \partial y}i.ij + \frac{\partial^2 u_x}{\partial y^2}j.ij \\ \frac{\partial^2 u_y}{\partial x^2}i.ji + \frac{\partial^2 u_y}{\partial y \partial x}j.ji & \frac{\partial^2 u_y}{\partial x \partial y}i.jj + \frac{\partial^2 u_y}{\partial y^2}j.jj \end{bmatrix} \tag{A1. 70}$$

Logo,

$$\nabla.\nabla\vec{u} = \begin{bmatrix} \frac{\partial^2 u_x}{\partial x^2}1i + \frac{\partial^2 u_x}{\partial y \partial x}j1 & \frac{\partial^2 u_x}{\partial x \partial y}i0 + \frac{\partial^2 u_x}{\partial y^2}0j \\ \frac{\partial^2 u_y}{\partial x^2}0i + \frac{\partial^2 u_y}{\partial y \partial x}j0 & \frac{\partial^2 u_y}{\partial x \partial y}1i + \frac{\partial^2 u_y}{\partial y^2}1j \end{bmatrix} \tag{A1. 71}$$

ou

$$\nabla.\nabla\vec{u} = \begin{bmatrix} \frac{\partial^2 u_x}{\partial x^2}1i + \frac{\partial^2 u_x}{\partial y \partial x}j1 & 0 \\ 0 & \frac{\partial^2 u_y}{\partial x \partial y}1i + \frac{\partial^2 u_y}{\partial y^2}1j \end{bmatrix} \tag{A1. 72}$$

Portanto,

$$\nabla.\nabla\vec{u} = \left(\frac{\partial^2 u_x}{\partial x^2} + \frac{\partial^2 u_y}{\partial x \partial y} \right) i + \left(\frac{\partial^2 u_x}{\partial y \partial x} + \frac{\partial^2 u_y}{\partial y^2} \right) j \tag{A1. 73}$$

ix) O gradiente do divergente de um vetor

$$\nabla\nabla.\vec{u} = \nabla\left(tr\nabla\vec{u}\right) = \nabla\left(tr\begin{bmatrix} \frac{\partial u_x}{\partial x} ii & \frac{\partial u_x}{\partial y} ij \\ \frac{\partial u_y}{\partial x} ji & \frac{\partial u_y}{\partial y} jj \end{bmatrix}\right) \tag{A1. 74}$$

$$\nabla\nabla.\vec{u} = \nabla\left(\frac{\partial u_x}{\partial x} i.i + \frac{\partial u_y}{\partial y} j.j\right) = \frac{\partial}{\partial x} i\left(\frac{\partial u_x}{\partial x} i.i + \frac{\partial u_y}{\partial y} j.j\right) + \frac{\partial}{\partial y} j\left(\frac{\partial u_x}{\partial x} i.i + \frac{\partial u_y}{\partial y} j.j\right) \tag{A1. 75}$$

$$\nabla\nabla.\vec{u} = \nabla\left(\frac{\partial u_x}{\partial x} + \frac{\partial u_y}{\partial y}\right) = \tag{A1. 76}$$

$$\nabla\nabla.\vec{u} = \frac{\partial}{\partial x} i\left(\frac{\partial u_x}{\partial x} + \frac{\partial u_y}{\partial y}\right) + \frac{\partial}{\partial y} j\left(\frac{\partial u_x}{\partial x} + \frac{\partial u_y}{\partial y}\right) \tag{A1. 77}$$

$$\nabla\nabla.\vec{u} = \left(\frac{\partial^2 u_x}{\partial x^2} + \frac{\partial^2 u_y}{\partial x \partial y}\right) i + \left(\frac{\partial^2 u_x}{\partial y \partial x} + \frac{\partial^2 u_y}{\partial y^2}\right) j \tag{A1. 78}$$

que é igual a

$$\nabla\nabla.\vec{u} = \left(\frac{\partial^2 u_x}{\partial x^2} + \frac{\partial^2 u_y}{\partial y \partial x}\right) i + \left(\frac{\partial^2 u_x}{\partial x \partial y} + \frac{\partial^2 u_y}{\partial y^2}\right) j \tag{A1. 79}$$

cuja versão discreta é:

$$\begin{aligned}
\frac{\partial^2 u_x}{\partial x^2} &= \left(\frac{u_x(x+h,y) - 2u_x(x,y) + u_x(x-h,y)}{h^2}\right) + \\
\frac{\partial^2 u_x}{\partial x \partial y} = \frac{\partial^2 u_x}{\partial y \partial x} &= \frac{u_x(x+h,y+h) - u_x(x-h,y+h)}{4h^2} - \frac{u_x(x+h,y-h) - u_x(x-h,y-h)}{4h^2} \\
\frac{\partial^2 u_y}{\partial y \partial x} = \frac{\partial^2 u_y}{\partial x \partial y} &= \frac{u_y(x+h,y+h) - u_y(x-h,y+h)}{4h^2} - \frac{u_y(x+h,y-h) - u_y(x-h,y-h)}{4h^2} \\
\frac{\partial^2 u_y}{\partial y^2} &= \left(\frac{u_y(x,y+h) - 2u_y(x,y) + u_y(x,y-h)}{h^2}\right)
\end{aligned} \tag{A1. 80}$$

x) <u>O divergente do gradiente transposto de um vetor</u>

$$\nabla.\nabla^T\vec{u} = tr\nabla\begin{bmatrix} \frac{\partial u_x}{\partial x}ii & \frac{\partial u_y}{\partial x}ij \\ \frac{\partial u_x}{\partial y}ji & \frac{\partial u_y}{\partial y}jj \end{bmatrix} = \qquad \text{(A1. 81)}$$

$$\nabla.\nabla^T\vec{u} = \begin{bmatrix} \frac{\partial}{\partial x}i & \frac{\partial}{\partial y}j \end{bmatrix}.\begin{bmatrix} \frac{\partial u_x}{\partial x}ii & \frac{\partial u_y}{\partial x}ij \\ \frac{\partial u_x}{\partial y}ji & \frac{\partial u_y}{\partial y}jj \end{bmatrix} = \qquad \text{(A1. 82)}$$

$$\nabla.\nabla^T\vec{u} = \frac{\partial}{\partial x}i.\begin{bmatrix} \frac{\partial u_x}{\partial x}ii & \frac{\partial u_y}{\partial x}ij \\ \frac{\partial u_x}{\partial y}ji & \frac{\partial u_y}{\partial y}jj \end{bmatrix} + \frac{\partial}{\partial y}j.\begin{bmatrix} \frac{\partial u_x}{\partial x}ii & \frac{\partial u_y}{\partial x}ij \\ \frac{\partial u_x}{\partial y}ji & \frac{\partial u_y}{\partial y}jj \end{bmatrix} \qquad \text{(A1. 83)}$$

$$\nabla.\nabla^T\vec{u} = \begin{bmatrix} \frac{\partial}{\partial x}\frac{\partial u_x}{\partial x}i.ii & \frac{\partial}{\partial x}\frac{\partial u_y}{\partial x}i.ij \\ \frac{\partial}{\partial x}\frac{\partial u_x}{\partial y}i.ji & \frac{\partial}{\partial x}\frac{\partial u_y}{\partial y}i.jj \end{bmatrix} + \begin{bmatrix} \frac{\partial}{\partial y}\frac{\partial u_x}{\partial x}j.ii & \frac{\partial}{\partial y}\frac{\partial u_y}{\partial x}j.ij \\ \frac{\partial}{\partial y}\frac{\partial u_x}{\partial y}j.ji & \frac{\partial}{\partial y}\frac{\partial u_y}{\partial y}j.jj \end{bmatrix} \qquad \text{(A1. 84)}$$

$$\nabla.\nabla^T\vec{u} = \begin{bmatrix} \frac{\partial}{\partial x}\frac{\partial u_x}{\partial x}i.ii + \frac{\partial}{\partial y}\frac{\partial u_x}{\partial x}j.ii & \frac{\partial}{\partial x}\frac{\partial u_y}{\partial x}i.ij + \frac{\partial}{\partial y}\frac{\partial u_y}{\partial x}j.ij \\ \frac{\partial}{\partial x}\frac{\partial u_x}{\partial y}i.ji + \frac{\partial}{\partial y}\frac{\partial u_x}{\partial y}j.ji & \frac{\partial}{\partial x}\frac{\partial u_y}{\partial y}i.jj + \frac{\partial}{\partial y}\frac{\partial u_y}{\partial y}j.jj \end{bmatrix} \qquad \text{(A1. 85)}$$

$$\nabla.\nabla^T\vec{u} = \begin{bmatrix} \frac{\partial}{\partial x}\frac{\partial u_x}{\partial x}1i + \frac{\partial}{\partial y}\frac{\partial u_x}{\partial x}0i & \frac{\partial}{\partial x}\frac{\partial u_y}{\partial x}1j + \frac{\partial}{\partial y}\frac{\partial u_y}{\partial x}0j \\ \frac{\partial}{\partial x}\frac{\partial u_x}{\partial y}0i + \frac{\partial}{\partial y}\frac{\partial u_x}{\partial y}1i & \frac{\partial}{\partial x}\frac{\partial u_y}{\partial y}0j + \frac{\partial}{\partial y}\frac{\partial u_y}{\partial y}1j \end{bmatrix} \qquad \text{(A1. 86)}$$

Logo,

$$\nabla.\nabla^T\vec{u} = \begin{bmatrix} \frac{\partial}{\partial x}\frac{\partial u_x}{\partial x}i & \frac{\partial}{\partial x}\frac{\partial u_y}{\partial x}j \\ \frac{\partial}{\partial y}\frac{\partial u_x}{\partial y}i & \frac{\partial}{\partial y}\frac{\partial u_y}{\partial y}j \end{bmatrix} \tag{A1. 87}$$

ou

$$\nabla.\nabla\vec{u} = \left(\frac{\partial}{\partial x}\frac{\partial u_x}{\partial x} + \frac{\partial}{\partial y}\frac{\partial u_x}{\partial y}\right)i + \left(\frac{\partial}{\partial x}\frac{\partial u_y}{\partial x} + \frac{\partial}{\partial y}\frac{\partial u_y}{\partial y}\right)j \tag{A1. 88}$$

$$\nabla.\nabla\vec{u} = \frac{\partial^2 u_x}{\partial x^2}i + \frac{\partial^2 u_y}{\partial x^2}j + \frac{\partial^2 u_x}{\partial y^2}i + \frac{\partial^2 u_y}{\partial y^2}j \tag{A1. 89}$$

Portanto,

$$\nabla.\nabla^T\vec{u} = \left(\frac{\partial^2 u_x}{\partial x^2} + \frac{\partial^2 u_x}{\partial y^2}\right)i + \left(\frac{\partial^2 u_y}{\partial x^2} + \frac{\partial^2 u_y}{\partial y^2}\right)j \tag{A1. 90}$$

cuja versão discreta é:

$$\begin{aligned}
\frac{\partial^2 u_x}{\partial x^2} &= \left(\frac{u_x(x+h,y) - 2u_x(x,y) + u_x(x-h,y)}{h^2}\right) \\
\frac{\partial^2 u_y}{\partial x^2} &= \left(\frac{u_y(x+h,y) - 2u_y(x,y) + u_y(x-h,y)}{h^2}\right) \\
\frac{\partial^2 u_x}{\partial x\partial y} = \frac{\partial^2 u_x}{\partial y\partial x} &= \frac{u_x(x+h,y+h) - u_x(x-h,y+h)}{4h^2} - \frac{u_x(x+h,y-h) - u_x(x-h,y-h)}{4h^2} \\
\frac{\partial^2 u_y}{\partial y\partial x} = \frac{\partial^2 u_y}{\partial x\partial y} &= \frac{u_y(x+h,y+h) - u_y(x-h,y+h)}{4h^2} - \frac{u_y(x+h,y-h) - u_y(x-h,y-h)}{4h^2} \\
\frac{\partial^2 u_y}{\partial x^2} &= \left(\frac{u_y(x+h,y) - 2u_y(x,y) + u_y(x-h,y)}{h^2}\right) \\
\frac{\partial^2 u_y}{\partial y^2} &= \left(\frac{u_y(x,y+h) - 2u_y(x,y) + u_y(x,y-h)}{h^2}\right)
\end{aligned} \tag{A1. 91}$$

A.1.2 – Versão contínua e discreta das equações da Mecânica dos Sólidos e da Teoria da Elasticidade para o MDF

i) <u>Versão contínua</u>

A equação de movimento do meio contínuo é dada por:

$$f_v + \nabla.\sigma = \frac{d}{dt}\left(\rho\dot{\vec{u}}\right), \tag{A1. 92}$$

A equação constitutiva da elasticidade (Lei de Hooke generalizada) é dada por:

$$\sigma = \lambda \mathbf{I} tr[\mathbf{E}] + 2\mu \mathbf{E}, \qquad \text{(A1. 93)}$$

ou

$$\sigma = \lambda \nabla.\vec{u}\mathbf{I} + \mu\left(\nabla\vec{u} + \nabla^T\vec{u}\right), \qquad \text{(A1. 94)}$$

Substituindo (A1. 94) em (A1. 92) tem-se:

$$f_v + \nabla.\left(\lambda \nabla.\vec{u}\mathbf{I} + \mu\left(\nabla\vec{u} + \nabla^T\vec{u}\right)\right) = \frac{d}{dt}\left(\rho\dot{\vec{u}}\right), \qquad \text{(A1. 95)}$$

ou

$$f_v + \lambda\nabla.\left(\nabla.\vec{u}\mathbf{I}\right) + \mu\nabla.\left(\nabla\vec{u} + \nabla^T\vec{u}\right) = \frac{d}{dt}\left(\rho\dot{\vec{u}}\right), \qquad \text{(A1. 96)}$$

ou

$$f_v + \lambda\nabla.\left(\nabla.\vec{u}\mathbf{I}\right) + \mu\nabla.\nabla\vec{u} + \mu\nabla.\nabla^T\vec{u} = \frac{d}{dt}\left(\rho\dot{\vec{u}}\right), \qquad \text{(A1. 97)}$$

Como

$$\begin{aligned} \mu\nabla.\nabla^T\vec{u} &= \mu\nabla\nabla.\vec{u} \\ \lambda\nabla.\left(\nabla.\vec{u}\mathbf{I}\right) &= \lambda\nabla\nabla.\vec{u} \end{aligned}, \qquad \text{(A1. 98)}$$

rearranjando os termos obtém-se:

$$f_v + \mu\nabla.\nabla\vec{u} + (\lambda + \mu)\nabla\nabla.\vec{u} = \frac{d}{dt}\left(\rho\dot{\vec{u}}\right), \qquad \text{(A1. 99)}$$

E

$$\mu\nabla.\nabla\vec{u} = \mu\nabla^2\vec{u}, \qquad \text{(A1. 100)}$$

logo

$$f_v + \mu\nabla^2\vec{u} + (\lambda + \mu)\nabla\nabla.\vec{u} = \frac{d}{dt}\left(\rho\dot{\vec{u}}\right), \qquad \text{(A1. 101)}$$

como $e = \nabla.\vec{u}$ tem-se:

$$f_v + \mu\nabla^2\vec{u} + (\lambda + \mu)\nabla e = \frac{d}{dt}\left(\rho\dot{\vec{u}}\right), \qquad \text{(A1. 102)}$$

para a condição de $f_v = 0$ e $\frac{d}{dt}(\rho\dot{\vec{u}}) = 0$ e tomando-se a divergência $\nabla.$ da equação (A1. 102) tem-se:

$$\mu\nabla.\nabla^2\vec{u} + (\lambda + \mu)\nabla.\nabla e = 0, \qquad \text{(A1. 103)}$$

ou

$$\mu\nabla.\nabla^2\vec{u} + (\lambda + \mu)\nabla.\nabla\nabla.\vec{u} = 0, \qquad \text{(A1. 104)}$$

Donde conclui-se que:

$$\nabla^2\nabla.u = \nabla^2 e = 0, \qquad \text{(A1. 105)}$$

para a condição de $f_v = 0$ e $\frac{d}{dt}(\rho\dot{\vec{u}}) = 0$ e tomando-se o laplaciano ∇^2 da equação (A1. 99) tem-se:

$$\mu\nabla^2\nabla^2\vec{u} + (\lambda + \mu)\nabla^2(\nabla\nabla.\vec{u}) = 0, \qquad \text{(A1. 106)}$$

ou

$$\mu\nabla^2\nabla^2\vec{u} + (\lambda + \mu)\nabla^2(\nabla e) = 0, \qquad \text{(A1. 107)}$$

mas

$$\nabla^2(\nabla\nabla.\vec{u}) = \nabla^2(\nabla e) = \nabla(\nabla^2 e), \qquad \text{(A1. 108)}$$

e trocando a ordem das derivadas do segundo termo do lado esquerdo tem-se:

$$\mu\nabla^2\nabla^2\vec{u} + (\lambda + \mu)\nabla\nabla^2 e = 0 \qquad \text{(A1. 109)}$$

e ainda utilizando-se as condições de compatibilidade obtém-se:

$$\nabla^2 e = 0 \qquad \text{(A1. 110)}$$

E finalmente obtém-se a equação bi-harmônica válida tanto para a condição de deformação plana como para a condição de tensão plana

$$\nabla^4\vec{u} = 0 \tag{A1. 111}$$

Ou

$$\nabla^4\vec{u} = \frac{\partial^4\vec{u}}{\partial x^4} + 2\frac{\partial^4\vec{u}}{\partial x^2\partial y^2} + \frac{\partial^4\vec{u}}{\partial y^4} = 0 \tag{A1. 112}$$

ii) <u>versão</u> <u>discreta</u>

$$f_v + \mu\nabla.\nabla\vec{u} + (\lambda+\mu)\nabla\nabla.\vec{u} = \frac{d}{dt}\left(\rho\dot{\vec{u}}\right), \tag{A1. 113}$$

<u>e</u>

$$f_v + \mu\nabla^2\vec{u} + (\lambda+\mu)\nabla\nabla.\vec{u} = \frac{d}{dt}\left(\rho\dot{\vec{u}}\right), \tag{A1. 114}$$

Para $f_v = 0$ e $\frac{d}{dt}\left(\rho\dot{\vec{u}}\right) = 0$

$$\mu\nabla^2\vec{u} + (\lambda+\mu)\nabla\nabla.\vec{u} = 0, \tag{A1. 115}$$

ou

$$\mu\nabla^2\left(u_x i + u_y j\right) + (\lambda+\mu)\nabla\nabla.\left(u_x i + u_y j\right) = 0, \tag{A1. 116}$$

Tomando-se os termos em separado:

O primeiro termo é dado por:

$$\nabla.\nabla\vec{u} = \nabla.\left(\frac{\partial u_x}{\partial x}ii + \frac{\partial u_y}{\partial y}jj\right) = \frac{\partial}{\partial x}i.\left(\frac{\partial u_x}{\partial x}ii + \frac{\partial u_y}{\partial y}jj\right) + \frac{\partial}{\partial y}j.\left(\frac{\partial u_x}{\partial x}ii + \frac{\partial u_y}{\partial y}jj\right) \tag{A1. 117}$$

ou

$$\mu\nabla^2\vec{u} = \mu\left(\frac{\partial^2 u_x}{\partial x^2} + \frac{\partial^2 u_x}{\partial y^2}\right)i + \mu\left(\frac{\partial^2 u_y}{\partial x^2} + \frac{\partial^2 u_y}{\partial y^2}\right)j, \tag{A1. 118}$$

O segundo termo é dado por:

$$(\lambda+\mu)\nabla\nabla.\vec{u} = (\lambda+\mu)\left(\frac{\partial}{\partial x}\left(\frac{\partial u_x}{\partial x} + \frac{\partial u_y}{\partial y}\right)i + \frac{\partial}{\partial y}\left(\frac{\partial u_x}{\partial x} + \frac{\partial u_y}{\partial y}\right)j\right), \tag{A1. 119}$$

Ou

$$(\lambda+\mu)\nabla\nabla.\vec{u}=(\lambda+\mu)\left(\frac{\partial^2 u_x}{\partial x^2}+\frac{\partial^2 u_y}{\partial x\partial y}\right)i+\left(\frac{\partial^2 u_x}{\partial y\partial x}+\frac{\partial^2 u_y}{\partial y^2}\right)j, \qquad (A1.\ 120)$$

Portanto, somando-se os termos anteriores

$$\mu\nabla.\nabla\vec{u}+(\lambda+\mu)\nabla\nabla.\vec{u}=0, \qquad (A1.\ 121)$$

Temo como resultado da soma:

$$\begin{aligned}&\mu\left[\left(\frac{\partial^2 u_x}{\partial x^2}+\frac{\partial^2 u_x}{\partial y^2}\right)i+\left(\frac{\partial^2 u_y}{\partial x^2}+\frac{\partial^2 u_y}{\partial y^2}\right)j\right]\\&+(\lambda+\mu)\left[\frac{\partial}{\partial x}\left(\frac{\partial u_x}{\partial x}+\frac{\partial u_y}{\partial y}\right)i+\frac{\partial}{\partial y}\left(\frac{\partial u_x}{\partial x}+\frac{\partial u_y}{\partial y}\right)j\right]=0\end{aligned}, \qquad (A1.\ 122)$$

E

$$\begin{aligned}&\mu\left(\frac{\partial^2 u_x}{\partial x^2}+\frac{\partial^2 u_x}{\partial y^2}\right)i+\mu\left(\frac{\partial^2 u_y}{\partial x^2}+\frac{\partial^2 u_y}{\partial y^2}\right)j+(\lambda+\mu)\left(\frac{\partial^2 u_x}{\partial x^2}+\frac{\partial^2 u_y}{\partial x\partial y}\right)i\\&+(\lambda+\mu)\left(\frac{\partial^2 u_x}{\partial y\partial x}+\frac{\partial^2 u_y}{\partial y^2}\right)j=0\end{aligned}, \qquad (A1.\ 123)$$

Portanto,

$$\begin{aligned}&\mu\left(\frac{\partial^2 u_x}{\partial x^2}+\frac{\partial^2 u_y}{\partial y\partial x}\right)i+(\lambda+\mu)\left(\frac{\partial^2 u_x}{\partial x^2}+\frac{\partial^2 u_y}{\partial x\partial y}\right)i+\\&\mu\left(\frac{\partial^2 u_x}{\partial x\partial y}+\frac{\partial^2 u_y}{\partial y^2}\right)j+(\lambda+\mu)\left(\frac{\partial^2 u_x}{\partial y\partial x}+\frac{\partial^2 u_y}{\partial y^2}\right)j=0\end{aligned}, \qquad (A1.\ 124)$$

Ou

$$\begin{cases}\mu\left(\frac{\partial^2 u_x}{\partial x^2}+\frac{\partial^2 u_x}{\partial y^2}\right)+(\lambda+\mu)\left(\frac{\partial^2 u_x}{\partial x^2}+\frac{\partial^2 u_y}{\partial x\partial y}\right)=0\\\mu\left(\frac{\partial^2 u_y}{\partial x^2}+\frac{\partial^2 u_y}{\partial y^2}\right)+(\lambda+\mu)\left(\frac{\partial^2 u_x}{\partial y\partial x}+\frac{\partial^2 u_y}{\partial y^2}\right)=0\end{cases}, \qquad (A1.\ 125)$$

cuja versão discreta é dada por:

$$\mu\left(\frac{\partial^2 u_x}{\partial x^2}+\frac{\partial^2 u_x}{\partial y^2}\right)=\mu\left(\frac{u_x(x+h,y)-2u_x(x,y)+u_x(x-h,y)}{h^2}+\frac{u_x(x,y+h)-2u_x(x,y)+u_x(x,y-h)}{h^2}\right)+$$
$$\mu\left(\frac{\partial^2 u_y}{\partial x^2}+\frac{\partial^2 u_y}{\partial y^2}\right)=\mu\left(\frac{u_y(x+h,y)-2u_y(x,y)+u_y(x-h,y)}{h^2}+\frac{u_y(x,y+h)-2u_y(x,y)+u_y(x,y-h)}{h^2}\right)+$$
$$(\lambda+\mu)\left(\frac{\partial^2 u_x}{\partial x\partial y}\right)=(\lambda+\mu)\left(\frac{\partial^2 u_x}{\partial y\partial x}\right)=\frac{u_x(x+h,y+h)-u_x(x-h,y+h)}{4h^2}-\frac{u_x(x+h,y-h)-u_x(x-h,y-h)}{4h^2} \quad \text{(A1. 126)}$$
$$(\lambda+\mu)\left(\frac{\partial^2 u_y}{\partial y\partial x}\right)=(\lambda+\mu)\left(\frac{\partial^2 u_y}{\partial x\partial y}\right)=\frac{u_y(x+h,y+h)-u_y(x-h,y+h)}{4h^2}-\frac{u_y(x+h,y-h)-u_y(x-h,y-h)}{4h^2}$$

A2 – Análise do Campo de Tensão em uma Placa de Griffith com entalhe sem e com rugosidade

A2.1 – Campo de Tensão em uma Placa de Griffith lisa ou sem rugosidade: Problema P1 - Modo I

Um campo de tensão foi simulado considerando-se um material isotrópico com módulo elástico $E = 0,290\times10^5 Pa$ e um módulo de Poisson $\nu = 0,250$, com tenacidade a fratura $K_{IC} = 1,0 Pa.\sqrt{m}$, densidade $\rho = 1,0 Kg/m^3$

O campo de tensão de uma placa de Griffith foi simulada de acordo com a malha mostrada na Figura - A2. 1. Essa figura mostra a malha deformada em relação a malha não-deformada.

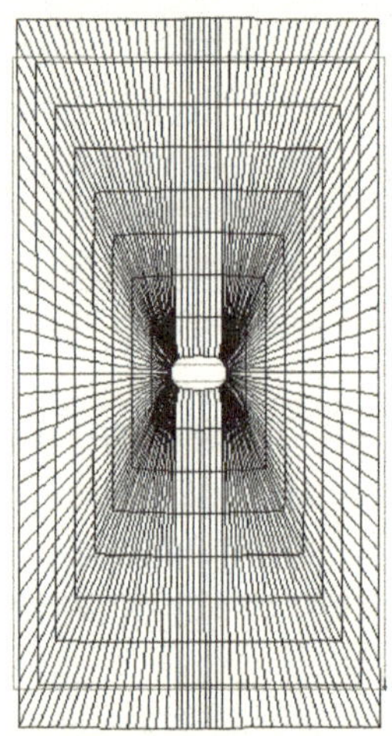

Figura - A2. 1. Malha de simulação de uma placa com uma trinca lisa de comprimento $L_0 = 2$.

Resultados obtidos para uma placa de Griffith semm e com rugosidade estão mostrados na Figura - A2. 2 e na Figura - A2. 4.Na Figura - A2. 2 mostra-se o aspecto geral do campo de tensão ao redor de uma trinca elíptica lisa para uma placa carregada nas extremidades. Houve a necessidade de uma fixação de deslocamentos para que o problema fosse numericamente solúvel pelo MEF. Essa fixação foi feita nos vértices inferior (X,Y) e superior (Y) do lado direito da placa. Um outro tipo de fixação foi feita nas bordas da elipse exatamente na metade de cada extremidade dessa elipse. Ou seja, nos pontos extremos sobre a linha horizontal que divide a elipse em duas parte iguais foram feitos fixações na direção Y e nos pontos extremos sobre a linha vertical que divide a elipse em dua parte iguais foram feitos fixações na direção X.

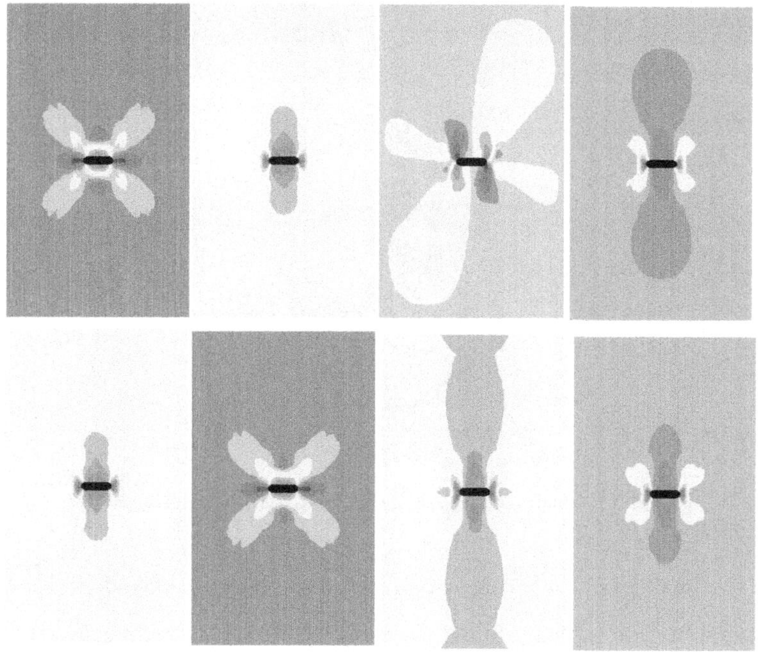

Figura - A2. 2. Aspecto do campo de tensão $\sigma_{xx}, \sigma_{yy}, \sigma_{xy}, \sigma_{fric}^{int}, \sigma_1, \sigma_2, \tau_{max}, \sigma_{eff}$ simulado em uma placa de Griffith com uma trinca lisa de comprimento $L_0 = 2$.

Observou-se que embora as fixações tenham sidos feitas em pontos diferentes para o primeiro e segundo caso os resultados forma idênticos.

A2.2 – Campo de Tensão em uma Placa de Griffith com rugosidade: Problema P2 - Modo I

O problema de uma trinca rugosa foi simulado e o campo de tensão de uma placa de Griffith foi simulada de acordo com a malha mostrada na Figura - A2. 3. Essa figura mostra a malha deformada em relação a malha não-deformada.

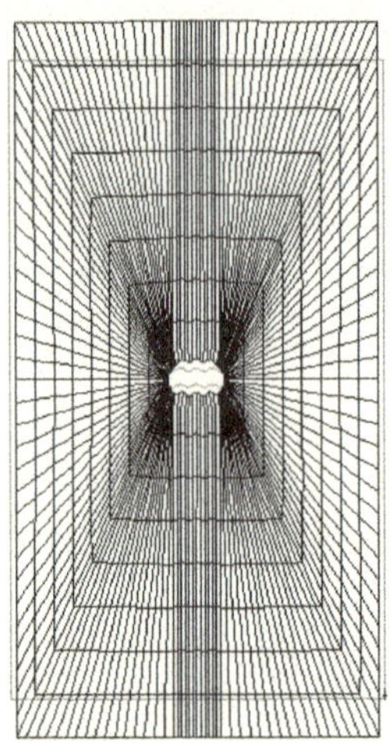

Figura - A2. 3. Malha de simulação de uma placa com uma trinca rugosa de comprimento $L_0 = 2$.

Na Figura - A2. 4 mostra-se o aspecto geral do campo de tensão ao redor de uma trinca elíptica rugosa para uma placa carregada nas extremidades. Houve a necessidade de uma fixação de deslocamentos idêntica ao problema da placa com uma trinca lisa para que o problema fosse numericamente solúvel pelo MEF. Observe que os campo de tensão em uma placa de Griffith com uma trinca rugosa não diferem muito em seu aspecto geral de uma placa idêntica porém com uma trinca lisa mostrada na Figura - A2. 2.

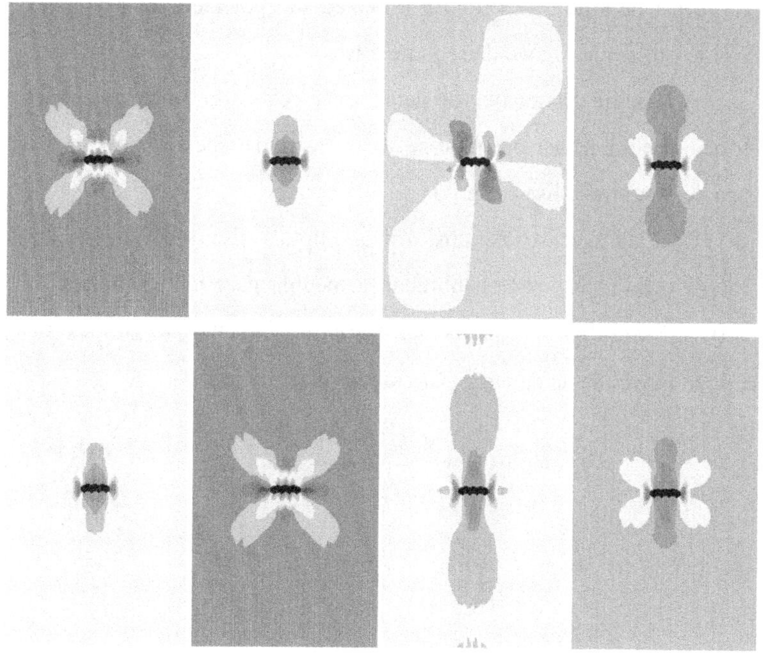

Figura - A2. 4. Aspecto do campo de tensão $\sigma_{xx}, \sigma_{yy}, \sigma_{xy}, \sigma_{fric}^{int}, \sigma_1, \sigma_2, \tau_{max}, \sigma_{eff}$ simulado em uma placa de Griffith com uma trinca rugosa de comprimento $L_0 = 2$.

Novamente observou-se que embora as fixações tenham sidos feitas em pontos diferentes para o primeiro e segundo caso os resultados forma idênticos. Observa-se que como o carregamento foi simétrico em relação a uma linha horizontal (passando pelo meio da placa e dividindo ela em duas partes iguais), o campo produzido também foi simétrico.

A2.3 - Calculo do Fator de Forma de uma Trinca Rugosa em uma Placa de Griffith

Os cálculos analíticos para uma trinca lisa e para rugosa foram feitos de maneiras análogas, usando-se as equações (6. 26) e (6. 41). Um fator de forma de uma trinca rugosa foi calculado por meio da expressão analítica do problema rugoso da segunte forma:

i) A partir do trabalho de deformação realizado sobre uma placa sem trinca e com trinca calculou-se a variação da energia elástica na presenca de uma trinca lisa e rugosa.

ii) Para o caso de uma trinca elíptica lisa sem rugosidade calculou-se o fator de forma calibrando a medida para um valor igual a $pi = 3,1415...$ conforme a equação da variação da energia elastica de deformação mostrada na equação para tensão plana:

$$\Delta U_{L_l} = U_{L_l} - U_0 = \frac{\pi\sigma^2 L_l^2 \left(1-\nu^2\right)}{2E} \tag{A2. 1}$$

onde:

$$m \equiv \frac{2E\Delta U_{L_l}}{\sigma^2 L_l^2 \left(1-\nu^2\right)} = \pi \tag{A2. 2}$$

ou

$$m \equiv \frac{2\left(2,90\times10^4\right)(0,10673184-0,10320940)10^{12}}{\left(10^7/0,06\right)^2 (0,01)^2 (1-0,0625)} = \pi \tag{A2. 3}$$

Para um Módulo elástico $E = 2,90\times10^4 Pa$, $\nu = 0,25$ e uma tensão $\sigma = 10^7/0,06m$ temos um resultado para $m = 3,18181610\overline{05714285}\ddot{}$ que em comparação com o fator π, dá um erro de aproximadamente $1,141\%$.

iii) Para o caso de uma trinca elíptica rugosa o cálculo do fator de forma foi feito a partir da seguinte equação.

$$\Delta U_L = U_L - U_0 = \frac{m^* \sigma^2 L_0^2 \left(1-\nu^2\right)}{2E} \tag{A2. 4}$$

onde:

$$m^* \equiv \frac{2E\Delta U_L}{\sigma^2 L^2 \left(1-\nu^2\right)} \qquad \text{(A2. 5)}$$

ou

$$m \equiv \frac{2\left(2,90\times 10^4\right)(0,10675995-0,10320940)10^{12}}{\left(10^7/0,06\right)^2 (0,01)^2 (1-0,0625)} = \pi \qquad \text{(A2. 6)}$$

Para um Módulo elástico $E = 2,90\times 10^4 Pa$, $\nu = 0,25$ e uma tensão $\sigma = 10^7/0,06m$ temos um resultado temos um resultado para $m = 3,208895670\overline{857142}$ que em comparação com o fator π, dá um erro de aproximadamente $1,141\%$.

Uma vez que o fator $m \equiv \pi$ é conhecido o fator m^* pode ser alternativamente determinado dividindo-se as equações (A2. 5) e (A2. 2), para uma mesma geomteria do corpo e um mesmo carregamento, de onde obtemos:

$$m^* \equiv \frac{\Delta U_L}{\Delta U_{L_l}} m \qquad \text{(A2. 7)}$$

ou

$$m^* \equiv \frac{(0,10675995-0,10320940)10^{12}}{(0,10673184-0,10320940)10^{12}} m \qquad \text{(A2. 8)}$$

logo

$$\begin{aligned} m^* &= 1,00798026368 * \pi \\ m^* &= 3,16666339133 \end{aligned} \qquad \text{(A2. 9)}$$

Este fator de forma pode ser usado para a correção dos cálculo de fratura rugosa a partir do resultado de fratura lisa, como um problema equivalente PE, conforme foi proposto no Capítulo - VIII de Materiais e Métodos. Este resultado mostra que uma trinca mais rugosa dissipa mais energia em relação a uma trinca lisa para o mesmo carregamento e geometria dos corpos simulados.

Referências

A

Abraham, Farid. F.; D. Brodbeck, R. A. Rafey and W. E. Rudge, Instability Dynamics of Fracture: a Computer Simulation Investigation. Physical Review Letters Vol. 73, N. 2, P. 272-275, 11 July 1994.

Abraham, Farid F.; D. Schneider; B. Land; D. Lifka; J. Skovira; J. Gemer and M. Rosenkrantz, Instability Dynamics In Three-Dimensional Fracture: An Atomistic Simulation, J. Mech. Phys. Solids, Vol. 45, Nº 9, P. 1461-1471, 1997.

Abraham, Farid F.; Dominique Brodbeck, Willian E. Rudge and Xiaopeng Xu, a Molecular Dynamics Investigation of Rapid Fracture Mechanics, J. Mech Phys. Solids, Vol 45, N. 9, P. 1595-1619, 1997.

Adda-Bedia, Mokhtar and Martine Ben Amar, Stability of Quasiequilibrium Cracks Under Uniaxial Loading, Physical Review. Letters. Vol. 76, N. 9, P. 1497-1500, 26 February 1996.

Aliabadi, M. H. Numerical Fracture Mechanics, Solid Mechanics and Its Applicaions Vol. 8, Computational Mechanics Publications, Kluwer Academic Publishers, 1991.

Aliabadi, M. H. the Boundary Element Method, Vol. 2, Applications In Solids and Strucutres, John Wiley & Sons, Ltd, London, Dordrecht, 2002.

Allen, Martin; Gareth J. Brown; Nick J. Miles, - "Measurements of Boundary Fractal Dimensions": Review of Current Techniques. Powder Technology, Vol. 84, P.1-14, 1995.

Alves, Lucas Máximo. "Estudo da Solidificação de Ligas de Silício-Germânio Para Aplicações Termoelétricas", Dissertação de Mestrado Fcm-Ifsc-Usp-1995.

Alves, L. M., Simulação Bidimensional da Propagação de Trincas Em Materiais Frágeis: Parte – I, In: Anais Do 41o Congresso Brasileiro de Cerâmica, São Paulo-Sp. Artigo Publicado Neste Congresso Ref.063/1, 1997.

Alves, Lucas Máximo – Escalonamento Dinâmico da Fractais Laplacianos Baseado No Método Sand-Box, In: Anais Do 42o Cong. Bras. de Cerâmica, Poços de Caldas de 3 a 6 de Junho,. Artigo a Ser Publicado Neste Congresso Ref.007/1, 1998a.

Alves, Lucas Máximo - Um Novo Principio de Dissipação de Energia Para a Fratura Baseado Na Teoria Fractal, In: Anais Do 42o Cong. Bras. de Cerâmica, Poços de Caldas de 3 a 6 de Junho. Artigo Publicado Neste Congresso Ref.008/1, 1998b.

Alves, L. M. "Uma Teoria Estastística Fractal Para a Curva-R", In: Anais Do 42o Cong. Bras. de Cerâmica, Poços de Caldas de 3 a 6 de Junho. Artigo Publicado Neste Congresso Ref.009/1, 1998c.

Alves, Lucas Máximo – da Fratura a Fragmentação, Uma Visão Fractal, In: Anais Do 42o Cong. Bras. de Cerâmica, Poços de Caldas de 3 a 6 de Junho. Artigo Publicado Neste Congresso Ref. 010/1, 1998d.

Alves, Lucas Máximo - Simulação Bidimensional da Propagação de Trincas Em Materiais Frágeis: Parte – Ii, In: Anais Do 42o Cong. Bras. de Cerâmica, Poços de Caldas de 3 a 6 de Junho. Artigo Publicado Neste Congresso Ref. 011/1, 1998e.

Alves, Lucas M. Et Al, Relationship Between Crack Resistance (R-Curve) and Fracture Geometry - To Be Published, 1998f.

Alves, Lucas Máximo. Proposta de Tese de Doutorado, Interunidades-Dfcm-Ifsc-Usp, 1998g.

Alves, Lucas Máximo. Proposta de Tese de Doutorado, Ppgmne-Cesec-Ufpr-Curitiba-Paraná, Em Andamento, 2010.

Alves, Lucas Máximo; Rosana Vilarim da Silva and Bernhard Joachim Mokross, (In: New Trends In Fractal Aspects of Complex Systems – Facs

2000 – Iupap International Conference At Universidade Federal de Alagoas – Maceió, Brasil, October, 16, 2000.

Alves, Lucas Máximo; Rosana Vilarim da Silva, Bernhard Joachim Mokross, the Influence of the Crack Fractal Geometry on the Elastic Plastic Fracture Mechanics. Physica A: Statistical Mechanics and Its Applications. Vol. 295, N. 1/2, P. 144-148, 12 June 2001.

Alves, Lucas Máximo, "Modelamento Fractal da Fratura E Do Crescimento de Trincas Em Materiais", Relatório de Tese de Doutorado Em Ciência E Engenharia de Materiais, Apresentada À Interunidades Em Ciência E Engenharia de Materiais, da Universidade de São Paulo-Campus, São Carlos, Orientador: Bernhard Joachim Mokross, Co-Orientador: José de Anchieta Rodrigues, São Carlos – Sp, 2002.

Alves, L. M. ; Chinelatto, Adilson Luiz ; Chinelatto, Adriana Scoton Antonio ; Prestes, Eduardo. Verificação de um modelo fractal de fratura de argamassa de cimento. In: Anais do 48° Congresso Brasileiro de Cerâmica, realizado no Período de 28 de Junho a 1° de Julho de 2004, Em Curitiba – Paraná.

Alves, L. M. ; Chinelatto, Adilson Luiz ; Chinelatto, Adriana Scoton Antonio ; Grzebielucka, Edson Cezar . Estudo do perfil fractal de fratura de cerâmica vermelha. In: Anais do 48° Congresso Brasileiro de Cerâmica, realizado no Período de 28 de Junho a 1° de Julho de 2004, Em Curitiba – Paraná.

Alves – Alves, Lucas Máximo; Et Al., Verificação de Um Modelo Fractal Do Perfil de Fratura de Argamassa de Cimento, 48° Congresso Brasileiro de Cerâmica, Realizado No Período de 28 de Junho a 1° de Julho de 2004, Em Curitiba – Paraná.

Alves - Alves, Lucas Máximo; Et Al., Estudo Do Perfil Fractal de Fratura de Cerâmica Vermelha, 48° Congresso Brasileiro de Cerâmica, Realizado No Período de 28 de Junho a 1° de Julho de 2004, Em Curitiba – Paraná.

Alves, Lucas Máximo: Fractal Geometry Concerned With Stable and Dynamic Fracture Mechanics. Journal of Theorethical and Applied Fracture Mechanics, Vol 44/1, Pp 44-57, 2005.

Alves, Lucas Máximo; Lobo, Rui F. M., a Chaos and Fractal Dynamic Approach To the Fracture Mechanics, In: the Logistic Map and the Route To Chaos: From the Beginning To Modern Applications; Proc. of Verhulst

200 Congress on Chaos, 16 To 18 Sept. (2004), Brussels, Belgium. Edited By Spinger. 2006.

Alves, Lucas Máximo; Rosana Vilarim da Silva, Luiz Alkimin de Lacerda, Fractal Modeling of the *J-R* Curve and the Influence of the Rugged Crack Growth on the Stable Elastic-Plastic Fracture Mechanics, *Engineering Fracture Mechanics*, 77, Pp. 2451-2466, 2010.

Alves, Lucas Máximo, Application of a Generalized Fractal Model For Rugged Fracture Surface To Profiles of Brittle Materials , Artigo Em Preparação, 2011.

Alves, 2010, Lucas Máximo, the Fractality Analysis of Geometric Artifacts Distribution on Fracture Surfaces By A New Non Destructive Method, To Be Submmited.

Alves, 2010, Lucas Máximo, A Fractal Modeling of the Crack Rugged Path And of A Fracture Surface For A Geometric Description of Crack Grow

Alves, Lucas Máximo; Rosana Vilarim da Silva, A fractal modeling of the *J-R* curve on the stable elastic-plastic fracture mechanics submetido à publicação a *Engineering Fracture Mechanics*, 2009b.

ASTM C 348, Standard Test Method for Flexural Strenght of Hydraulic - Cement Mortars,1995.

ASTM C 305, Standard Practice for Mechanical Mixing of Hydraulic Cement Pastes and Mortars of Plastic Consistency, 1994

th, To Be Submmited.

ASTM E1737-96 – "Standard Test Method For J-Integral Characterization of Fracture Toughness", *Designation* Astm E1737-96, Pp.1-24, (1996).

ASTM E813-89 – "Standard Test Method For J_{ic}, A Measure of Fracture Toughness", *Designation,* Astm E813-89, (1989).

Anderson, T. L. Fracture Mechanics, Fundamentals and Applications, (Crc Press, 2th Edition, 1995).

Anderson, T. L, Fracture Mechanics, Fundamental and Applications, (Chapter 4, Section 4.1.2, Equations (4.14), (4.19) and (4.20), P. 215-218, 2nd Edition, Crc Press, 1995.

Achdou, Y, 2004

ASTM – Handbook – Vol. 12, Fractography – the Materials Information Society (1992)

ASTM - E399 "Standard Test Method For Plane-Strain Fracture Toughness of Metallic Materials", Annual Book of Standards, Part. 10, American Society For Testing and Materials, Philadelphia, E-399-81, P. 588-618, 1981.

ASTM – E813, "Standard Test Method For J_{ic}, a Measure of Fracture Toughness", Designation, Astm E813-89, 1989.

ASTM – E1290, "Standard Test Methos For Crack-Tip Opening Displacement (Ctod) Fracture Toughness Measurement", Designatuion Astm E 1290-93, P. 853-862, 1993.

ASTM - E561, "Standard Practice For R-Curve Determination", Designation Astm E 561-94, 1994.

ASTM - E1552, "Standard Test Method For Determining J-R Curves", Designation Astm E 1152-95, 1995.

ASTM - E1737, "Standard Test Method For J-Integral Characterization of Fracture Toughness", Designation Astm E1737/96, P.1-24,1996.

ASTM – E1820, "Standard Test Method For Measurement of Fracture Toughness", Designation Astm E 1820-96, P. 1- 33, 1996.

ASTM - D6068,

Åström, Jan; Timonen Jussi, Fragmentation By Crack Branching, Phys. Rev. Letters, Vol. 78, N. 19, P. 3677-3680, 12 May 1997.

Atkins, A. G. & Mai, Y-M. *Elastic and Plastic Fracture*. Ellis Horwood, Chichester, 1985.

B

Balankin , A.S and P. Tamayo, *Revista Mexicana de Física* 40, *No.* 4, Pp. 506-532, 1994.

Balankin , Alexander S., *Engineering Fracture Mechanics*, Vol. 57, N. 2/3, Pp.135-203, 1997.

Bammann, D. J. and Aifantis, E. C., on a Proposal For a Continuum With Microstructure, *Acta Mechanica*, 45,91-121, 1982.

Barabási, Albert – László; H. Eugene Stanley, Fractal Concepts In Surface Growth, Cambridge University Press, 1995.

Bernardes, 1998 A. T, Comunicação Pessoal 1998

Barabási, 1995 Albert – László; H. Eugene Stanley, Fractal Concepts In Surface Growth, Cambridge University Press, 1995.

Barber, M.; Donley J.; and Langer, J. S., Steady-State Propagation of a Crack In a Viscoelastic Strip. Phys. Rev. A, Vol. 40, N. 1, P. 366-376, July 1, 1989.

Barenblatt, G. I. "The Mathemathical Theory of Equilibrium Cracks In Brittle Fracture", Advances In Applied Mechanics, Vol. **7**, P.55-129, 1962.

Barnsley, Michael, Fractals Everywhere, Academic Press, Inc, Harcourt Brace Jovanovich Publishers, 1988.

Bathe , K. J., Finite Element Procedures in Engineering Analysis, Prentice-Hall, 1982.

Beck, C. and F. Schlögl, Thermodynamics of Chaotic Systems: An Introduction, Cambridge Nonlinear Science Series, Vol. 4, England: Cambridge University Press, Cambridge 1993.

Bechhoeffer, J. "The Birth of Period 3, Revisited." Math. Mag. 69, 115-118, 1996.

Becker, R. and R. E. Smelser, Simulation of Strain Locazation and Fracture Between Holes In An Aluminun Sheet, J. Mech Phys. Solids, Vol. 42, Nº 5, P. 773-796, 1994.

Benson, D. J.; Nesterenko, V. F.; Jonsdottir, F.; Meyers, M. A., Quasistatic and Dynamic Regimes of Granular Material Deformation Under Impulse Loading, J. Mech. Phys. Solids, Vol. 45, N. 11/12, P. 1955-1999, 1997.

Bernardes, A. T., Comunicação Pessoal 1998

Besicovitch, A. S. "On Linear Sets of Points of Fractional Dimensions". Mathematische Annalen 101. 1929.

Besicovitch, A. S. H. D. Ursell. "Sets of Fractional Dimensions". Journal of the London Mathematical Society 12, 1937. Several Selections From This Volume Are Reprinted In Edgar, Gerald A. (1993). Classics on Fractals. Boston: Addison-Wesley. Isbn 0-201-58701-7. See Chapters 9,10,11

Bikerman, J. J., Review Article: Surface Energy of Solids, Phys. Stat. Sol. Vol. 10, N. 3, P. 1-26, 1965.

Blyth, M. G. , C. Pozrikidis, Heat Conduction Across Irregular and Fractal-Like Surfaces,

International Journal of Heat and Mas Transfer, Vol. 46, P. 1329-1339, 2003

Bogomolny, A. "Chaos Creation (There Is Order In Chaos)." Http://Www.Cut-The-Knot.Com/Blue/Chaos.Html, 1999.

Borodich, F. M., "Some Fractals Models of Fracture", J. Mech. Phys. Solids, Vol. 45, N. 2, P. 239-259, 1997.

Bornhauser, A.; K. Kromp; R. F. Pabst, R-Curve Evaluation With Ceramic Materials At Elevated Temperatures By An Energy Approach Using Direct Observation and Compliance Calculation of the Crack Length. Journal of Materials Science, Vol. 20, P. 2586-2596, 1985.

Bose Filho, Waldek Wladmir, "Phd Thesis", the University of Birmingham, U. K.,1995.

Bouchaud, Elisabeth, "Scaling Properties of Crack", J. Phys: Condens. Matter, Vol.9, P. 4319-4344, 1977.

Bouchaud, E.; G. Lapasset and J. Planés, Fractal Dimension of Fractured Surfaces: a Universal Value? Europhysics Letters, Vol. 13, N. 1, P. 73-79, 1990.

Bouchaud, E.; J. P. Bouchaud, Fracture Surfaces: Apparent Roughness, Relevant Length Scales, and Fracture Toughness. Physical Review B, Vol. 50, N. 23, 17752 – 17755, 15 December 1994-I.

Bouchaud, Elisabeth, Scaling Properties of Cracks, J. Phy. Condens. Matter 9, Pp. 4319-4344, 1997.

Boudet, J. F.; S. Ciliberto, and V. Steinberg, *Europhys. Lett.* Vol.9, P. 4319-4344, 1977.

Boudet, J. F.; S. Ciliberto, and V. Steinberg, Europhys. Lett. 30, 337, 1995.

Boudet, J. F.; S. Ciliberto and V. Steinberg, Dynamics of Crack Propagation In Brittle Materials, J. Phys. Ii France, Vol. 6, P. 1493-1516, October 1996.

BREBBIA, : C. A. and DOMINGUEZ, J. "Boundary Elements, An Introductory Course", 2nd Edition, Computatonal Mechanics Publications, McGraw-Hill Book Company

Brotchie, John F. "Optimization and Robustness of Structural Engineering Systems", Engineering Structures, Vol. 19, Nº 4, P. 289-292, 1997.

Bunde, Armin; Shlomo Havlin, Fractals In Science, Springer-Verlag 1994.

C

Caldarelli, G.; Castellano, C.; Vespignani, A. - "Fractal and Topological Properties of Directed Fractures", Phys. Revol. E, N. 4, Vol. 49, April 1994.

Caldarelli, Guido; Di Tolla, Francesco D.; Petri, Alberto. - "Self-Organization and Annealed Disorder In a Fracture Process", Phys. Revol. Lett. N. 12, Vol. 77, 16 September 1996.

Callen, Herbert, Thermodynamics, John Wiley & Sons, 1986

Calister, Introduçao a Ciênias Dos Materiais, Editora , 2000

Caraça, Bento de Jesus, Fundamentos da Matemática. Ed. 1962.

Carpinteri - Alberto and Bernardino Chiaia, Crack-Resistance As a Consequenca of Self-Similar Fracture Topologies, International Journal of Fracture, 76, Pp. 327-340, 1996.

Carpinteri, A; Chiaia, B.; Cornetti, P., A fractal theory for the mechanics of elastic materials *Materials Science and Engineering*, A365, p. 235–240, 2004.

Carpinteri, A.; Puzzi, S., Complexity: a New Paradigm For Fracture Mechanics, Frattura Ed Integrità Strutturale,10, 3-11, 2009, Doi:10.3221/Igf-Esis.1001

Chakrabarti B. K. and Benguigui L. G., Statistical Physics of Fracture and Breakdown in Disordered Systems (Clarendon Press, Oxford) 1997.

Family & Vicsek , Scaling in steady-state cluster-cluster aggregate, *J. Phys. A* 18, L75, 1985.

Chalmers, Bruce. Principles of Solidification. Robert E. Krieger Publishing Company, Inc, Malabar, Florida, 1982, John Wiley & Sons, Inc, New York, 1964.

Charmet, J. C. ; Roux , S and Guyon, E, Disorder and Fracture, Plenum Press New York 1990.

Chelidze, T.; Y. Gueguen, Evidence of Fractal Fracture, (Technical Note) Int. J. Rock. Mech Min. Sci & Geomech Abstr. Vol. 27, N. 3, P. 223-225, 1990.

Chelidze, T.; Y. Gueguen, Evidence of Fractal Fracture, (Technical Note) Int. J. Rock. Mech. Min. Sci. & Geomech. Abstr. Vol. 27, N. 3, P. 223-225, 1990a.

Chen, J. Y. and Y. Huang and M. Ortiz, Fracture Analysis of Cellular Materials: a Strain Gradient Model, J. Mech. Phys. Solids, Vol. 46, Nº 5, P. 789-828, 1998.

Cherepanov, G. P., Crack Propagation In Continuos Media, J. Appl. Math. Mech. (Pmm) (English Translation), Vol.31, N. 3, P. 503-512, 1967.

Cherepanov, G. P.; L. N. Germanovich, An Employment of the Catastrophe Theory In Fracture Mechanics As Applied To Brittle Strength Criteria, J. Mech. Phys. Solids, Vol. 41, N. 10, P. 1637-1649, 1993.

Ching, Chien; Emily S. C., Dynamic Stresses At a Moving Crack Tip In a Model of Fracture Propagation, Physical Review E, Vol. 49, N. 4, P. 3382-3388, April 1994.

Christensen, R. M, Theory of Viscoelasticity: An Introduction, Academic Press, New York, 1982.

Chudnovsky, A.; B. Kunin; M. Gorelik, Modeling of Brittle Fracture Based on the Concept of Crack Trajectory Ensemble, Engineering Fracture Mechanics, Vol. 58, N$^{\underline{os}}$ 5-6, P. 437-457, 1997.

Colafemea, A. A.; J. R. Tarpani, W. W. Bose Filho and D. Spinelli. Linear Normalization Vs Elastic Compliance In Determining J-R Curves. Iv Sicem – Simpósio da Interunidades Em Ciência E Engenharia de Materiais – USP – São Carlos de 23 a 24 de Novembro de 2000.

Cook, R. D., Malkus D. S. and Plesha M. E., Conceptions and Applications of Finite Element Analysis, 3rd Edition, Wiley, 1989.

Costa, U. M. S. and Lyra, M. L. Phys. Revol. E 56, 245, 1997.

Cotterell, B.; Velocity Effects In Fracture Propagation. Applied Materials Research Vol. 4, P. 227-232, 1965.

Cotterell, B. and J. R. Rice, Int. J. Fract.Mech. Vol. 16, 155, 1980.

D

Dally, J. W., Dynamic Photoelastic Studies of Fracture. Experimental Mechanics, Vol. 19, P. 349-361, 1979

Da Silva, R. V., "Avaliação da Tenacidade À Fratura de Soldas de Alta Resistência E Baixa Liga Pelo Método da Integral-J, Dissertação de Mestrado, Escola de Engenharia de São Carlos, Universidade de São Paulo, Brasil, 1998a.

Da Silva, R. V., "Avaliação da Tenacidade À Fratura de Soldas de Alta Resistência E Baixa Liga Pelo Método da Integral-J, Dissertação de Mestrado, Escola de Engenharia de São Carlos, Universidade de São Paulo, Brasil, 1998.

Da Silva, R. V., Bose Filho, W. W., Spinelli, D., Influência da Microestrutura Na Tenacidade À Fratura de Soldas de Alta Resistência E Baixa Liga, 13$^{\underline{o}}$ Congresso Brasileiro de Engenharia E Ciência de Materiais, Dezembro de 1998b, Curitiba – Pr, Brasil.

Da Silva, R. V., Bose Filho, W. W., Spinelli, D., Influência da Microestrutura Na Tenacidade À Fratura de Soldas de Alta Resistência E Baixa Liga, 13º Congresso Brasileiro de Engenharia E Ciência de Materiais, Dezembro de 1998, Curitiba – Pr, Brasil.

Da Silva, Rosana Vilarim; Comportamento Mecânico Do Compósito Sisal/Poliuretano Derivado de Óleo de Mamona, 14o Congresso Brasileiro de Engenharia E Ciência Dos Materiais, de 3 a 6 de Dezembro, São Pedro – Sp, Brasil, 2000.

Da Silva, Rosana Vilarim Da, Comportamento Mecânico Do Compósito Sisal/Poliuretano Derivado de Óleo de Mamona, 14o Congresso Brasileiro de Engenharia E Ciência Dos Materiais, de 3 a 6 de Dezembro, São Pedro – Sp, Brasil, 2000.

Dauskardt, R. H.; F. Haubensak and R. O. Ritchie, on the Interpretation of the Fractal Character of Fracture Surfaces; Acta Metall. Matter., Vol. 38, N. 2, P. 143-159, 1990.

De Arcangelis, L.; Hansen A; Herrmann, H. J.- "Scaling Laws In Fracture", Phys. Review B, N. 1, Vol. 40, 1 July 1989.

Devaney, R. *An Introduction To Chaotic Dynamical Systems, 2nd Ed.* Redwood City, Ca: Addison-Wesley, 1989.

Dickau, R. M. "Bifurcation Diagram. " Http://Forum.Swarthmore.Edu/Advanced/Robertd/Bifurcation.Html". 1999.

Dyskin, A. V., Effective Characteristics and Stress Concetrations In Materials With Self-Similar Microstructure, International Journal of Solids and Structures, 42, 477-502, 2005

Doyle, M. ; a Mechanism of Crack Branching In Polymethylmethacrylate and the Origin of Bands on the Surface of Fracture. Journal of Materials Science, Vol. 18, P. 687-702, 1983.

Dos Santos, Sergio Francisco; Aplicação Do Conceito de Fractais Para Análise Do Processo de Fratura de Materiais Cerâmicos, Dissertação de Mestrado, Universidade Federal de São Carlos. Centro de Ciências Exatas E de Tecnologia, Programa de Pós-Graduação Em Ciência E Engenharia de Materiais, São Carlos, 1999.

Dos Santos, 1999, Sergio Francisco; Aplicação Do Conceito De Fractais Para Análise Do Processo De Fratura De Materiais Cerâmicos, Dissertação De Mestrado, Universidade Federal De São Carlos. Centro De Ciências Exatas E De Tecnologia, Programa De Pós-Graduação Em Ciência E Engenharia De Materiais, São Carlos (1999).

Dubuc, B; S. W. Zucker; C. Tricot; T. F. Quiniou and D. Wehbi, Evaluating the Fractal Dimension of Surfaces; Proc. R. Soc. Lond. A425, P. 113-127, 1989.

Duda, Fernando Pereira; Souza, Angela Crisina Cardoso, on a Continuum Theory of Brittle Materials With Microstructure, Computacional and Applied Mathemathics, Vol. 23, N.2-3, Pp.327-343, 2007.

Dulaney, E. N. and W. F. Brace, Velocity Behavior of a Growing Crack. Journal Applied Physics, Vol. 31, N. 12, P. 2233-2266, December 1960.

E

Ewalds, H. L. and R. J. H. Wanhill, Fracture Mechanics, Delftse Uitgevers Maatschappij Third Edition, Netherlands 1986, (Co-Publication of Edward Arnold Publishers, London 1993.

Ewalds, H. L. and R. J. H. Wanhill, Fracture Mechanics, Delftse Uitgevers Maatschappij Third Edition, Netherlands 1986, (Co-Publication of Edward Arnold Publishers, London 1993).

Engelbrecht, J., Complexity In Mechanics, Rend. Sem. Mat. Univ. Pol. Torino, Vol. 67, 3, 293-325, 2009

Engoy, Thor and Knut Jørgen Måløy, Roughness of Two-Dimensional Cracks In Wood, Physical Review Letters, Vol. 73, N. 6, 834-837, 8 August 1994.

F

Family, Fereydoon; Vicsek, Tamás, Dynamics of Fractal Surfaces, World Scientific, Singapore, P.7-8,1991.

Family, Fereydoon; Vicsek, Tamás - Dynamics of Fractal Surfaces, Chapter 3, P. 73-77, World Scientific Publishing Co. Pte. Ltd. Singapore 1991.

Feder, Jens; Fractals, (Plenum Press, New York, 1989).

Fernandez, L; Guinea, F.; Louis, E.- "Random and Dendritic Patterns In Crack Propagation", J. Phys. A: Math. Gen. 21, L301-L305, 1988.

Fiedler-Ferrara, N. and C. P. C. Do Prado, Caos, Uma Introdução, Ed. Edgard Blücher Ltda, Brazil, 1994.

Field, J. E., Brittle Fracture: Its Study and Application. Contemporary Physics, Vol 12, P. 1-31, 1971.

Fineberg, Jay; Steven Paul Gross; Michael Marder and Harry L. Swinney, Instability In Dynamic Fracture, Physical Review Letters, Vol. 67, N. 4, P. 457-460, 22 July 1991.

Fineberg, Jay; Steven Paul Gross, Michael Marder, and Harry L. Swinney, Instability In the Propagation of Fast Cracks. Physical Review B, Vol.45, N. 10, P.5146-5154 (1992-Ii), 1 March, 1992.

Fletcher, D. C., "Conservations Laws In Linear Elastodynamics", Archive For Rational Mechanics and Analysis, Vol. 60, P. 329-353, 1975.

Forest, S. Mechanics of Generalized Continua: Construction By Homogenization, J. Phys. Iv, France, 8,.Pp.39-48, 1998.

Freund, L. B., Energy Flux Into the Tip of An Extending Crack In An Elastic Solid, Journal of Elasticity, Vol. 2. N. 4, P. 341-349, December 1972.

Freund, B. L. "Crack Propagation In An Elastic Solid Subjected To General Loading - I. Constant Rate of Extension". J. Mech. Phys. Solids. Vol. 20, P. 129-140, 1972.

Freund, B. L. Crack Propagation In An Elastic Solid Subjected To General Loading - Ii. Non-Uniform Rate of Extension. J. Mech. Phys. Solids, Vol. 20, P. 141-152, 1972.

Freund, B. L. Crack Propagation In An Elastic Solid Subjected To General Loading - Iii. Stress Wave Loading. J. Mech. Phys. Solids., Vol. 21, P. 47-61, 1973.

Freund, B. L. Crack Propagation In An Elastic Solid Subjected To General Loading - Iv. Obliquely Incident Stress Pulse. J. Mech. Phys. Solids, Vol. 22, P. 137-146, 1974.

Freund, L. B., and R. J. Clifton, on the Uniqueness of Plane Elastodynamic Solutions For Running Cracks, Journal of Elasticity, Vol. 4, N. 4, 293-299, December, 1974.

Freund, L. B., Dynamic Crack Propagation; the Mechanics of Fracture, American Society of Mechanical Engineers, P. 105-134, New York, 1976.

Freund, L. B. (Brown University); Dynamic Fracture Mechanics, (Cambridge University Press, Published By the Press Syndicate of the University of Cambridge), New York, 1990.

Fung, Y. C. a First Course In Continuum Mechanics, Prentice-Hall, Inc, Englewood Criffs, N. J., 1969.

Fung, 1969 Y. C. Fung, *A First Course In Continuum Mechanics*, Prentice-Hall, Inc, Englewood Criffs, N. J., 1969.

G

Gao, Huajian; Surface Roughening and Branching Instabilities In Dynamic Fracture, J. Mech. Phys. Solids, Vol. 41, N. 3, P. 457-486, 1993.

Gao, Huajian; a Theory of Local Limiting Speed In Dynamic Fracture, J. Mech. Phys. Solids, Vol. 44, Nº 9, P. 1453-1474, 1996.

Gaspard, P. and G. Nicolis, Transport Properties, Lyapunov Exponents, and Entropy Per Unit Time, Physical Review Letters, Vol. 65, Nº 14, P. 1693-1696, 1 October 1990.

Greenberg, Michael D., Advanced Engineering Mathemathics, chapter 15, Curves, Surfaces, and Volumes, Prentice Hall, 2nd Edition, 1998.

Ghyka, Matila, the Geometry of Art and Life, Dover Publications, Inc, New York, 1977.

Giannakopoulos, Antonios E. and Kristin Breder, Modelling of Toughening and Its Temperature Dependency In Whisker-Reinforced Ceramics.

Gilberti, C. J.; J. J. Cao; L.C. de Jonghe and R. O. Ritchie, Crack Growth Resistance-Curve Behavior In Silicon Carbide: Small Versus Long Cracks, J. Am. Ceram. Soc., Vol. 80, N.9, P. 2253-2261, 1997.

Gilman, J. J.; C. Knudsen, and W. P. Walsh, Cleavage Cracks and Dislocations In Lif Crystals. Journal Applied Physics, Vol. 6, P. 601-607, 1958.

Gleick, J. *Chaos: Making a New Science.* New York: Penguin Books, P. 69-80, 1988.

Gol'dshtein, R. V. and A. B. Mosolov, Flows of Fractallly Broken Ice, Sovol. Phys. Dokl., Vol. 37, N. 5, P. 253-256, May 1992.

Golenievski, G., International Journal of Fracture, Vol. 33, 39-44, 1988.

Gong , Bo and Zu Han Lai, Fractal Characteristics of J-R Resistance Curves of Ti-6al-4v Alloys, Eng. Fract. Mech.. Vol. 44, N. 6, 1993, Pp. 991-995.

Gordon, W. B. "Period Three Trajectories of the Logistic Map." Math. Mag. 69, 118-120, 1996.

Govindjee, Sanjay; Gregory J. Kay, Juan C. Simo, Anisotropic Modelling and Numerical Simulation of Brittle Damage In Concrete. International Journal For Numerical Methods In Engineering, Vol. 38, P. 3611-3633, 1995.

Grassberger, P. "On the Hausdorff Dimension of Fractal Attractors." J. Stat. Phys. 26, 173-179, 1981.

Grassberger, P. and Procaccia, I. "Measuring the Strangeness of Strange Attractors." Physica D 9, 189-208, 1983.

Griffith, A. A., "The Phenonmena of Rupture and Flow In Solids", Phil. Trans. R. Soc. London (Mechanical Engineering) A221 , P. 163-198, 1920.

Gross, Steven. P.; Jay. Fineberg, M. P. Marder, W. D. Mccormick and Harry. L. Swinney, Acoustic Emissions From Rapidly Moving Cracks. Physical Review Letters, Vol. 71, N. 19, P. 3162-3165, 8 November, 1993.

Gross, Steven Paul, Dynamics of Fast Fracture, Dissertation Presented To the Faculty of the Graduate School of the University of Texas At Austin,

In a Partial Fulfillment of the Requiriments For the Degree of Doctor of Philosophy, University of Texas At Austin, August, 1995.

Gulick, D. *Encounters With Chaos.* New York: Mcgraw-Hill, 1992.

Gumbsch, Peter., An Atomistic Study of Brittle Fracture: Toward Explicit Failure Criteria From Atomistic Modeling. Journal of Materials Research, Vol.10, N. 11, P. 2897-2907, 1995.

Gumbsch, Peter, Brittle Fracture Processes Modelled on the Atomic Scale, Z. Metallkd., Vol. 87, N. 5, P. 341-347, 1996.

Gumbsch, Peter, In: Computer Simulation In Materials Science, Edited By H. O. Kirchner Et Al. Kluwer Academic, Netherlans, P. 227,1996.

Gumbsch, Peter; S. J. Zhou and B.L. Holian, Et Al. Molecular Dynamics Investigation of Dynamic Crack Stability, Physical Review. Rev. B, Vol. 55, N. 6, P. 3445-3455, 1 February 1997-Ii;

Gumbsch, Peter and Huajian Gao, Dislocations Faster Than the Speed of Sound, Science, Vol. 283, P. 965-968, 12 February 1999.

Gurney, C.; Hunt, J. - "Quasi-Static Crack Propagation", Proc. Royal Soc. London, Series-A, Mathematical and Physical Sciences, Vol. 299, N.1459, 25 July 1967.

Guy, Ciências Dos Materias, Editora Guanabara 1986.

H

Haase, Rolf - Thermodynamics of Irreversible Process. Dover Publications, Inc New York 1990.

Hall, E. O, the Brittle Fracture of Metals. Journal Mechanics and Physics Solids, Vol.1, P. 227-233, 1953.

Halm, D. and A. Dragon, An Anisotropic Model of Damage and Frictional Sliding For Brittle Materials, Eur. J. Mech., A/ Solids, Vol. 17, Nº 3, P. 439-460, 1998.

Hansen, Alex and Einar L. Hinrichsen, Roughness of Crack Interfaces, Physical Review Letters, Vol. 66, N. 19, P. 2476-2479, 13 May 1991.

Hauch , J. A. and M. P. Marder, Energy Balance In Dynamic Fracture, Investigated By a Potential Drop Technique, Submitted To International. Journal of Fracture, 1997.

Hausdorff F. "Dimension Und Äußeres Maß". Mathematische Annalen 79 (1–2): 157–179. March 1919, Doi:10.1007/Bf01457179.

Heino, P. and K. Koshi, Mesoscopic Model of Crack Branching, Physical Review B, Vol. 54, Nº 9, 1 September, P. 6150-6154, 1 September 1996 – I.

Heino, P. and K. Kashi, Dynamic Fracture of Disordered Viscoelastic Solids, Physical Review E, Vol. 56, N. 4, P. 4364-4370, October 1997.

Hernández, Gonzalo; Hans J. Herrmann, Discrete Models For Two- and Threee-Dimensional Fragmentation, Physica A, Vol. 215, P. 420-430, 1995.

Hernández, Gonzalo; Hans J. Herrmann, Discrete Models For Two- and Threee-Dimensional Fragmentation, Physica A, Vol. 215, P. 420-430, 1995.

Herrmann, Hans J. - "Growth: An Introduction", In: on the Growth and Form" Fractal and Non-Fractal Patterns In Physics, Edited By H. Eugene Stanley and Nicole Ostrowsky Nato Asi Series, Series E: Applied Sciences N. 100 (1986), Proc. of the Nato Advanced Study Institute Ön Growth and Form", Cargese, Corsiva, France June 27-July 6 1985. Copyright By Martinus Nighoff Publishers, Dordrecht, 1986.

Herrmann, H. J.; Kertész, J.; de Arcangelis, L. - "Fractal Shapes of Deterministic Cracks", Europhys. Lett. Vol. 10, N. (2) P.147-152, (1989).

Herrmann Jr., 1989 H.; Kertész, J.; De Arcangelis, L. - "Fractal Shapes of Deterministic Cracks", *Europhys. Lett.* 10 (2), (1989). Pp.147-152

Herrmann, Hans J.; Roux, Stéphane, "Statistical Models For the Fracture of Disordered Media, Random Materials and Processes", Series Editors: H. Eugene Stanley and Etienne Guyon, North-Holland Amsterdam, 1990.

Herrmann, Hans J.; Homepage, 1995.

Hermann, Helmut, Exact Second Order Correlations Functions For Random Surface Fractals, J. Phys. A: Math. Gen. Vol. 27, L 935-L938, 1994.

Heping, Xie the Fractal Effect of Irregularity of Crack Branching on the Fracture Toughness of Brittle Materials, International Journal of Fracture, Vol. 41, P. 267-274, 1989.

Heping, Xie and David J. Sanderson, Fractal Effects of Crack Propagation on Dynamics Stress Intensity Factors and Crack Velocities, International Journal of Fracture, Vol. 74; 29-42, 1995.

Heping, Xie; Jin-An Wang and E. Stein, Direct Fractal Measurement and Multifractal Properties of Fracture Surfaces, Physics Letters a , Vol. 242, P. 41-50, 18 May 1998.

Hill, R., a Variational Principle of Maximum Plastic Work In Clasical Plasticity, Quarterly Journal of Mechanics and Applied Mathematics, Vol. 1, 18-28, 1948.

Hill, Rodney, "Aspects of Invariance In Solid Mechanics", Advances In Applied Mechanics, Vol. 18, Academic Press, P. 1-75, 1978.

Hill, Rodney Apud Rodney Hill, Aspects of Invariance In Solid Mechanics, Advances In Applied Mechanics, Vol. 18, Academic Press, P. 1-75, 1978.

Holian, Brad Lee; Raphael Blumenfeld, and Peter Gumbsch, An Einstein Model of Brittle Crack Propagation, Physical Review Letters, Vol. 78, Nº 1, P. 78-81, 6 January 1997.

Holland, Dominic and M. Marder, Ideal Brittle Fracture of Silicon Studied With Molecular Dynamics, Physical Review Letters, Vol. 80, N. 4, P. 746-748, 26 January 1998.

Holmgren, R. *A First Course In Discrete Dynamical Systems,* 2nd Ed. New York: Springer-Verlag, 1996.

Honein, T; Honein, E. E Herrmann, G - a Thermodynamically- Based Theory of Damage In Brittle Structures, In: Fracture and Damage Quasibrittle Structures. Edited By Z. P. Bazant, Z. Bittnar, M. Jirásek and J. Mazars. E&Fn Spon. London, 1994.

Hornbogen, E.; Fractals In Microstructure of Metals; International Materials Reviews, Vol. 34. N. 6, P. 277-296, 1989.

Hornig, T.; Sokolov, I. M.; Blumen, A., Patterns and Scaling In Surface Fragmentation Processes, Phys. Rev. E, Vol. 54, N. 4, 4293-4298, October 1996.

Hübner, Heinz and W. Jillek, Subcritical Crack Extension and Crack Resistance In Polycrystaline Alumina, J. Mater. Sci., Vol. 12, N. 1, P. 117-125, 1977.

Hughes, T. J. R., the *Finite Element Method: Linear Static and Dynamic Finite Element Analysis,* Prentice-Hall, 1987.

Hull, D. and P. Beardmore, Velocity of Propagation of Cleavage Cracks In Tungsten. International Journal of Fracture Mechanics, Vol. 2, 468-487, 1966.

Hutchinson, J.W., " Plastic Stress and Strain Fields At a Crack Tip." J. Mech. Phys. Solids, 16, 337-347 (1968).

Hyun, S. L. Pei, J. –F. Molinari, and M. O. Robbins, Finite-Element Analysis of Contact Between Elastic Self-Affine Surfaces, Physical Review E, Vol. 70, 026117, 2004.

I

Inglis, C. E. Stressess In a Plate Due To the Presence of Cracks and Sharp Corners, Transactions of the Royal Intitution of Naval Architects, V. 60, P. 219-241, 1913.

Irwin, G. R., “Fracture Dynamics”, Fracturing of Metals, American Society For Metals, Cleveland, P. 147-166, 1948.

Irwin, G. R., “Analysis of Stresses and Strains Near the End of a Crack Traversing a Plate”, Journal of Applied Mechanics, Vol. 24, P. 361-364, 1957.

Irwin, G. R.; J. W. Dally, T. Kobayashi, W. L. Fourney, M. J. Etheridge and H. P. Rossmanith, on the Determination of a Ä-K Relationship For Birefringent Polymers. Experimental Mechanics, Vol. 19, N. 4, P. 121-128, 1979.

Isola, S.; R. Livi and S. Ruffo, Stability and Chaos An Hamiltonian Dynamics, Physical Review A, Vol. 33, Nº 2, February 1986, P. 1163-1170.

J

Johnson, C., Numerical Solutions of Partial Differential Equations by the Finite Element Method, Cambridge University Press (texto muito matemático), 1987.

K

Kanninen, Melvin F.; Popelar, Carl H., Advanced Fracture Mechanics, the Oxford Engineering Science Series 15, Editors: A. Acrivos, Et Al. Oxford University Press, New York, Claredon Press, Crc Press, Chapter 7, P. 437, Oxford, 1985.

Katsuragi, Hiroaki, Multiscaling Analysis on Rough Surfaces and Critical Fragmentation, Doctotrial Dissertation , Kyushu University, July, 2004.

Kaye, Brian H., a Random Walk Through Fractal Dimensions, Ed. Vch, 1989.

Kertész, János, Fractal Fracture, Physica A, Vol. 191, P. 208-212, 1992.

Kingery, W. D.; H. K. Bowen; D. R. Uhlmann, Introduction To Ceramics, John Wiley & Sons, 2nd Edition, 1976.

Knaus, W. G. and K. Ravi-Chandar, Int. J. of Fracture, Vol. 27, 127-143, 1985.

Kobayashi, A.; N. Ohtani and T. Sato, Phenomenological Aspects of Viscoelastic Crack Propagation, Journal Applied Polymer Science, Vol. 18, P. 1625-1638, 1974.

Kobayashi, T. and J. W. Dally, Relation Between Crack Velocity and the Stress Intensity Factor In Birefringent Polymers. In: Fast Frature and Crack Arrest, G. T. Hahn and M. F. Kanninen, Eds. Astm Stp 627, P. 7-18, 1977.

Kobayashi, A. S. and S. Mall, Dynamic Fracture Toughness of Homalite-100. Experimental Mechanics, Vol. 18, N. 1, P. 11-18, 1978.

Kraff, J. M.; A. M. Sullivan and R. W., Boyle, Effect of Dimensions on Fast Fracture Instability of Notched Sheets, Proceedings of the Craks Propagation Symposium Cranfield, 1962, (The College of Aeronautics, Cranfield, England, 1962), Vol. 1. P. 8-28, 1962.

Kraft, R. L. "Chaos, Cantor Sets, and Hyperbolicity For the Logistic Maps." Amer. Math. Monthly 106, 400-408, 1999.

Kral, E.R., Komvopoulos, K., Bogy, D.B., 1993. Elastic–Plastic Finite Element Analysis of Repeated Indentation of A Half-Space By A Rigid Sphere. J. Appl. Mech. Asme 60, 829–841.

Krostrov, B. V, and L. V. Nikitin,. Archiwum Mechaniki Stosowanej, Vol. 22, P. 749-775, 1970

Kostron, 1949 H. *Arch Metallkd*; Vol. 3, N. 6, pp. 193-203, 1949.

Kunin, B. and M. Gorelik, on Representation of Fracture Profiles By Fractional Integrals of a Wiener Process, J. Appl. Phys, Vol. 70, N. 12, 15 December 1991.

L

Lacerda, Luiz Alkimin; Wrobel, L. C. Dual Boundary Element Method For Axisummetric Analysis, International Journal of Fracture, Vol. 113, 267-284, 2002a

Lacerda, Luiz Alkimin; Wrobel, L. C., Na Efficient Numerical Model For Contact-Induced Crack Propagation Analysis, International Journal of Solids and Structures, Vol. 39, 5719-5736, 2002b.

Langer, J. S. and the Stress Intensity Factor In Birefringent Polymers. In: Fast Frature and Crack Arrest, G. T. Hahn and M. F. Kanninen, Eds. Astm Stp 627, P. 7-18, 1977.

Langer, J. S.; Tang, C., Rupture Propagation In a Model of An Earthquake Fault, Phys. Rev. Lett., Vol. 67, N. 8, P. 1043-1046, 19 August 1991.

Langer, J. S. Models of Crack Propagation, Phys. Rev. A, Vol. 46, N. 6, P. 3123-3131, 15 September, 1992.

Langer, J. S., Dynamical Model of Onset and Propagation of Fracture, Physical Review Letters, Vol. 70. N. 23, P. 3592-3594, 7 June 1993a.

Langer, J. S. and Nakanishi, Hiizu, Models of Crack Propagation. Ii. Two-Dimensional Model With Dissipation on the Fracture Surface, Phys. Rev. E. Vol. 48, N. 1, P. 439-448, July 1993b.

Latora, V.; Rapisarda, A.; Tsallis, C.; and Baranger, M. the Rate of Entropy Increase At the Edge of Chaos. 1999. http://www.lanl.gov/abs/cond-mat/9907412/, 1999.

Lauwerier, H. *Fractals: Endlessly Repeated Geometrical Figures.* Princeton, Nj: Princeton University Press, P. 119-122, 1991.

Lavenda, Bernard H. - Thermodynamics of Irreversible Processes, Dover Publications, Inc. New York, 1978.

Lawn, Brian; Fracture of Brittle Solids, Cambridge Solid State Science Series, Editors: Professors E. A. Davis (Department of Physics, University of Leicester) and I. M. Ward Frs (Department of Physics, University of Leds), 2nd. Edition, Cambridge University Press, 1993(1995).

Lazarev, V. B., Balankin, A. S. and Izotov, A. D. "Synergetic and Fractal Thermodynamics of Inorganic Materials. Iii. Fractal Thermodynamics of Fracture In Solids, Inorganic Materials, Vol. 29, No. 8, Pp. 905-921,1993.

Ledergerber-Ruoff, Erika Brigitta, Isometrias E Ornamento No Plano Euclidiano, Editora Atual, Ltda, Editora da Universidade de São Paulo, São Paulo, 1982.

Lei, Weisheng and Bingsen Chen, Discussion on "The Fractal Effect of Irregularity of Crack Branching on the Fracture Toughness of Brittle Materials" By Xie Heping, International Journal of Fracture Vol. 65, R65-R70, 1994a.

Lei, Weisheng and Bingsen Chen, Discussion: "Correlation Between Crack Tortuosity and Fracture Toughness In Cementitious Material" By M. A. Issa, A. M. Hammad and A. Chudnovsky, A., International Journal of Fracture, Vol. 65, R29-R35, 1994b.

Lei, Weisheng and Bingsen Chen, Fractal Characterization of Some Fracture Phenomena, Engineering Fracture Mechanics, Vol. 50, N. 2, P. 149-155, 1995.

Lei, 1995 Weisheng, And Bingsen Chen, Fractal Characterization of Some Fracture Phenomena, *Engineering Fracture Mechanics*, Vol. 50, N. 2, 1995, pp. 149-155.

Leung, A. Y. T. and R. K. L. Su, Mixed-Mode Two Dimensional Crack Problem By Fractal Two Level Finite Element Method, Engineering Fracture Mechanics, Vol. 51, N. 6, P. 889-895, 1995.

Li, Xiao Wu; Jifeng Tian; Yan Kang and Zhongguang Wang; Quantitative Analysis of Fracture Surface By Roughness and Fractal Method, Scripta Metallurgica Et Materialia, Vol. 33, N. 5, P. 803-809, 1995.

Li, Ju and Ostoja-Starzewski, Martin, Fractal Solids, Product Measures and Fractional Wave Equations, Proceedings of the Royal Society A, Mathematical Physical $ Engineering Sciences, 4 June 2009, Doi:10.1098/Rspa.2009.0101

Lima, Elon Lages, Medida E Forma Em Geometria (Comprimento, Área, Volume E Semelhança) Coleção Professor de Matemática, Soc. Bras. de Matemática, Rio de Janeiro, 1991.

Lin, G. M.; J. K. L. Lai, Fractal Characterization of Fracture Surfaces In a Resin-Based Composite, Journal of Materials Science Letters, Vol. 12, P. 470-472, 1993.

Liu, Xiangming. and M. P. Marder, the Energy of a Steady-State Crack In a Strip. Journal Mechanics and Physics Solids, Vol. 39, P. 947-961, 1991.

Lin, 1993 G. M.; J. K. L. Lai, "Fractal Characterization of Fracture Surfaces In A Resin-Based Composite", *Journal Mat. Science Letters*, Vol. 12, (1993) , pp. 470-472.

Lung, 1988 C. W. And Z. Q. Mu, Fractal Dimension Measured With Perimeter Area Relation And Toughness of Materials, *Physical Review* B, Vol. 38, N. 16, P. 11781-11784, 1 December 1988.

Long, Q. Y.; Li Suqin and C. W. Lung. Studies on the Fractal Dimension of a Fracture Surface Formed By Slow Stable Crack Propagation. J. Phys. D: Appl. Phys., Vol. 24, P. 602-607, 1991.

Lopez, Juan M. Miguel A. RODRIGUEZ, and Rodolfo CUERNO, Superroughening versus intrinsic anomalous scaling of surfaces, *PHYS. REV. E,* vol. 56, n.4, 3993-3998 1997

Lopez, Juan M. and SCHMITTBUHL, Jean, Anomalous scaling of fracture surfaces, *PHYS. REV. E*, vol. 57, n.6, 6405-6408, 1998.

Louis, E.; Guinea, F - "The Fractal Nature of Fracture", Europhys. Lett. Vol. 3, N. 8, P.871-877, 1987.

Lubliner, J., a Maximum – Dissipation Principle In Generalized Plasticity, Acta Mechanica 52, P. 225-237, 1984.

Lung, C. W. Fractals and the Fracture of Cracked Metals , (In: Fractals In Physics, L. Pietronero, E. Tossatti (Editors) Elsevier Science Publishers B. V., P. 189-192, 1986.

Lung, C. W. and Z. Q. Mu, Fractal Dimension Measured With Perimeter Area Relation and Toughness of Materials, Physical Review B, Vol. 38, N. 16, P. 11781-11784, 1 December 1988.

Lung, C. W., "Fractal Description of Fractures", Int. Atomic Energy Agency and United Nation Educational Scientific and Cultural Organization , Int. Centre For Theoretical Physics, Miramare – Trieste, June, 1991.

M

Magon, M. F. A.; Rodrigues, J. A.; Pandolfelli, V. C., Caracterização Do Comportamento de Curva-R de Refratários de Mgo-C Obtida Por Diferentes Métodos de Ensaios, Revista Brasileira de Ciências, Abcm, Rio de Janeiro-Rj, Vol. Xix, N. 4, P. 589-596, Dez. 1997.

Måløy, Knut Jørgen; Alex Hansen and Einar L. Hinrichsen; Experimental Measurements of the Roughness of Brittle Cracks, Physcal Review Letters, V. 68, N. 2, P. 213-215, 13 January 1992.

Måløy, Comment on "Experimental Measurements of the Roughness of Brittle Cracks, Physical Review Letters, Vol. 71, N. 1, P. 204-205, 5 July, 1993.

Mandelbrot, Benoit B, Fractal. 1975.

Mandelbrot, Benoit B, Fractals: Form Chance and Dimension, W. H. Freeman and Company, San Francisco, Cal-Usa, 1977.

Mandelbrot, Benoit B. 1978.

Mandelbrot, 1982 Benoit B. Mandelbrot, the *Fractal Geometry of Nature*, Freeman, San Francisco - New York 1982.

Mandelbrot, Benoit B., the Fractal Geometry of Nature, W. H. Freeman and Company, San Francisco, Cal-Usa, - New York 1982(1983).

Mandelbrot, Benoit B.; Dann E. Passoja & Alvin J. Paullay, Fractal Character of Fracture Surfaces of Metals, Nature (London), Vol. 308 [5961], P. 721-722, 19 April, 1984.

Mandelbrot, B. B., In: Dynamics of Fractal Surfaces, Edited By Family, Fereydoon. and Vicsék, Tamás, World Scientific, Singapore, P. 19-39. 1991.

Mandelbrot, B; "Fractals In Nature", 1994.

Marder, M.; New Dynamical Equation For Cracks, Physical Review Letters, Vol. 66, N. 19, 2484-2487, 13 May, 1991.

Marder, M. P. and Xiangming Liu, Instability In Lattice Fracture, Physical Review Letters, Vol. 71, N. 15, P. 2417-2420, 11 October 1993a.

Marder, M. P., Simple Models of Rapid Fracture, Physica D, Vol. 66, P. 125-134, 1993b.

Marder, M. P. and Steven. P. Gross, Origin of Crack Tip Instabilities. Journal Mechanics and Physics Solids, Vol. 43, N. 1, P. 1-48, 1995.

Marder, M., Statistical Mechanics of Cracks, Physical Review E, Vol. 54, N. 4, October 1996a

Marder, Michael and Jay Fineberg, "How Things Break", Physics Today, P. 24-29, September 1996b.

Marder, Michael; Breaking In Computers, Nature, P. 219-220, 20 March 1997a.

Marder, Michael; Cracks of Doom, New Scientist, P. 32-35, 30 August 1997.

Marder, Michael; Roughing It, Science, Vol. 277, P 647, 1 August 1997.

Marder, Michael; Adiabatic Equation For Cracks, Philosophical Magazine B, Vol. 78, N. 2, P. 203-214, 1998a.

Marder, M.; Energies of a Kinked Crack Line, J. Stat. Phys. 1998b.

Mariano Paolo Maria O, Influence of the Material Substructure on Crak Propagation: a Unified Treatment, Arxiv:Math-Ph/0305004v1, May 2003.

Margolina, Alla E. "The Fractal Dimension of Growth Perimeters", (In: Fractal In Physics; L. Pietronero; E. Tossatti Editors, Elsevier Science Publishers B. V.) P. 357 –360, 1986.

May, R. M. "Simple Mathematical Models With Very Complicated Dynamics." Nature 261, 459-467, 1976.

Mazzei, Angela Cristina Accácio, "Estudo Sobre a Determinação de Curva-R de Compósitos Cerâmica-Cerâmica", Tese de Doutorado, Dema-Ufscar, 1999.

Mcanulty, Peter; L. V. Meisel and P. J. Cote, Hiperbolic Distributions and Fractal Character of Fracture Surfaces, Physical Review A, Vol. 46, N. 6, P. 3523-3526, 15 September 1992.

Mccauley, Joseph L., Chaos, Dynamics and Fractals: An Algorithmic Approach To Deterministic Chaos, Cambridge Nonlinear Science Series, Vol. 2, England: Cambridge University Press, Cambridge 1993.

Meakin, Paul and Susan Tolman, Diffusion-Limited Aggregation: Recent Developments, Fractals Physical Origin and Properties, Edited By L. Pietronero, Plenum Press, New York P. 137-168, 1988.

Meakin, Paul; Li, G.; Sander, L. M.; Louis, E.; Guinea, F. - "A Simple Two-Dimensional Model For Crack Propagation", J. Phys. A: Math. Gen. 22, 1393-1403, 1989.

Meakin, Paul, "The Growth of Rough Surfaces and Interfaces", Physics Reports, Vol. 235, N. 485, P. 189-289, December 1993.

Meakin, Paul, Fractal Growth: , Cambridge Nonlinear Science Series, Vol. 5, England: Cambridge University Press, Cambridge 1995.

Mecholsky, J. J.; T. J. Mackin and D. E. Passoja, "Self-Similar Crack Propagation In Brittle Materials". (In: Advances In Ceramics, Vol. 22, Fractography of Glasses and Ceramics, the American Ceramic Society, Inc), P. 127-134, Edited By J. Varner and V. D. Frechette. America Ceramic Society, Westerville, Oh, 1988.

Mecholsky, J. J.; D. E. Passoja and K. S. Feinberg-Ringel; Quantitative Analysis of Brittle Fracture Surfaces Using Fractal Geometry, J. Am. Ceram. Soc., Vol. 72, N. 1, P. 60-65, 1989.

Mecholsky, John J., Jr.; Stephen W. Freiman, Relationship Between Fractal Geometry and Fractography, J. Am. Ceram. Soc. Vol. 74, N. 12, P. 3136-3138, 1991.

Mecholsky, 1989 J. J.; D. E. Passoja And K. S. Feinberg-Ringel, Quantitative Analysis of Brittle Fracture Surfaces Using Fractal Geometry, *J. Am. Ceram. Soc.*, Vol. 72, N. 1, P. 60-65, 1989.

Mecholsky, 1988 J. J.; T. J. Mackin And D. E. Passoja, "Self-Similar Crack Propagation In Brittle Materials". (In: Advances In Ceramics, Vol. 22, Fractography of Glasses And Ceramics, the American Ceramic Society, Inc), P. 127-134, Edited By J. Varner And V. D. Frechette. America Ceramic Society, Westerville, Oh, 1988.

Mecholsky, 1989 J. J., D. E. Passoja And K. S. Feinber-Ringel, *J. Am. Ceram. Soc.*, 72, 1, (1989), pp. 60-65.

Mertens, F.; Scott V. Franklin and M. Marder; Dynamics of Plastic Deformation Fronts In An Aluminum Alloy. Physical Review Letters, Vol. 78, Nº 23, P. 4502-4505, 9 June 1997

Mescheryakov, Yu. I.; N. A. Mahutov; and S. A. Atroshenko, Micromechanisms of Dynamic Fracture of Ductile High-Strength Steel, J. Mech Phys. Solids, Vol. 42, Nº 9, P. 1435-1457, 1994.

Miehe, C.; E. Stein and W. Wagner, Associative Multiplicative Elastoplasticity: Formulation and Aspects of the Numerical Implementation Including Stability Analysis, Computers & Structures, Vol. 52, Nº 5, P. 969-978, 1994.

Mikulla, R.; J. Stadler, F. Krul, H. -R. Trebin, and P. Gumbsch, Physical Review Letters, Vol. 81, N. 15, P. 3163-3165, 12 October, 1998.

Milman, Victor Y.; Nadia A. Stelmashenko and Raphael Blumenfeld, Fracture Surfaces: a Critical Review of Fractal Studies and a Novel Morphological Analysis of Scanning Tunneling Microscopy Measurements, Progreess In Materials Science, Vol. 38, P. 425-474, 1994.

Miller, O.; L. B. Freund and A. Needleman, Energy Dissipation In Dynamic Fracture of Brittle Materials, Modelling Simul. Mater. Sci. Eng. 7, P. 573-586, 1999.

Mishnaevsky Jr., L. L., "A New Approach To the Determination of the Crack Velocity Versus Crack Length Relation", Fatigue Fract. Engng. Mater. Struct, Vol. 17, N. 10, P. 1205-1212, 1994.

Mishnaevsky Jr., L. L., Determination For the Time-To-Fracture of Solids, Int. Journ. Fract. Vol. 79, P. 341-350, 1996.

Mishnaevsky Jr., L. L., Methods of the Theory of Complex Systems In Modelling of Fracture; a Brief Review, Engng. Fract. Mech., Vol. 56, N. 1, P. 47-56, 1997.

Mishnaevsky Jr., L. Optimization of the Microstructure of Ledeburitic Tool Steels: a Fractal Approach. Werkstoffkolloquium (Mpa, University of Stuttgart), 13 January 2000.

Mohan, R.; A. J. Markworth and R. W. Rollins Et Al., Effects of Dissipation and Driving on Chaotic Dynamics In An Atomistic Crack-Tip Model. Modelling Simul. Mater. Sci. Eng. **2**, 659-676, 1994.

Mokross, Bernhard Joachim, Projeto de Pesquisa, "Estudo da Propagação de Trincas Em Materiais Frágeis", Sumetido a PapeSP (Processo 99/01177-2) Em Julho de 1999.

Moreira, J. G.; J. Kamphorst Leal da Silva and S. Oliffson Kamphorst, on the Fractal Dimension of Self-Affine Profiles, J. Phys. A: Math Gen., Vol. 27, P. 8079-8089, 1994.

Morel, Sthéphane, Jean Schmittbuhl, Juan M.Lopez and Gérard Valentin, Size Effect In Fracture, Phys. Rev. E, V.58, N.6, Dez 1998.

Morel, Sthéphane, Jean Schmittbuhl, Elisabeth Bouchaud and Gérard Valentin, Scaling of Crack Surfaces and Implications on Fracture Mechanics, Arxiv:Cond-Mat/0007100, V.1, 6 Jul 2000 Or Phys. Rev. Lett. V. 85, N.8, 21 August, 2000.

Morel, Sthéphane, Elisabeth Bouchaud and Gérard Valentin, Size Effect In Fracture, Arxiv:Cond-Mat/0201045, V.1, 4 Jan 2002 Or Phys. Rev. B, V. 65, 104101-1-8.

Morel, Sthéphane, Elisabeth Bouchaud, Jean Schmittbuhl and Gérard Valentin, R-Curve Behavior and Roughness Development of Fracture Surfaces, International Journal of Fracture, V.114, Pp. 307-325, 2002.

Mourot, Guillaume, Morel, Sthéphane, Gérard Valentin, Comportement Courbe-R D'Un Matériau Quasi-Fragile (Le Bois), Materiaux, Pp. 1-4, 2002

Mosolov, A. B., Zh. Tekh. Fiz. V. 61, N. 7, 1991. (Sov. Phys. Tech. Phys. , V. 36, 75, 1991).

Mosolov, A. B. and F. M. Borodich Fractal Fracture of Brittle Bodies During Compression, Sovol. Phys. Dokl., Vol. 37, N. 5, P. 263-265, May 1992.

Mosolov, A. B., Mechanics of Fractal Cracks In Brittle Solids, Europhysics Letters, Vol. 24, N. 8, P. 673-678, 10 December 1993.

Mott, Neville. F., Brittle Fracture In Mild Steel Plates–Ii. Engineering, Vol. 165, P. 16-18, 2 Jan 1947(1948).

Mu, Z. Q. and C. W. Lung, Studies on the Fractal Dimension and Fracture Toughness of Steel, J. Phys. D: Appl. Phys., Vol. 21, P. 848-850, 1988.

Muskhelisvili, N. I., Some Basic Problems In the Mathemathical Theory of Elasticity, Nordhoff, the Netherlands, 1954.

Myers, Christopher R.; Langer, J. S. Rupture Propagation, Dynamical Front Selection, and the Role of Small Length Scales In a Model of An Earthquake Fault. Phys. Rev. E, Vol. 47, N. 5, P. 3048-3056, May, 1993.

Milman V. Yu., Blumenfeld R., Stelmashenko N. A. and Ball R. C., Phys. Rev. Lett., 71 (1993) 204.

Mu, 1988 Z. Q. And C. W. Lung, Studies on the Fractal Dimension And Fracture Toughness of Steel, *J. Phys. D: Appl. Phys.*, Vol. 21, P. 848-850, 1988.

N

Nagahama, Hiroyuki; "A Fractal Criterion For Ductile and Brittle Fracture", J. Appl. Phys., Vol. 75, N. 6, P. 3220-3222, 15 March 1994.

Nakayama, Junn; Direct Measurement of Fracture Energies of Brittle Heterogeneous Materials. Journal of the American Ceramic Society, Vol. 48, N. 11, P.583-587, 1965.

NBR 7214, 1982

Needleman, A. and V. Tvergaard, Dynamic Crack Growth In a Nonlocal Progressively Cavitating Solid, Eur. J. Mech. A/ Solids, 17, Nº 3, 421-438, 1998.

Nikolaevskij, Viktor N.,; Fracture Criterion For Inelastic Solids, Int. J. Engng Sci. Vol. 20, N.2, P. 311-318, 1982.

Nikolaevskij, Viktor N., Path-Independent Rate Integrals and the Criterion of Steady Crack Growth In Inelastic Bodies. Engineering Fracture Mechanics, Vol. 28, N.3, P. 275-282, 1987.

Nikolaevskij, Viktor N. Apud L. I. Slepyan, Principle of Maximun Energy Dissipation Rate In Crack Dynamics, J. Mech. Phys. Solids, Vol. 41, Nº 6, P. 1019-1033, 1993.

Nguyen, Quoc Son, "Biffurcation Et Stabilité Des Systémes Irréversibles Obéissant Au Principe de Dissipation Maximale, Journal de Mécanique Théorique Et Appliquée, Vol. 3, N. 1, P. 41-61, 1984.

Nguyen, Quoc Son, "Bifurcation and Post-Bifurcation Analysis In Plasticity and Brittle Fracture", J. Mech. Phys. Solids, Vol. 35, N. 3, P. 303-324, 1987.

Nilsson, Christer, "Nonlocal Strain Softening Bar Revisited", Int. J. Solids Structures, Vol. 34, Nº 33-34, P. 4399-4419, 1997.

O

Odum, Howard T. and Richard C. Pinkerton, "Time's Speed Regulator: the Optimum Efficiency For Maximum Power Output In Physical and Biological Systems". American Scientist, 43, 1963.

Orowan, E., "Fracture and Strength of Solids", Reports on Progress In Physics, Xii, P. 185, 1948.

P

Panagiotopoulos, P.D. Fractal Geometry In Solids and Structures, Int. J. Solids Structures, Vol. 29, Nº 17, P. 2159-2175, 1992.

Panin, V. E., the Physical Foundations of the Mesomechanics of a Medium With Structure, Institute of Strength Physics and Materials Science, Siberian Branch of the Russian Academy of Sciences. Translated From Izvestiya Vysshikh Uchebnykh Zavedenii, Fizika, Nº 4, P. 5-18, Plenum Publishing Corporation (305 - 315), April, 1992.

Passoja, D. E. & Amborski, D. J. In Microsstruct. Sci. 6, 143-148, 1978.

Passoja, D. E. (In: Advances In Ceramics, Vol. 22: Fractography of Glasses and Ceramics, the American Ceramic Society, Inc), P.101-126, Edited By J. Varner and V. D. Frechette. America Ceramic Society, Westerville, Oh, 1988.

Passoja, D. E. (In: Advances In Ceramics, Vol. 22: Fractography of Glasses and Ceramics, the American Ceramic Society, Inc), P.101-126, Edited By J. Varner and V. D. Frechette. America Ceramic Society, Westerville, Oh, 1988.

Passoja, D. E., Fundamental Relationships Between Energy and Geometry In Fracture, (In: Advances In Ceramics, Vol. 22: Fractography of Glasses and Ceramics, the American Ceramic Society, Inc), P. 101-126, 1988.

Peitgen, H.-O., Fractals For the Classroom, Part One: Introduction To Fractals and Chaos, 1992, Página 191, Figura - 3.24, Ibid: Página 107, Figura - 2.34 E Páginas 381-385.

Peitgen, Heinz-Otto; Hartmut Jürgens; Dietmar Saupe, Fractals For the Classroom, Part One: Introduction To Fractals and Chaos, Evan Maletsky; Terry Perciante and Lee Yunker, Nctm Advisory Board Springer Verlag, Página 191, Figura - 3.24, Ibid: Página 107, Figura - 2.34 E Páginas 381-385, 1992.

Peitgen, Heinz-Otto; Jürgens, Hartmut and Saupe, Dietmar. *Chaos and Fractals: New Frontiers of Science.* New York: Springer-Verlag, P. 585-653, 1992.

Pezzoti, Giuseppe; Mototsugu Sakai, Yasunori Okamoto; Toshihiko Nishida, Fractal Character of Fracture Surfaces and Boundary Values of Toughness In a Simple Ceramic-Ceramic System, Materials Science and Engineering A197, P. 109-112, 1995.

Pietronero, L.; Erzan, A.; Everstsz, C. - "Theory of Fractal Growth", Phys. Revol. Lett. Vol. 61, N. 7, 861-864, 15 August 1988.

Politi, Antonio and Annette Witt, Fractal Dimension of Space-Time Chaos, Physical Review Letters, Vol. 82, Nº 15, P. 3034-3037, 12 April 1999.

Ponson, L., D. Bonamy, H. Auradou, G. Mourot, S. Morel, E. Bouchaud, C. Guillot, J. P. Hulin, Anisotropic Self-Affine Properties of Experimental Fracture Surfaces, Arxiv:Cond-Mat/0601086, V.1, 5 Jan 2006.

Plouraboue F., Kurowski P., Hulin J. P., Roux S. and Schmittbuhl J., Phys. Rev. E, 51 (1995) 1675.

Pook, L. P.; on Fatigue Crack Paths. Int. J. Fatigue, Vol. 17, N. 1, P. 5-13, 1995.

Povstenko, Jurij, From Euclid´S Elements To Cosserat Continua, Ed. Jan Diugosz University of Czestochowa, Scientific Issues, Mathematics Xiii, Czestochowa, Pp.33-42, 2008

Q

R

Rantiainen, T. T.; M. J. Alava; and K. Kashi, Dissipative Dynamic Fracture of Disordered Systems., Physical Review E, Vol. 51, P. R2727, 1995.

Rasband, S. Neil, Chaotic Dynamics of Non-Linear Systems, John Wiley Sons, New York, P. 23, 1990.

Ravi-Chandar, K. and W. G. Knauss, Int. J. Fracture, Vol. 26, 141, 1984a.

Ravi-Chandar, K. and W. G. Knauss, An Experimental Investigation Into Dynamic Fracture: I. Crack Initiation and Arrest. International Journal of Fracture, Vol. 25, P. 247-262, 1984b.

Ravi-Chandar, K. and W. G. Knauss, An Experimental Investigation Into Dynamic Fracture: Ii. Microesttructural Aspects. International Journal of Fracture, Vol. 26, P. 65-80, 1984c.

Ravi-Chandar, K. and B. Yang, on the Role of Microcracks In the Dynamic Fracture of Brittle Materials, J. Mech. Phys. Solids, Vol. 45, Nº 4, P. 535-563, 1997.

REDDY, J. N. and Gartiling, D. K., the *Finite Element Method in Heat Transfer and Fluid Dynamics*, CRC Press, 1994.

Rice, J. R., "A Path Independent Integral and the Approximate Analysis of Strain Concentrations By Notches and Cracks", Journal of Applied Mechanics, 35, P. 379-386, 1968.

Robert, D. K.; Wells, A. A., "The Velocity of Brittle Fracture", Engineering, Vol. 178, P. 820-821, 1954.

Richardson, L. F. the Problem of Contiguity: An Appendix To Statistics of Deadly Quarrels. General Systems Yearbook, N.6, P. 139-187, 1961.

Ristinmaa, Matti; Marcello Vecchi, Use of Couple-Stress Theory Inelastoplasticity, Comput. Methods Appl. Mech. Engrg, 136, P. 205-224, 1996.

Robinson, C. *Stability, Symbolic Dynamics, and Chaos.* Boca Raton, Fl: Crc Press, 1995.

Rocha, João Augusto de Lima, "Contribuição Para a Teoria Termodinamicamente Consistente de Fratura", Tese de Doutorado, Eesc-Usp-São Carlos (1030639 de 12/03/1999), 1999.

Rodrigues, J. A. E V. C. Pandolfelli, "Dimensão Fractal E Energia Total de Fratura" Cerâmica Vol. 42, N. 275, Maio/Junho, 1996.

Rodrigues, José de Anchieta; Caio Moldenhauer Peret E Victor Carlos Pandolfelli, Relação Entre Energia Total de Fratura E Dimensão Fractal.

12º Congresso Bras. de Eng. E Ciência Dos Materiais (12º Cbecimat). Águas de Lindóia –Sp, de 8 a 11 de Dezembro de 1996 A.

Rodrigues, José de Anchieta, Comunicação Via E-Mail Em 28/09, 1998a.

Rodrigues, José de Anchieta, Comunicação Via E-Mail Em 9-13/10,1998.

Rodrigues, José de Anchieta, Comunicação Pessoal Por E-Mail Em 9-13/10/1998.

Rodrigues, José Anchieta; Pandolfelli, Victor Carlos, "Insights on the Fractal-Fracture Behaviour Relationship", Materials Research, Vol.1, N. 1, 47-52, 1998b.

Ronsin, O; F. Heslot, and B. Perrin, Phys. Rev. Lett. 75, 2352, 1995.

Runde, Karl; Dynamic Instability In Crack Propagation, Physical Review E, Vol. 49, N. 4, P. 2597-2600, April, 1994.

Rupnowski, Przemysław; Calculations of J Integrals Around Fractal Defects In Plates, *International Journal of Fracture*, V. 111: pp. 381–394, 2001

Russell, D. A.; Hanson, J. D.; and Ott, E. "Dimension of Strange Attractors." Phys. Review. Letters, Vol. 45, P. 1175-1178, 1980.

S

Saha, P. and Strogatz, S. H. "The Birth of Period Three." Math. Mag. 68, 42-47, 1995.

Sahoo Prasanta and Niloy Ghosh, Finite Element Contact Analysis of Fractal Surfaces, J. Phys D: Appl. Phys. Vol. 40, P. 4245-4252, 2007

Sakai, Mototsugu and Richard C. Bradt, the Crack Growth Resistence Curve of Non-Phase Transforming Ceramics, J. Ceram. Soc. Jpn. Inter. Ed., Vol. 96. P. 779-786, 1988.

Sakay, Mototsugu and R.C. Bradt, Fracture Toughness Testing of Brittle Materials. International Materials Reviews, Vol. 38, , Nº 2, P. 53-78, 1993.

Sakurai, Hiroshi "Motion and Force Prediction of a Pushed Object By Maximum Dissipation Method", Transactions of the Asme, Vol. 61, P. 440-445, June 1994.

Salvini, V. R.; Pandolfelli, V. C.; Rodrigues, J. A.; Vendrasco, S. L., Comportamento de Crescimento de Trinca Após Choque Térmico Em Refratários No Sistema Al_2o_3-$3al_2o_3.2sio_2$-Zro_2, Cerâmica, Vol. 42, N. 276, Jul/Ago, P. 357-360, 1996.

Sander, L. M. - "Theory of Fractal Growth Process", Kinetics of Aggregation and Gelation, F. Family, D. P. Landau (Editors) © Elsevier Science Publishers B. V., P. 13-17, 1984.

Sbaizero, O.; G. Pezzotti and T. Nishida, Fracture Energy and R-Curve Behavior of Al_2o_3/Mo Composites. *Acta Mater.*, Vol. 46, , Nº 2, P. 681-687, 1998.

Sharon, Eran; Steven Paul Gross and Jay Fineberg, "Local Crack Branching As a Mechanism For Instability In Dynamic Fracture", Physical Review Letters, Vol. 74, N. 25, P. 5096-5099, 19 June 1995.

Sharon, Eran; Steven Paul Gross and Jay Fineberg, "Energy Dissipation In Dynamic Fracture", Physical Review Letters, Vol. 76, N. 12, P. 2117-2120, 18 March 1996.

Sharon, Eran & Jay Fineberg, Confirming the Continuum Theory of Dynamic Brittle Fracture For Fast Cracks, Nature, Vol. 397, P. 333-335, 28 January 1999.

Schmittbuhl, J.; S. Roux and Y. Berthaud, Development of Roughness In Crack Propagation, Europhysics Letters, Vol. 28, N. 8, P. 585-590, 1994.

Sewell, M. J. Maximum and Minimun Principles.

Silberschmidt, V., Fractal and Multifractal Characteristics of Propagating Cracks, Journal de Physique Iv, Colloque C6, Supplément Au Journal de Physique Iii, Vol. 6, C6 –287 –C295, October 1996.

Shi, Duan Wen; Jian Jiang and Chi Wei Lung, Correlation Between the Scale-Dependent Fractal Dimension of Fracture Surfaces and the Fracture Toughness, Physical Review B. Vol. 54, N. 24, R17355-R17358, 15 December, 1996-Ii (Iii)

Sinha, Sudeshna, "Roughening of Spatial Profiles In the Presence of Parametric Noise. Physics Letters a 245, P. 393-398, 1998.

Sinclair, J. E. and B. R. Lawn, An Atomistic Study of Cracks In Diamond-Structure Crystals. Proceedings of the Royal Society a 329, P. 83-103, 1972.

Shitikov, A. V., "Q Varitional Principle For Constructing the Equations of Elastoplasticity For Finite Deformations", J. Appl. Maths. Mechs, Vol. 59, Nº 1, P. 147-150, 1995.

Slepyan, L. J., "The Criterion of Maximum Dissipation Rate In Crack Dynamics Theory of Elasticity", Sovol. Phys. Dokla, Vol. 37, N. 5, May 1992.

Slepyan, L. I., "Principle of Maximum Energy Dissipation Rate In Crack Dynamics", J. Mech. Phys. Solids, Vol. 41, N. 6, P. 1019-1033, 1993.

Stanley, H. Eugene, Introduction To Phase Transitions and Critical Phenomena, (Claredon Oxford, Editors: Cooperative Phenomena Near Phase Transitions, a Bilbiography With Selected Readings, Mit, Cambridge, Massachusetts), 1973.

Stanley, Eugene - "Form: An Introduction To Self-Similarity and Fractal Behavior", In: on the Growth and Form" Fractal and Non-Fractal Patterns In Physics, Edited By H. Eugene Stanley and Nicole Ostrowsky Nato Asi Series, Series E: Applied Sciences N. 100 (1986), Proc. of the Nato Advanced Study Institute Ön Growth and Form", Cargese, Corsiva, France, June 27-July 6, Copyright By Martinus Nighoff Publishers, Dordrecht; P. 21-53, 1985.

Strogatz, S. H. *Nonlinear Dynamics and Chaos*. Reading, Ma: Addison-Wesley, 1994.

Strang, G. and Fix, G. J., An Analysis of the Finite Element Method, Prentice-Hall (muito matemático, uma referência extraordinária para a época), 1973.

Stroh, A. N.; a Theory of the Fracture of Metals. Philosophical Magazine, Vol. 6, 418-465. Supplement: Advances In Physics, 1957.

Su, Yan; Lei, Wei-Cheng, *International Journal of Fracture*, V. 106: L41-L46, 2000.

Swain, M. U., R-Curve Behavior In Ceramic Materials, Advanced Ceramics Ii. Edited By Shigeyuki Somiya. Elsevier Applied Science, 45-66, 1988.

Swanson, Peter L. Carolyn J. Fairbanks; Brian R. Lawn; Yiu-Ming Mai and Bernard J. Hockey; Crack-Interface Grain Bridging As a Fracture Resistance Mechanism In Ceramics: I, Experimental Study on Alumina, J. Am. Ceram. Soc., Vol. 70, N. 4, P. 279-289, 1987.

T

Tabor, M. *Chaos and Integrability In Nonlinear Dynamics: An Introduction.* New York: Wiley, 1989.

Tan, Honglai; Yang, Wei, Nonlinear Motion of Cracks Tip Atoms During Dislocation Emission Processes, J. Appl. Phys., Vol. **78**, N. (12), 15 December 1995.

Tanaka, M., "Fracture Toughness and Crack Morphology In Indentation Fracture of Brittle Materials", Journal of Materials Science, Vol. 31. P. 749-755, 1996.

Tarasov, Vasily E. Continuous Medium Model For Fractal Media, Physics Leters a 336, P.167-174, 2005.

Thomson, R.; C. Hsieh and V. Rana, Lattice Trapping of Fracture Cracks. Journal Applied Physics, Vol. 42, N. 8, P. 3154-3160, 1971.

Timoshenko, Theory of Elasticity, 3th Ed, McGrow Hill, 1951

Troczynski, T. Stochastic Model of An R-Curve Due To Crack Bridging, Acta Metall. Mater., Vol. 43 , , Nº 11, P. 4131-4149, 1995.

Trott, M. "Numerical Computations." §1.2.1 In *The Mathematica Guidebook, Vol. 1: Programming In Mathematica.* New York: Springer-Verlag, 2000.

Trovalusci, P. and Augusti, G., a Continuum Model With Microstructure For Materials With Flaws and Inclusions, J. Phys. Iv, France, 8,.Pp.353-, 1998.

Tsai, Y. L. and J. J. Mecholsky Jr., Fractal Fracture of Single Crystal Silicon, Journ. Mater. Res., Vol. 6, N. 6, P.1248-1263, June 1991.

Tsallis, C.; Plastino, A. R.; and Zheng, W.-M. Chaos, Solitons & Fractals 8, 885, 1997.

U

Underwood, Erwin E. and Kingshuk Banerji, Fractals In Fractography, Materials Science and Engineering, Ed. Elsevier, Vol. 80, P. 1-14, 1986.

Underwood, Erwin E. and Kingshuk Banerji, Quantitative Fractography, P. 192-209. Engineering Aspectes of Failure and Failure Analysis - Asm - Handbook - Vol. 12, Fractography - the Materials Information Society (1992). Astm 1996

Underwood, Erwin E. and Kingshuk Banerji, Fractal Analysis of Fracture Surfaces, , P. 210-215. Engineering Aspectes of Failure and Failure Analysis - Asm - Handbook - Vol. 12, Fractography - the Materials Information Society (1992), Astm 1996.

Uzunov, D. I., Theory of Critical Phenomena, Mean Field, Flutuactions and Renormalization, World Scientific Publishing Co. Pte. Ltd. Singaore, 1993.

V

Vakulenko, a and S.A. Kukushkin; Kinetics of Brittle Fracture of Elastic Materials, Physics of the Solid State, Vol. 40, Nº 7, P. 1147-1150, July 1998.

Vega, H. J.; N. Sanchez and F. Combes, Fractal Dimensions and Scaling Laws In the Interstellar Medium: a New Field Theory Approach , Physical Review D, Vol. 54, N. 10, P. 6008-6020, 15 November, 1996.

Vicsek, Tamás, "Formation of Solidification Patterns In Aggregation Models", P.247-250. Fractals In Physics, L. Pietronero, E. Tossatti (Editors) Elsevier Science Publishers B. V. 1986.

Vicsék, Tamás, Fractal Growth Phenonmena, World Scientific, Singapore, 1992.

Voss, Richard F. (In: Dynamics of Fractal Surfaces, Edited By Family, Fereydoon. and Vicsék, Tamás), World Scientific, Singapore, P. 40-45, 1991.

X

Xavier, Celio; Persio de Souza Santos, Aumento da Tenacidade À Fratura Em Aluminas Policristalinos Com O Crescimento Do Tamanho Do Trinco (R-Curve). Cerâmica, Vol. 38, N. 253, Janeiro/Fevereiro, 1992.

Xie, 1989 Heping, the Fractal Effect of Irregularity of Crack Branching on the Fracture Toughness of Brittle Materials, *International Journal of Fracture*, Vol. 41, 1989, pp. 267-274.

Xie, Heping; Effects of Fractal Cracks, *Theor. Appl. Fract. Mech.* V.23, Pp.235-244, 1995.

Xie, J. F., S. L. Fok and A. Y. T. Leung, a Parametric Study on the Fractal Finite Element Method For Two-Dimensional Crack Problems, International Journal For Numerical Methods In Engineering, Vol. 58, P. 631-642, 2003. (Doi: 10.1002/Nme.793)

Xu, X-P. and A. Needleman, Numerical Simulations of Fast Crack Growth In Brittle Solids, J. Mech. Phys. Solids, Vol. 42, Nº 9, P. 1397-1434, 1994.

Y

Yang, B. and K. Ravi-Chandar, on the Role of the Process Zone In Dynamic Fracture, J. Mech. Phys. Solids, Vol. 44, N. 12, P. 1955-1976, 1996.

Yamaguti, Marcos, 1992. Tese - Universidade de São Paulo

Yavari, Arash, the Fourth Mode of Fracture In Fractal Fracture Mechanics, International Journal of Fracture, Vol. 101, 365-384, 2000.

Yavari, Arash, the Mechanics of Self-Similar and Self-Afine Fractal Cracks, International Journal of Fracture, Vol. 114, 1-27, 2002,

Yavari, Arash, on Spatial and Material Covariant Balance Laws In Elasticity, Journal of Mathematical Physics, 47, 042903, 1-53, 2006

Yoffe, Elisabeth H., "The Moving Griffith Crack", . Philosophical Magazine, Vol. 42, P. 739-751, 1951.

Yuse and M. Sano, Nature (London) Vol. 362, 329, 1993.

Z.

Zaiser, 2004 Michael, Frederic Madani Grasset, Vasileios Koutsos, And Elias C. Aifantis' , Self-Affine Surface Morphology of Plastically Deformed Metals, Phys. Rev. Lett. 93, 195507 (2004) .

Zanotto, Edgar Dutra; Migliore Jr., Angelo Rubens - " Propriedades Mecânicas de Materiais Cerâmicos: Uma Introdução"; Cerâmica, Vol. 37, N. 247, Janeiro/Fevereiro, 1991.

Zeng, Kaiyang; Kristin Breder and David Rowcliffe, Comparison of Slow Crock Growth Behavior In Alumina and Sic – Whisker-Reinforced Alumina, J. Am. Ceram. Soc. Vol. 76, N. 7, P. 1673-1680, 1993.

Zienkiewicz, O. C., and Taylor, R. L. the *Finite Elements Method*, 4th.Edition, Vol.1 E Vol. 2, Mcgraw-Hill, 1989-91.

Zhang, Y. W. and T.C. Wang Lattice Instability At a Fast Moving Crack Tip, J. Appl. Phys. Vol. 80, N. 8, P. 4333-4335, 15 October 1996.

Zhou, S. J.; A. E. Carlsson and R. Thomson, Crack Blunting Effects on Dislocation Emission From Cracks. Physical Review Letters , Vol. 72, P. 852-855, 1994.

Zhou, Zicong and Béla Joás; Mechanism of Membrane Rupture: From Cracks To Pores, Physical Review B, Vol. 56, Nº 6, P. 2997-3009, 1 August 1997 – Ii.

Zhou, S. J.; N. Grønbech-Jensen; A. R. Bishop; P.S. Lamdahl, B. L. Holian, a Nonlinear – Discrete Model of Dynamic Fracture Instability, Physics Letters A, 232, P. 183-188, 1997.

Zubov, L. M., "Conjugate Solutions In the Nonlinear Theory of Elasticity", Sovol. Phys. Dokl. Vol. 37, N. 5, P. 261-263, May 1992.

W

Wang, Ze-Ping and K.Y. Lam, Evolution of Microcracks In Brittle Solids Under Intense Dynamic Loading. J. Appl. Phys., Vol. 77, N. 7, P. 3479-3483, 1 April 1995.

Wagner, Norman J.; Brad Lee Holian and Arthur F. Voter, Molecular-Dynamics Simulations of Two-Dimensional Materials At High Strain Rate, Physical Review A, Vol. 45, Nº 12, P. 8457-8470, 15 June 1992.

Wagon, S. "The Dynamics of the Quadratic Map." §4.4 In *Mathematica In Action.* New York: W. H. Freeman, P. 117-140, 1991.

Walton, J. R., the Dynamic Energy Release Rate For Steadily Propagating Antiplane Shear Crack In a Linearly Viscoelastic Body, J. App. Mech., Vol. 54, 635, 1987.

Washabaugh, P. D. and W. G. Knauss; a Reconciliation of Dynamics Crack Velocity and Rayleigh Wave Speed In Isotropic Brittle Solids. International Journal of Fracture, N. 65, P. 97-144, 1994.

Watanabe, Masaaki, "Phenomenological Equations of a Dynamic Fracture", Physics Letters 179, P. 41-44, 1993.

Weiss, Jérôme; Self-Affinity of Fracture Surfaces And Implications on A Possible Size Effect on Fracture Energy, *International Journal of Fracture*, V. 109: P. 365–381, 2001

Weierstrass-Mandelbrot, Apud Family, Fereydoon; Vicsek, Tamás, Dynamics of Fractal Surfaces, World Scientific, Singapore, P. 8, 1991.

Westergaard, H. M., "Bearing Pressures and Cracks" Journal of Applied Mechanics, Vol. 6, Pp. 49-53, 1939.

Williams, J. G. "The Analysis of Dynamic Fracture Using Lumped Mass-Spring Models", International Journal of Fracture, Vol. 33, P. 47-59, 1987.

Williams, J.G. and A. Ivankovic, "Limiting Crack Speeds In Dynamic Tensile Fracture Test, International Journal of Fracture", Vol. 51, P. 319-330, 1991.

Willis, J. R., a Comparison of the Fracture Criteria of Griffith and Barenblatt, J. Mech. Phys. Solids, Vol. 15, 151, 1967.

Williford, R. E. Fractal Fatugue, Scripta Metallurgica Et Materialia, Vol. 24, 1990, Pp. 455-460.

Willner, K. (2008). Symposium of Advances in Contact Mechanics: a tribute to Prof. J. J. Kalker Delft, The Netherlands.

Witten Iii, Thomas A.. - "Scale - Invariant Diffusive Growth, In: on the Growth and Form" Fractal and Non-Fractal Patterns In Physics, Edited By H. Eugene Stanley and Nicole Ostrowsky Nato Asi Series, Series E: Applied Sciences N. 100 (1986), Proc. of the Nato Advanced Study Institute Ön Growth and Form", Cargese, Corsiva, France, June 27-July 6, Copyright By Martinus Nighoff Publishers, Dordrecht; P. 54-78, 1985.

Witten Jr., T. A. .; Sander, L. M. - "Diffusion-Limited Aggregation, a Kinetic Critical Phenomenon", Phys. Rev. Lett. Vol. 47, N. 19, 1400-1403, 9 de Nov 1981.

Witten, T. A.; Sander, L. M - "Diffusion Limited Aggregation", Phys. Revol. B. Vol. 29, N.9, 5686-5697, 1 May 1983.

Wnuk, Michael P.; Yavari, Arash, a Correspondence Principle For Fractal and Classical Cracks, Engineering Fracture Mechanics, Vol. 72 (2005) 2744-2757.

Wu, Chien H., "Explicit Asymptotic Solution For the Maximum-Energy-Release-Rate Problem", Int. J. Solids Structures, Vol. 15, P. 561-566, 1979.

Fim